U0144855

高分達陣
解剖生理學
衝刺

五南圖書出版公司 印行

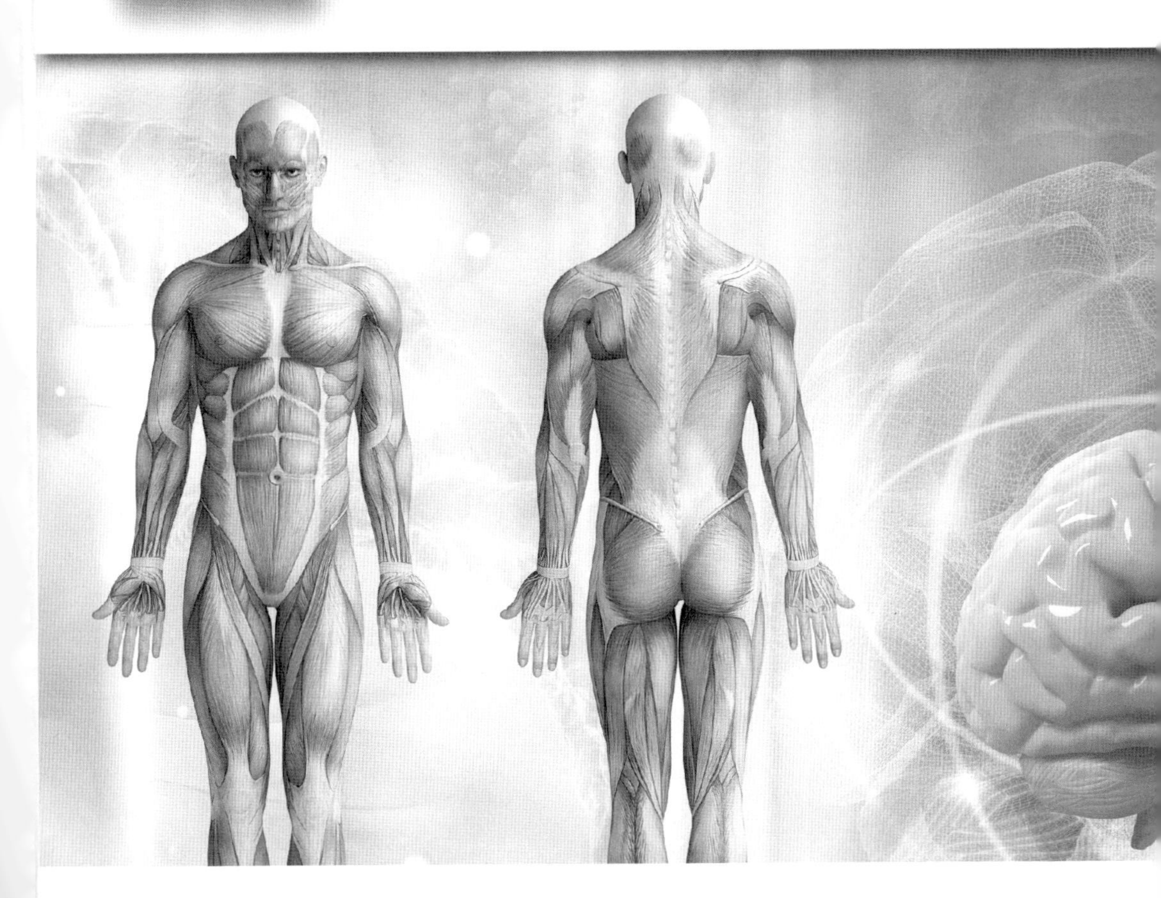

序言

解剖生理學一向是學生修課最害怕及護理師執照考最低分的一科，自從1994年吾起即授課解剖生理之課程，為使艱澀及內容資料多的解剖生理更好讀，以深入淺出方式，要學生以自己的日常生活所知的人體構造進行記憶，再向外推演其生理機轉，透過淺顯而易懂的案例，讓學生結合過去所學的一般健康常識，再進階醫護專業學理。會撰寫並出此書的目的是因為太多學生課後反映自覺已K書了，也覺得都記憶下來，不是分數低空略過，就是不及格而感挫敗，求助於我，尤其是畢業前協助學生複習課，僅短短十小時需複習完解剖生理學課程。因此，啟發我動手將過去整理的題庫更進一步系統分類及重點整理外，再細分次單元後，將相似題庫盡量放置再一起，讓學生自學方便理解或老師在最短時間複習解剖生理學。初次運用十小時在複習課程後，頗獲好評，讓學生更易記憶及考試前準備好應試，並將此教材參與教材競賽獲得「傑出獎」之肯定。

此本專書的目標，主要是希望對學生及老師皆能有助益。在學生方面，這本書最大特色分系統 ⇨ 再由上而下或生理機轉之運作予以細分小單元，讓一次無法讀完一個系統單元者，可課後閱讀逐步完成一小部分後，即可做題目，有助於隨時檢視課業準備的成果。因此，不僅適合畢業前準備護理師執照考，更適合初學者依每週進度課後複習。希望本書能幫助未來護理尖兵在護理的基礎醫學課程的學習路上，不再那麼辛苦或無助，不會在初接觸護理就備受挫折而折損對護理的熱誠。

在教師方面，這本書最大特色為因是以分系統 + 再細分小單元，故更可快掌握考試趨勢，方便教師備課外，亦可作為出考題的參考依據，甚至在學生畢業前的複習課程，亦可作為複習課的教材。吾以此為教材已數年，學生課後皆予以高度評價，故將此書出版，藉此與大家分享，降低備課的辛勞，不足之處可另予以補充，並歡迎寶貴意見分享及請予賜教，一起為學生學習盡一分心力。

目錄

第一單元 概論

一、剖面

1. 解剖學姿勢：即身體直立，兩眼平視前方，雙足並立，足尖朝前，上肢垂於軀幹兩側，手掌朝向前方（拇指在外側）。
2. 典型的切面有：將人體分為……
   (1) 矢狀面（sagittal plane）：將人體分為左右兩部分
   (2) 冠狀面或額狀面（coronal plane or frontal plane）：分為前後兩部
   (3) 水平面或橫切面（horizontal plane or transverse plane）：分為上下兩部
   另外，縱切面（longitudinal section）即沿其長軸平行所做的切面
   　　　橫切面（transverse section）即與長軸垂直的切面

（C）1. 下列何者可將人體分成上下兩半？(A) 矢狀切 (B) 冠狀切 (C) 水平切 (D) 額狀切。（2010-1 專高）
（B）2. 下列何者可將人體分成前後兩片？(A) 矢狀切 (B) 冠狀切 (C) 水平切 (D) 橫切。（2010-2 專普）

二、體腔

背體腔（身體的背側）		腹體腔	
顱腔	脊髓腔或稱脊椎管	胸腔（胸膜腔）	腹盆腔
由顱骨形成 內含腦組織	由脊椎骨形成 內含脊髓和脊 N	內含肺臟和縱膈腔	分為腹腔和骨盆腔

縱膈腔以通過胸骨角和第四、第五胸椎體之間的假想面為界，而分為：

1. 前縱隔：胸腺
2. 上縱膈腔：大血管、胸腔氣管和食道
3. 中縱膈腔：內含心臟、心包膜

* 切記：縱膈腔是指兩肺之間的空腔故不含肺臟。

4. 後縱膈腔：食道、氣管、很多大血管及淋巴管

(B) 1. 下列有關體腔與體膜的敘述，何者錯誤？(A) 顱腔內壁皆貼附著硬腦膜 (B) 胸腔內壁皆貼附著胸膜 (C) 腹腔內壁皆貼附著腹膜 (D) 骨盆腔內壁皆貼附著腹膜。（2013-1 專高）

(C) 2. 下列有關體腔 (body cavity) 的敘述，何者正確？(A) 心包腔 (pericardial cavity) 包覆心臟與胸腺 (thymus) (B) 左右兩個胸膜腔 (pleural cavities) 經由縱膈腔 (mediastinum) 相互連通 (C) 顱腔 (cranial cavity) 與脊椎管 (vertebral canal) 皆為背側體腔，且兩者相通 (D) 腹腔與骨盆腔以骨盆橫膈 (pelvic diaphragm) 為分界。（2014 二技）

(C) 3. 下列有關胸膜的敘述，何者錯誤？(A) 為二層結構，屬於漿膜 (B) 胸膜腔內有潤滑液 (C) 臟層胸膜襯在氣管壁上 (D) 壁層胸膜襯在胸腔內壁上。（2020-2 專高）

(D) 4. 有關胸膜與腹膜的敘述，下列何者錯誤？(A) 皆屬於漿膜 (serosa) (B) 皆有壁層與臟層之分 (C) 皆具有單層上皮 (D) 前者包覆所有胸腔的臟器，後者包覆所有腹腔的臟器。（2019-1 專高）

(C) 5. 下列有關縱膈腔之敘述，何者正確？(A) 是背側體腔的一部分 (B) 覆蓋整個肺臟表面 (C) 腔內含氣管與食道 (D) 為體內最大的體腔。（2015-1 專高）

(D) 6. 下列有關胸縱膈的敘述何者正確？(A) 內含心臟及肺臟 (B) 是胸腔內的密閉體腔 (C) 主動脈不經過胸縱膈 (D) 底部由橫膈與腹腔分隔。（2014-1 專高）

(B) 7. 下列何者只位於胸縱膈中？(A) 氣管 (B) 主動脈弓 (C) 迷走神經 (D) 交感神經鏈。（2012-2 專高）

三、腹腔四象限及九象限之器官

RUQ（右上 1/4）	LUQ（左上 1/4）
肝臟及膽囊 幽門 十二指腸胰臟頭 部分升結腸右結腸肝窩，部分橫結腸	肝左葉 胃 肝臟 胰臟體部 左腎上腺及左腎臟 結腸脾窩及部分橫結腸 部分降結腸
RLQ（右下 1/4）	**LLQ（左下 1/4）**
右腎臟 迴腸、盲腸 部分知結腸 膀胱（脹滿時）	左腎 結腸 部分降結腸 膀胱（脹滿）

卵巢、輸卵管、（女性） 子宮（變大時） 右精索（男性） 右尿道	卵巢、輸卵管、（女性） 子宮（變大時） 左精索（男性） 左尿道

右季肋區 肝臟右葉、膽囊、右腎上 1/3	腹上區 肝左葉、胃小彎和幽門、十二指腸上部、胰臟、腎上腺	左季肋區 胃（底、本體）、（胰尾）、脾臟、左腎上 1/2
右腰區 升結腸	臍區 橫結腸（中段）、胃（幽門部）	左腰區 降結腸
右髂區 盲腸、闌尾	腹下區 乙狀結腸、膀胱	左髂區 乙狀結腸

（A）1. 腹骨盆腔九分區的假想線中，最下方的水平線通過下列何者？(A) 髂嵴 (B) 恥骨聯合上緣 (C) 恥骨聯合下緣 (D) 第 1、2 腰椎之交界處。（2018-1 專高）

（C）2. 臨床上用四個象限 (quadrant) 區分腹部器官的定位，幽門位於哪一象限？(A) 左上 (B) 左下 (C) 右上 (D) 右下。（2010 二技）

（A）3. 在腹部的九分區中，胃主要位於哪兩個區內？(A) 腹上區與左季肋區 (B) 腹上區與右季肋區 (C) 臍區與左季肋區 (D) 臍區與右季肋區。（2009-1 專高）

（B）4. 以腹部九分法區分，結腸脾曲 (splenic flexure) 主要位在哪一區？(A) 左腰區 (B) 左季肋區 (C) 右腰區 (D) 右季肋區。（2011 二技）

（C）5. 依腹盆腔九分法區分，下列哪一器官位於左季肋區 (left hypochondriac region)？(A) 膽囊 (B) 闌尾 (C) 胰臟尾部 (D) 乙狀結腸。（2013 二技）

（D）6. 在腹部的九個區域中，肝臟主要位在：(A) 右季肋區與右腰區 (B) 左季肋區與左腰區 (C) 腹上區與左季肋區 (D) 右季肋區與腹上區。（2009-2 專高）

（D）7. 肝臟超音波檢查的主要部位是：(A) 左腰區 (B) 右腰區 (C) 左季肋區 (D) 右季肋區。（2011-2 專普）

（A）8. 脾臟位於腹腔的哪個區域？(A) 左季肋區 (B) 右季肋區 (C) 腹上區 (D) 腹下區。（2012-2 專普）

（D）9. 左季肋區器官因肋骨刺入而大出血，下列何者最可能受損？(A) 左肺 (B) 心 (C) 胰臟 (D) 脾臟。（2020-2 專高）

■ 小考

（C）1. 在腹部的九分區中，胃的幽門部位於哪一區？(A) 左季肋區 (B) 右季肋區 (C) 腹上區 (D) 臍區。（2011-1 專高）

（C）2. 在腹骨盆腔的九個區域中，大部分的胃位於：(A) 右季肋區 (B) 左季肋區

(C) 腹上區　(D) 臍區。（2011-2 專普）

（D）3. 因車禍造成右季肋區器官破裂，下列何者最可能受損？(A) 右肺　(B) 胰臟　(C) 脾臟　(D) 肝臟。（2012-2 專高）

（D）4. 在腹部的九分區中，下列何者劃分臍區與腹下區？(A) 通過髂前上棘的水平線　(B) 通過肚臍的垂直線　(C) 通過左右肋骨下緣的水平線　(D) 通過左右髂骨結節的水平線。（2013-2 專高）

（C）5. 在腹部的九分區中，膀胱主要位於哪一區內？(A) 腹上區　(B) 臍區　(C) 腹下區　(D) 右腹股溝區。（2010-1 專高）

第二單元 細胞生理

化學層次→『細胞層次→組織層次→器官層次→系統層次』→生命個體的層次

壹 機化作用的化學階段

	去氧核醣核酸DNA	核醣核酸RNA
特質	為基因主成分，決定遺傳及細胞內活動	是蛋白質合成的遺傳訊息
結構	雙股螺旋	單股螺旋
功能	轉錄→合成 RNA	轉譯→合成蛋白質
成分	含氮鹽基＋五碳糖＋磷酸根 鳥糞嘌呤 (G) 胸腺嘧啶 (T) 腺嘌呤 (A) 胞嘧啶 (C)	含氮鹽基＋核糖＋磷酸根 鳥糞嘌呤 (G) 尿嘧啶 (U) 腺嘌呤 (A) 胞嘧啶 (C)
分佈	染色體、粒線體、葉綠體（主要分佈於細胞核）	核糖體、核仁（主要分佈於細胞質）

三種 RNA

- *m*RNA
  - 由 DNA 經轉錄而來，帶著相應的遺傳訊息，為下一步轉譯成蛋白質所需訊息
- *t*RNA
  - 具有反密碼，可攜帶胺基酸依 mRNA 密碼順序合成蛋白質
- *r*RNA
  - 與蛋白質構成核醣體的架構

（D）1. 生物體最基本的構造與功能單位為何？(A) 細胞核 (B) 細胞質 (C) 細胞膜 (D) 細胞。（2016-2 專高）

（B）2. 核糖核酸 (ribonucleic acid; RNA) 的化學結構中，不包括哪一種氮鹼基？(A) 腺嘌呤 (adenine; A) (B) 胸腺嘧啶 (thymine; T) (C) 胞嘧啶 (cytosine; C) (D) 鳥糞嘌呤 (guanine; G)。（2009 二技）

（A）3. 就人體組成的階層而言，去氧核糖核酸屬於何種階層？(A) 化學 (B) 細胞 (C) 組織 (D) 器官。（2019-2 專高）

（D）4. 蛋白質醣基化 (glycosylation) 主要發生在那個步驟？(A)DNA 轉錄 (transcription) (B) 轉錄後修飾 (post-transcritional modification) (C)DNA 轉譯 (translation) (D) 轉譯後修飾 (post-translational modification)。（2020-1 專高）

（A）5. 轉譯 (translation) 是指下列何者？(A) 以 mRNA 為模版合成蛋白質的過程

(B) 以 tRNA 為模版合成蛋白質的過程　(C) 以 DNA 為模版合成 RNA 的過程　(D) 以 RNA 為模版合成 DNA 的過程。（2009-2 專普）

（B）6. 遺傳信息的轉譯 (translation) 是指：(A) 由去氧核醣核酸 (DNA) 合成傳訊核醣核酸 (mRNA) 之過程　(B) 按照 mRNA 上的密碼子 (codon) 次序合成蛋白質 (protein) 之過程　(C) 由 mRNA 合成 DNA 之過程　(D) 由 protein 合成 mRNA 之過程。（2002-2 專高）

貳 機化作用的細胞階段

細胞是組成生物體構造及功能的基本單位。細胞的結構可分成三個主要部分：

一、細胞膜 (cell membrane)

流動鑲嵌模型學說，組成如下：

1. 磷脂質：雙層排列，構成膜的網架，是膜的基質，維持細胞膜液態特性（具流動性）。
   ⇨ 爲雙性分子，磷脂質是由極性帶電荷的磷酸根與不帶電荷的脂肪酸組成；磷脂質頭部爲親水端朝外排列，而磷脂質尾部則爲厭水端朝內排列。蛋白質和磷脂質可自由的在細胞膜上移動。
2. 蛋白質：分爲兩類，一是通過強疏水或親水作用同膜脂牢固結合不易分開的，稱爲整合蛋白 (Integral protein) 或膜內在蛋白；二是附著在膜的表層，與膜結合比較疏鬆容易分離的，稱爲膜周邊蛋白 (Peripheral protein) 或外在蛋白。
3. 其他成分：少數膽固醇（可增加細胞膜的穩定）、水、碳水化合物及離子等。
   ⇨ 細胞膜之流動性是由膽固醇及磷脂質的比例來決定

細胞膜的功能：

1. 作為屏障：將細胞內的物質與外界環境進行隔離。
2. 控制物質的進出：具選擇性通透性 (selective permeability)。
3. 整合細胞訊息傳遞 (signal transduction)：有接受器可和神經傳遞物及激素結合而傳遞訊息。
4. 組織結構的支持者：相鄰的細胞有細胞接合 (cell junction) 形成穩定的構造。

（C）1. 有關脂質 (lipid) 與脂肪 (fat) 的敘述，下列何者正確？(A) 大部分的脂肪都可以溶於水　(B) 飽和性脂肪主要由雙鍵的碳氫鏈所組成　(C) 動物性脂肪比植物性脂肪含更多的飽和性脂肪　(D) 磷脂質 (phospholipid) 分子不含脂肪酸。（2018-1 專高）

二、細胞質 (cytoplasm)

細胞質是細胞化學反應的場所，含 75% 水分、蛋白質、碳水化合物、脂質及無機物質組成。

（A）1. 細胞膜的一般性結構稱為液態鑲嵌模型 (fluid mosaic model)，下列何者是讓細胞膜具有流動性的主要原因？(A) 磷脂質　(B) 蛋白質　(C) 醣類　(D) 醣蛋白。（2015 二技）

（D）2. 下列何者不是細胞膜的主要組成成分？(A) 磷脂質　(B) 蛋白質　(C) 膽固醇　(D) 核糖核酸。（2009 專普）

（C）3. 維持細胞膜液態特性的主要組成物質是：(A) 鈣離子　(B) 蛋白質　(C) 磷脂質　(D) 醣類。（2008-2 專普）

（C）4. 有關膽固醇的敘述，下列何者錯誤？(A) 是合成類固醇激素的原料　(B) 為組成細胞膜的成分　(C) 是形成膽紅素的成分　(D) 為製造膽鹽的成分。（2010 二技）

（D）5. 下列何者是膽固醇之衍生物？(A) 腎上腺素　(B) 甲狀腺素　(C) 胰島素　(D) 糖皮質激素。（2016-1 專高）

三、細胞胞器

(一) 細胞核 (Nucleus)：是細胞內最大的胞器，含有遺傳物質 DNA，是細胞的控制中心為細胞進行轉錄作用的位置，多數細胞僅含一個細胞核（成熟的紅血球無細胞核，而骨骼肌細胞則為多核），可分成 4 個部分：

1. 核膜：核膜為磷脂質雙層的構造，可區分核質與細胞質，核膜中有核孔 (nuclear pore)，為物質進出細胞核的通道，可允許小分子自由進出核孔（不需要消耗能量）。
2. 核仁：由 DNA、RNA 及蛋白質組成的構造，是製造核糖體 RNA(ribosomal RNA, rRNA) 的場所及儲存 RNA 的地方。

3. 核質：充滿於細胞核內的膠狀物質，含有養分及鹽類等物質。
4. 染色質：由組織蛋白 (histones) 及 DNA 所構成，細胞分裂時染色質會濃縮成染色體 (chromosome)。

(二) 核糖體 (Ribosome)：由核糖體核酸 (rRNA) 及核糖蛋白組成，與製造合成細胞的蛋白質有關，可分為固定性核糖體 (attached ribosome) 及游離性核糖體 (free ribosome)。

(三) 內質網 (Endoplasmic Reticulum, ER)：內質網與核膜相連，為兩層平行膜所形成的小管狀構造。物質可藉由內質網的網狀結構運輸，故有細胞內的循環系統之稱。分為：

1. 顆粒性內質網 (granular or rough ER, rER) 或粗糙內質網：表面有核糖體附著，蛋白質合成後送至高爾基體進行分類及包裝。
2. 無顆粒性內質網 (agranular or smooth ER, sER) 或平滑內質網：表面無核糖體，故不能合成蛋白質，但和製造膽固醇、類固醇激素合成有關。

PS. 不同細胞內的平滑內質網其功用也不一樣，例如：
(1) 骨骼肌的平滑內質網又稱為肌漿網，可儲存鈣離子
(2) 肝細胞的平滑內質網具有解毒的功能
(3) 神經元內的尼氏體可合成蛋白質，相當於顆粒性內質網的功能

(四) 高爾基體 (Golgi Apparatus)：位於細胞核附近與內質網有連繫，由 3-8 層扁平彎曲囊袋所構成，主要功能包括：

1. 負責蛋白質的醣化作用 (glycosylation)，為細胞在免疫辨識系統上的要素。
2. 根據蛋白質的功能加以分類包裝形成分泌小泡，有「細胞內包裝部門」之稱。這些分泌小泡有些移到溶小體，形成溶小體內的消化蛋白酶。有些分泌小泡則運送到細胞膜。此外一些分泌小泡則形成儲存顆粒，當細胞受到神經衝動或激素作用時則經由胞吐作用而分泌出去。

(五) 溶小體 (Lysosomes)：由高爾基體的分泌小泡所形成，為單層膜的構造。

1. 溶小體內含有酸性水解酶，此酸性水解酶是在內質網內形成，然後由高基氏體處理後，經由分泌小泡送至溶小體。
2. 當細胞老化或受損時，溶小體會釋出酸性水解酶分解細胞，此過程稱為自體分解 (autolysis)，故有「自殺小袋」或「細胞內的消化工廠」之稱（因可吞噬病原菌或大分子物質）。
3. 體內某些細胞內含有大量的溶小體。生長發育期間若補充過量的維生素 A

會造成蝕骨細胞內溶小體活性過度活化來分解骨質，容易引發自發性骨折、關節炎。

(六) 粒線體 (Mitochondria)：與細胞進行氧化作用有關，爲細胞內製造能量 ATP（腺嘌呤核苷三磷酸）的場所，故粒線體有「細胞的發電廠」之稱。

1. 含環狀粒線體 DNA(mitochondrial DNA) 可自我複製分裂，形成新的粒線體。
2. 體內細胞的粒線體來自於母親，有缺陷會造成遺傳疾病。

(七) 微絲 (microfilament) 具收縮特性，而中間絲 (intermediate filament) 及微小管 (microtubule) 形成細胞骨骼 (cytoskeleton) 的結構，可提供細胞穩定的骨架，維持細胞形狀的完整性。

	微絲	微小管	中間絲 （厚絲，thick filaments）
直徑	3-12 nm	18-30 nm	7-11 nm（比微絲大）
組成	肌動蛋白 (actin) 或肌凝蛋白 (myosine)	蛋白小管 (tubulin) ，可形成紡錘絲、中心粒、纖毛及鞭毛等構造	常存在於皮膚、結締組織及器官的上皮細胞
作用	具有收縮的特性可使肌肉細胞收縮及細胞的胞吐與胞飲作用有關	細胞分裂時染色體的移動及細胞型態之改變、細胞內運輸系統如神經細胞內微小管輔助移動物質、支持性的構造	提供細胞構造機械式的支持

(八) 過氧化酶體 (Peroxisomes)：可代謝體內許多有毒物質，細胞可利用過氧化氫酶 (catalase) 將過氧化氫轉換成水及氧，體內含過氧化酶最多是肝細胞與腎臟細胞。

(九) 中心體與中心粒 (Centorosome and Centrioles)：中心體位於細胞核旁，一個中心體包含 2 個中心粒，而 1 個中心粒則是由 9 個微小管三元體所組成的環狀結構 (9 + 3)。

⇨中心體與中心粒與紡錘體的形成及細胞分裂時染色體之移動有關，例如成熟的神經細胞不具有中心體，便無法再進行細胞分裂。

(十) 纖毛及鞭毛 (Cilia and Flagella)：纖毛及鞭毛是某些細胞之附屬物

1. 細胞突起的數量少而長的爲鞭毛，細胞突起的數量多而短的爲纖毛。
2. 纖毛及鞭毛是由 9 組微小管三元體及 2 個單一的中央微小管所組成 (9 + 2)。
3. 人類細胞中唯一具有鞭毛的細胞是精子。

4. 兩者的比較：

纖毛	多而短	呼吸系統、輸卵管	9 組微小管三元體及 2 個單一的中央微小管所組成
鞭毛	少而長	精子	

（D）1. 人體大多數細胞中，下列何種胞器最大且含遺傳物質？(A) 粒線體 (B) 內質網 (C) 高爾基氏體 (D) 細胞核。（2008 二技）

（A）2. 染色質位於以下何種胞器？(A) 細胞核 (B) 核糖體 (C) 內質網 (D) 高基氏體。（2012-2 專普）

（D）3. 核仁 (nucleolus) 的主要功能為何？(A) 製造 DNA (B) 製造核膜 (C) 維持 DNA 穩定性 (D) 製造 rRNA。（2019-1 專高）

（D）4. 細胞以下列何者作為遺傳物質？(A) 碳水化合物 (B) 蛋白質 (C) 脂肪 (D) 核酸。（2008 專普）

（A）5. 粒線體 (mitochondria) 內之 DNA 遺傳自何處？(A) 母親 (B) 父親 (C) 父母親各半 (D) 父母親之貢獻依隨機分布，沒有一定之比例。（2008-1 專高）

（C）6. 下列何者含 DNA 且具有自行複製的能力？(A) 核糖體 (B) 溶小體 (C) 粒線體 (D) 高爾基體。（2011-1 專高）

（C）7. 有關粒線體的敘述，下列何者正確？(A) 為單層膜構造的胞器 (B) 為細胞產生能量的唯一來源 (C) 可消耗氧氣和形成二氧化碳 (D) 具有主要來自父親的遺傳物質。（2013 二技）

（B）8. 有關粒線體之敘述，下列何者正確？(A) 進行蛋白質合成的場所 (B) 進行克氏循環 (Kreb's cycle) 以生產大量 ATP 的場所 (C) 儲存待分泌物質 (D) 進行糖蛋白合成的場所。（2007-1 專高）

（A）9. 下列何種細胞含豐富的粒線體？(A) 肌肉細胞 (B) 表皮細胞 (C) 杯狀細胞 (D) 紅血球。（2011-1 專高）

（A）10. 關於「粒線體特性」的敘述，下列何者正確？(A) 內腔結構充滿基質 (matrix) (B) 粒線體 DNA 與組蛋白 (histone) 結合 (C) 粒線體的形成可靠粒線體本身 DNA 轉錄、轉譯完成 (D) 提供身體約 20% 的核苷三磷酸 (ATP) 能量來源。（2018-2 專高）

（D）11. 下列胞器中，何者負責製造 ATP？(A) 核糖體 (B) 溶小體 (C) 高爾基體 (D) 粒線體。（2020-1 專高）

（A）12. 構成鞭毛與纖毛的骨架，主要為：(A) 微小管 (B) 中間絲 (C) 微絲 (D) 肌凝蛋白。（2008 專普）

（C）13. 形成鞭毛 (flagella) 的細胞骨架 (cytoskeleton) 主要是：(A) 微細絲 (microfilaments) (B) 中間絲 (intermediate filaments) (C) 微小管 (microtubules) (D) 訊息核糖核酸 (mRNA)。（2016-2 專高）

（C）14. 下列何者相當於細胞的骨架？(A) 核糖體 (B) 內質網 (C) 微小管 (D) 粒線體。（2009-1 專高）

(C) 15. 下列何者不是細胞骨架？(A) 微絲　(B) 中間絲　(C) 橫小管　(D) 微小管。（2013-2 專高）

(C) 16. 下列何者富含溶小體？(A) 表皮細胞　(B) 心肌細胞　(C) 蝕骨細胞　(D) 杯狀細胞。（2009-1 專高）

(C) 17. 下列何者富含溶小體？(A) 表皮細胞　(B) 心肌細胞　(C) 巨噬細胞　(D) 紅血球。（2011-1 專高）

(B) 18. 下列何者有細胞內的消化系統之稱？(A) 核糖體　(B) 溶小體　(C) 高爾基體　(D) 粒線體。（2010-2 專高）

(B) 19. 下列胞器中，何者含有許多分解酵素？(A) 核糖體　(B) 溶小體　(C) 細胞核　(D) 粒線體。（2012-1 專高）

(C) 20. 細胞死亡時會釋出酵素使細胞溶解，並且有「自殺袋」之稱的胞器為何？(A) 過氧化體 (peroxisomes)　(B) 高基氏體 (Golgi apparatus)　(C) 溶小體 (lysosomes)　(D) 核糖體 (ribosomes)。（2010 二技）

(C) 21. 多醣類合成主要在哪一胞器進行？(A) 溶小體 (lysosome)　(B) 粒線體 (mitochondria)　(C) 高基氏體 (Golgi complex)　(D) 核糖體 (ribosomes)。（2010-1 專高）

(C) 22. 下列何者具發達的粗糙內質網？(A) 紅血球　(B) 硬骨的骨細胞　(C) 胰臟的腺泡細胞　(D) 皮膚角質層的細胞。（2012-2 專高）

(C) 23. 細胞凋亡 (apoptosis) 過程中會釋出酵素將細胞水解的胞器是：(A) 過氧化氫酶體 (peroxisome)　(B) 中心體 (centrosome)　(C) 溶小體 (lysosome)　(D) 核醣體 (ribosome)。（2017-2 專高）

四、胞膜的運輸方式

根據物質進出細胞膜是否需要消耗能量的方式可分下列兩種：

項目	被動運輸	主動運輸
能量	不需要消耗能量 ATP	需要能量（ATP 或鈉離子）
物質運送方向	由高濃度→低濃度（順著濃度梯度）	由低濃度→高濃度（逆著濃度梯度）
例子	簡單擴散、促進性擴散、滲透、過濾、透析、鈣離子由肌漿網釋出	1. 初級主動運輸：鈉－鉀幫浦 (Na^+-K^+ pump) 2. 次級主動運輸：如小腸吸收葡萄糖

(一) 主動運輸 (active transport)：物質由低濃度往高濃度方向運輸時，為對抗濃度差的梯度需要消耗能量，此種運輸方式稱為主動運輸，可分成：

1. 初級主動運輸 (primary active transport)

(1) 需要介質，也需消耗 ATP。

(2) 初級主動運輸蛋白同時具有運輸蛋白及 ATP 水解酶兩種身分。

(3) 常見爲 Na^+/K^+-ATPase pump，維持細胞外高 Na^+ 濃度、低 K^+ 濃度。亦有 Ca^{++}-ATPase、H^+-ATPase、H^+/K^+-ATPase（運送 Na^+：K^+ 比例為 3:2）

2. 次級主動運輸 (secondary active transport)

(1) 需要介質，需要能量（直接利用鈉離子濃度梯度差；間接利用 ATP）

(2) 細胞內外的鈉離子濃度存在一個非常大的濃度梯度差，藉由此濃度梯度差異即可同時將物質從低濃度往高濃度運送到細胞膜的另一側。

(3) 可分爲 cotransport（同向運輸）及 countertransport（反向運輸）

(二) 被動運輸 (passive transport)

1. 擴散 (diffusion) 原理

⇨ 決定物質是否能通過細胞膜的磷脂雙層，取決於物質的親脂性，擴散方向根據物質本身的濃度來決定。

2. 水的被動運輸：滲透 (osmosis)

⇨ 水分子由高濃度往低濃度的方向移動稱爲滲透作用。

高張溶液 ⇨ 細胞會萎縮

低張溶液 ⇨ 細胞會膨脹而破裂

等張溶液 ⇨ 細胞的形狀維持不改變

3. 過濾 (Filtration)：主要發生在腎絲球，由於壓力差的作用，使葡萄糖、胺基酸、水、鈉離子、鉀離子等物質由腎絲球過濾到鮑氏囊中。

4. 促進擴散作用 (faciliated diffusion)：體內較大的極性分子對細胞膜不通透，需藉細胞膜上的蛋白質做爲載體 (carrier) 來運送，稱促進性擴散（特徵：專一性、競爭性與飽和性）

(三) 大分子運輸：可藉細胞膜所形成的僞足，將物質攝入，提供大分子進出細胞的方式

1. 胞吞作用 (endocytosis)：細胞利用囊泡將大分子物質攝入細胞內部的過程，稱爲胞吞作用，又分下列三種類型：

(1) 吞噬作用（胞噬作用，phagocytosis）：白血球吞噬細菌或變形蟲攝取食物時，都可伸出僞足包圍食物，然後攝入，稱爲吞噬作用。

(2) 胞飲作用 (pinocytosis)：細胞進行胞飲作用時，細胞膜內陷成小型囊泡或凹溝，將外界的**溶液**包入細胞內，這稱爲胞飲作用，需消耗能量。

(3) 受體媒介胞吞作用 (receptor-mediated endocytosis)：位細胞膜上的蛋白

質受體接收到特定受質時（具高度專一性），細胞膜會凹陷包覆這些特定受質而產生囊泡，使這些特定受物質被攝入細胞。

2. 胞吐作用 (exocytosis)：細胞要排出大型分子時，由高基氏體分泌的運輸囊泡將大型分子包覆後沿著細胞骨架移動，當運輸囊泡到達細胞膜時，雙方的膜會重新排列、融合並將囊泡內物質排出細胞外，此過程稱胞吐作用。動物神經細胞利用胞吐作用釋出神經傳遞物質，使神經訊息傳遞至下一個神經細胞。

（D）1.　有關細胞膜通透性 (membrane permeability) 之敘述，下列何者錯誤？(A) 以 mOsm/Kg 為滲透度 (Osmolality) 單位，指 1 公斤重的溶劑經儀器測量所得之數值　(B) 高滲透度 (hyperosmotic) 溶液是指經由計算後溶質總和大於 300 mOsm/L 而言　(C) 溶液的張力 (tonicity) 由溶液中不具通透性的溶質濃度所決定　(D) 細胞在高張 (hypertonic) 溶液下體積變小，是因溶質進出細胞膜所造成的結果。（2012 二技）

（A）2.　某物質以擴散方式通過細胞膜，則該物質之主要運送方向為何？(A) 由高濃度區運送至低濃度區　(B) 由低濃度區運送至高濃度區　(C) 由胞內向胞外運送　(D) 由胞外向胞內運送。（2012-1 專普）

（D）3.　下列何者藉由輔助擴散 (facilitated diffusion) 的方式，通過小腸上皮細胞之頂膜被吸收？(A) 葡萄糖 (glucose)　(B) 半乳糖 (galactose)　(C) 麥芽糖 (maltose)　(D) 果糖 (fructose)。（2020-1 專高）

（A）4.　下列何種化學物質可以不藉蛋白質等載體之協助，自行擴散通過脂質細胞膜？(A) 二氧化碳　(B) 鈉離子　(C) 鈣離子　(D) 葡萄糖。（2011-2 專高）

（D）5.　果糖是經由下列何種方式吸收至小腸上皮細胞內？(A) 主動運輸 (active transport)　(B) 與鈉離子共同運輸 (cotransport)　(C) 簡單擴散 (simple diffusion)　(D) 促進性擴散 (facilitated diffusion)。（2010 二技）

（A）6.　白血球的細胞膜形成偽足，將細菌送入細胞內摧毀，是利用何種細胞膜的運輸方式？(A) 胞噬作用 (phagocytosis)　(B) 胞吐作用 (exocytosis)　(C) 滲透作用 (osmosis)　(D) 擴散作用 (diffusion)。（2014 二技）

（A）7.　下列有關水分運輸的敘述何者正確？(A) 水透過半透膜的擴散作用也稱為滲透　(B) 水從滲透壓高的地方往滲透壓低的地方擴散　(C) 紅血球放入高張溶液後，會因為水進入細胞內而漲大　(D) 水通道是透過次級主動運輸的方式來輸送水分子。（2016-2 專高）

（C）8.　有關鈉鉀幫浦 (Na^+/K^+-pump) 的敘述，下列何者不正確？(A) 需消耗腺核苷三磷酸才可運作　(B) 與細胞靜止膜電位的形成有關　(C) 可將鉀離子由細胞內送到細胞外　(D) 可造成細胞內外鈉離子的濃度差。（2009 二技）

（B）9.　有關鈉鉀幫浦 (sodium-potassium pump) 的敘述，下列何者正確？(A) 運送鈉離

子進入細胞內 (B) 運送鈉鉀離子的比例為 Na^+：K^+ = 3：2 (C) 運送鈉鉀離子時不需消耗 ATP (D) 是一種離子通道。（2017-2 專高）

（D）10. 鈉鉀幫浦 (sodium-potassium pump) 運送鈉鉀離子的比例 (Na^+：K^+) 為何？(A)1：1 (B)1：3 (C)2：3 (D)3：2。（2012-2 專高）

（C）11. 對人體細胞而言，下列何者為等張溶液？(A)0.1% NaCl 溶液（分子量 58.8 克／莫耳） (B)0.5% NaCl 溶液 (C)5%葡萄糖溶液（分子量 180 克／莫耳） (D)10%葡萄糖溶液。（2011-1 專高）

（B）12. 一毫莫耳 NaCl（即 58.8 克）溶解於水中所產生的滲透壓濃度為多少 mOsmole/L？(A) 1 (B) 2 (C) 3 (D) 4。（2009-1 專高）
解析：NaCl → Na^++Cl^- 莫耳數 = 重量 / 分子量（分子量 Na=23.3, Cl=35.5）

（A）13. 一莫耳葡萄糖（即 180 克）溶解於 1 公升水中所產生的滲透壓濃度為多少 Osmol/L？(A)1 (B)2 (C)3 (D)4。（2020-2 專高，2015-1 專高）

（A）14. 有關 9%NaCl 溶液之敘述，下列何者正確？(A) 是高張溶液 (B) 細胞處於此溶液中會脹大 (C) 細胞處於此溶液中型態及功能均正常 (D) 可用於大量靜脈輸注補充體液。（2010-1 專高）

■ 小考

（D）1. 如果細胞膜之鈉鉀幫浦 (Na^+-K^+ pump) 停止運作，下列何種運送 (transport) 方式會最顯著的降低運送速率？(A) 簡單擴散 (simple diffusion) (B) 促進性擴散 (facilitated diffusion) (C) 胞吞作用 (endocytosis) (D) 次級主動運輸 (secondary active transport)。（2015-1 專高）

（B）2. 有關鈉鉀幫浦 (sodium-potassium pump) 之敘述，下列何者正確？(A) 運作時不需消耗 ATP (B) 屬於主動運輸 (C) 屬於促進性擴散 (D) 是一種離子通道 (ion channel)。（2020 樹人轉學考，2009 專普）

（D）3. 下列何種物質無法經由簡單擴散 (simple diffusion) 方式通過細胞膜？(A) 一氧化碳分子 (B) 二氧化碳分子 (C) 氧分子 (D) 葡萄糖。（2009-2 專高）

（A）4. 以下何種化學物質可以無需任何蛋白質的協助就可以自由通透細胞膜？(A) 氧分子 (B) 鉀離子 (C) 葡萄糖 (D) 胺基酸。（2011-2 專高）

（A）5. 將剛分離出來的人體紅血球放入 1%NaCl 食鹽水中，相隔 20 分鐘後，在顯微鏡下觀察紅血球細胞體積，會發生下列何種變化？(A) 變小 (B) 變大 (C) 細胞破裂 (D) 沒有明顯改變。（2014-1 專高）

五、胞膜週期與細胞分裂 (Cell Division)

1. 細胞須經過完整的細胞週期 (cell cycle)，並藉由細胞分裂的過程而產生新細胞。
2. 生殖細胞包括精細胞和卵細胞由細胞分裂的方式產生。

3. 完整的細胞週期可分成間期 (interphase) 與有絲分裂期 (mitosis) 兩個階段：
   (1) 間期：分成 G1(gap phase1，間隙期 1) 、S 期 (synthesis phase, S phase) 、G2(gap phase 2，間隙期 2) 等三時期，有絲分裂結束後到 S 期開始的期間稱爲 G1 期，S 期進行 DNA 及兩個中心粒複製，當 S 期結束後則進入 G2 期此時細胞內已含雙倍的染色體及兩對中心粒。
   ⇨ Cell cycle 之順序：$G_1 \rightarrow S \rightarrow G_2 \rightarrow M$
   (2) 細胞分裂：細胞核分裂及細胞質分裂，細胞核分裂的型態可分有絲分裂 (mitosis) 與減數分裂 (meiosis) 兩種。

減數分裂 (Meiosis)

1. 有絲分裂 (Mitosis)：會發生在一般體細胞，有絲分裂後細胞內染色體數目不變，可分前期、中期、後期及末期四個階段。
2. 減數分裂 (Meiosis)：生殖細胞需經過此過程，來產生單倍數染色體的配子 (gamete)，如睪丸或卵巢以減數分裂的方式形成單套的精細胞或卵細胞，此過程稱精子生成 (spermatogonium) 或卵子生成 (oogenesis)。
   ①減數分裂 I：分前期 I、中期 I、後期 I 與末期 I 等時期。
   ②減數分裂 II：也包括前期 II 、中期 II 、後期 II 與末期 II ，分裂的結果會造成每一個子細胞只含原來細胞染色體數目的一半。

有絲分裂和減數分裂之比較

有絲分裂和減數分裂之比較

	有絲分裂	減數分裂
發生之細胞	體細胞	生殖細胞
細胞分裂次數	一次	二次
子細胞數目	兩個	精子（4個）、卵子（1個）
染色體複製次數	一次	一次
染色體數目	不變（雙套）	減半（單套）

（A）1.　正常細胞週期 (cell cycle) 之各分期的順序為何？(A)$G_1 \rightarrow S \rightarrow G_2 \rightarrow M$ (B)$G_1 \rightarrow M \rightarrow G_2 \rightarrow S$　(C)$S \rightarrow M \rightarrow G_1 \rightarrow G_2$　(D)$M \rightarrow S \rightarrow G_1 \rightarrow G_2$。（2013-2 專高）

（A）2.　有關人體細胞分裂的敘述，下列何者正確？(A) 減數分裂時染色體複製一次，再經連續兩次分裂　(B) 有絲分裂只發生在生殖細胞　(C) 有絲分裂時，同源染色體會配對出現聯會的現象　(D) 減數分裂後會形成四個雙套染色體的細

胞。（2009-2 專高）

(B) 3. 有關人體細胞分裂的敘述，下列何者正確？(A) 有絲分裂時染色體複製一次後，再經連續兩次分裂 (B) 減數分裂只發生在生殖細胞中 (C) 同源染色體在有絲分裂與減數分裂時，都會配對出現聯會的現象 (D) 減數分裂後會形成四個具雙套染色體的細胞。（2013-2 專高）

(C) 4. 細胞分裂時，下列何者也會分裂，並形成紡綞體的兩極？(A) 核糖體 (B) 核仁 (C) 中心體 (D) 內質網。（2010-1 專高）

(D) 5. 如果細胞之中心體 (centrosome) 受到破壞，下列何項細胞活動將無法完成？(A) 染色體複製 (replication) (B) 轉錄 (transcription) (C) 轉譯 (translation) (D) 有絲分裂 (mitosis)。（2019-2 專高）

(B) 6. 正常細胞進行有絲分裂 (mitosis) 後產生之子細胞的特徵為何？(A) 兩個單套染色體細胞 (B) 兩個雙套染色體細胞 (C) 四個單套染色體細胞 (D) 四個雙套染色體細胞。（2011 二技）

(A) 7. 有絲分裂 (mitosis) 過程中，染色體排列於紡錘體中央時，下列何者正確？(A) 染色體數目為原來的兩倍 (B) 為前期 (prophase) (C) 表示細胞分裂已完成 (D) 正要進入第二次分裂。（2008-1 專高）

(B) 8. 有絲分裂時，那一時期染色體會排列在赤道板上？(A) 前期 (B) 中期 (C) 後期 (D) 末期。（2018-1 專高）

(C) 9. 有絲分裂的哪一期，染色體明顯往兩極移動？(A) 前期 (B) 中期 (C) 後期 (D) 末期。（2010-2 專高）

參 機化作用的組織階段

- 細胞是人體的基本功能單位；類似的細胞密集成層狀或團塊狀，共同執行一種功能，即爲組織。
- 組織依其胚層的起源，歸納爲四種：上皮組織、結締組織、肌肉組織和神經組織。
- 胚囊分化：

1. 外胚層 (ectoderm)：以表皮、受器、神經系統爲主。如皮膚表皮、口腔及肛門的內襯上皮、感覺受器、神經系統、腎上腺髓質、眼睛角膜及水晶體
2. 內胚層 (endoderm)：凡是與外界相通的臟器內襯，如：消化道上皮、肝臟、胰臟、呼吸道上皮、甲狀腺、副甲狀腺、膀胱、尿道上皮、生殖道上皮。
3. 中胚層 (mesoderm)：內、外胚層間的結締及肌肉組織，骨骼、肌肉、皮膚的真皮、脊索、循環系統（血管、心臟）、腎臟、腎上腺皮質。

（C）1. 下列何者是由胚胎期的中胚層 (mesoderm) 衍生形成的？(A) 脊髓　(B) 胃的黏膜上皮　(C) 骨骼肌　(D) 腎上腺髓質。（2015 二技）

（A）2. 下列何者是由胚胎期的外胚層 (mesoderm) 衍生形成的？(A) 脊髓　(B) 胃的黏膜上皮　(C) 骨骼肌　(D) 腎上腺皮質。

（D）3. 人體的基本組織 (basic tissues) 有幾種？(A) 一　(B) 二　(C) 三　(D) 四。（2015 二技）

一、上皮細胞

(一) 單層上皮

1. 單層扁平（鱗狀）上皮：具有擴散、滲透和過濾作用。如：
   (1) 內皮：心臟、血管和淋巴管的內腔面。
   (2) 間皮：胸腔、心包腔和腹腔的壁層。
   (3) 肺泡、腎絲球的鮑氏囊壁層。
2. 單層立方上皮：具有分泌與吸收作用，如：卵巢的表面、眼球視網膜之色素層、水晶體之前方表面、腎臟的集尿小管及外分泌腺的導管。
3. 單層柱狀上皮：具有分泌、吸收和運輸作用，如：胃至肛門的消化管、子宮與輸卵管之內腔面、細支氣管的內壁。

(二) 複層上皮

1. 複層扁平上皮：具有保護作用，如：口腔、食道和陰道的腔面、皮膚之表皮層。
2. 複層立方上皮：具有保護作用，例如：大外分泌腺（如唾液腺、胰臟和汗腺）。
3. 複層柱狀上皮：具有保護與分泌作用，例如：眼瞼結膜、尿道海綿體。
4. 移形上皮：具有舒展作用，例如：膀胱、輸尿管。
5. 偽複層柱狀上皮：具有分泌和運輸作用，例如：氣管和支氣管。

(三) 細胞連接：細胞膜在細胞相鄰面間的特化結合構造，稱爲細胞連接；可分爲三類：

1. 緊密連接：亦稱閉鎖連接或閉鎖小帶，爲帶狀構造，常見於單層柱狀上皮和單層立方上皮，可作爲溶質選擇性擴散的屏障。
2. 黏著連接：亦稱爲中間連接或固著連接，又可分爲下列兩種：
   (1) 黏著小帶：寬約 20 nm 的細胞間隙，具薄層的緻密物質和微絲，具黏著作用和收縮作用，可減少細胞膜表面區域。常見於上皮細胞間和心肌細胞間。

(2) 黏著斑：亦稱爲橋粒，寬約 25 nm 的細胞間隙，常見於上皮細胞間和心肌細胞間。

3. 通訊連接：亦稱縫隙連接或結合膜，常見於上皮細胞間、心肌細胞間、平滑肌細胞間和神經細胞間，寬約 2 nm 的細胞間隙。

(三) 腺體上皮：被覆上皮的細胞可特化爲分泌性的細胞，稱爲腺體上皮；由一個或一群高度特化的腺體上皮細胞組成腺體；腺體上皮排出的分泌物若經由導管運送到體表則稱爲外分泌腺，若無導管，直接隨血液分布於全身則稱爲內分泌腺。

依腺體細胞的分泌方式分類：

1. 全泌腺：其細胞內聚滿分泌物，當細胞死亡並連同分泌物一同釋出，而分泌部的未分化細胞可增生爲新細胞來迅速補缺，如皮膚的皮脂腺（屬單分支泡狀腺）。
2. 頂泌腺：其細胞的分泌物積聚於細胞的頂部，分泌物與頂部脫離的細胞膜一同脫落排出於外，常見於乳腺（屬複合式泡狀腺體）。
3. 局泌腺：其細胞的分泌物以胞外分泌的方式排出，常見於唾液腺和胰臟，內分泌腺也屬於此種方式分泌。

（A）1. 內分泌腺屬無管腺，其胚胎發生來源起源於：(A) 上皮組織 (B) 結締組織 (C) 神經組織 (D) 肌肉組織。（2011-2 專高）

（C）2. 下列有關上皮組織的敘述，何者錯誤？(A) 心包腔內襯著上皮組織 (B) 身體表面皆覆蓋著上皮組織 (C) 骨骼表面皆包覆著上皮組織 (D) 整條消化道皆內襯著上皮組織。（2015-1 專高）

（C）3. 下列何者不是上皮組織衍生的構造？(A) 甲狀腺 (B) 胰臟的腺泡 (C) 腦下腺後葉 (D) 腎上腺皮質。（2017-2 專高）

（C）4. 有關各器官之上皮結構何者錯誤？(A) 食道，複層鱗狀上皮 (B) 胃，單層柱狀上皮 (C) 膽囊，複層鱗狀上皮 (D) 升結腸，單層柱狀上皮。（2019-2 專高）

（D）5. 下列組織器官與上皮分類屬性的配對，何者正確？(A) 陰道：角質化複層鱗狀上皮 (B) 氣管：單層柱狀上皮 (C) 輸卵管：單層無纖毛柱狀上皮 (D) 甲狀腺濾泡：單層立方上皮。（2013 二技）

（B）6. 心包腔 (pericardial cavity) 位於？(A) 纖維性心包膜與漿膜性心包膜的壁層之間 (B) 漿膜性心包膜的壁層與臟層之間 (C) 漿膜性心包膜的臟層與心肌層之間 (D) 漿膜性心包膜的臟層與心內膜之間。（2017-2 專高）

（A）7. 下列何者內襯單層鱗狀上皮？(A) 肺泡 (B) 膀胱 (C) 輸卵管 (D) 十二指腸。（2012-1 專普）

（C）8. 下列何者的內襯上皮不是單層柱狀？(A) 胃　(B) 十二指腸　(C) 食道　(D) 降結腸。（2017-2 專高）

（A）9. 下列何種管腔的內襯屬於單層柱狀上皮細胞 (simple columnar epithelium)？(A) 小腸　(B) 乳腺　(C) 氣管　(D) 腎絲球。（2009 二技）

（B）10. 輸卵管的上皮組織是屬於：(A) 單層鱗狀上皮　(B) 單層柱狀上皮　(C) 複層鱗狀上皮　(D) 複層柱狀上皮。（2011-2 專普）

解析：輸卵管黏膜層的上皮細胞為單層柱狀上皮，含有纖毛細胞及分泌細胞。

（C）11. 輸卵管上皮是屬於何種上皮組織？(A) 偽複層柱狀上皮　(B) 複層柱狀上皮　(C) 單層柱狀上皮　(D) 複層扁平上皮。（2009-2 專高）

（D）12. 下列何者具有纖毛單層柱狀上皮 (ciliated simple columnar epithelia)？(A) 血管內皮　(B) 小腸　(C) 膀胱　(D) 輸卵管。（2008 二技）

（D）13. 下列何者的內襯屬於複層鱗狀上皮？(A) 胃　(B) 十二指腸　(C) 結腸　(D) 肛門。（2011-2 專高）

（B）14. 下列哪種器官的黏膜層具有複層鱗狀上皮 (stratified squamous epithelia)？(A) 胃　(B) 食道　(C) 小腸　(D) 大腸。（2008 二技）

（C）15. 口咽之內襯上皮為：(A) 單層立方　(B) 單層柱狀　(C) 複層扁平　(D) 複層立方。（2014-1 專高）

（D）16. 下列何者具複層扁平上皮？(A) 胃幽門部　(B) 十二指腸　(C) 闌尾　(D) 肛門。（2020-1 專高）

（A）17. 下列那一器官內襯複層扁平上皮？(A) 食道　(B) 胃　(C) 十二指腸　(D) 直腸。（2016-1 專高）

（C）18. 下列何種細胞間具有緊密接合 (tight junction) 的構造？(A) 心臟肌肉　(B) 肺臟漿膜　(C) 膀胱上皮　(D) 食道平滑肌。（2011 二技）

（A）19. 下列何者之上皮組織屬於移形上皮？(A) 膀胱　(B) 子宮　(C) 陰道　(D) 直腸。（2012-1 專普）

（A）20. 下列何種結構常存在於上皮細胞間（例如消化道上皮細胞），以阻止物質由細胞間通過？(A) 緊密接合 (tight junction)　(B) 胞橋小體 (desmosomes)　(C) 間隙接合 (gap junction)　(D) 接合質 (connexons)。（2010-1 專高）

（B）21. 下列何者不具杯狀細胞 (goblet cell)？(A) 氣管　(B) 胃　(C) 空腸　(D) 降結腸。（2008-1 專高）

（B）22. 乳腺 (mammary gland) 是屬於何種腺體？(A) 單細胞腺體 (unicellular glands)　(B) 頂端分泌腺體 (apocrine glands)　(C) 全分泌腺體 (holocrine glands)　(D) 部分分泌腺體 (merocrine glands)。（2009 二技）

（A）23. 下列何種腺體屬於單分支泡狀腺 (simple branched acinar gland)？(A) 皮脂腺 (sebaceous gland)　(B) 頂漿汗腺 (apocrine sweat gland)　(C) 耵聹腺 (ceruminous gland)　(D) 外分泌汗腺 (merocrine sweat gland)。（2010 二技）

（D）24. 下列有關汗腺的敘述，何者正確？(A) 只分布於腋窩、乳暈及肛門周圍　(B) 其分泌受交感和副交感神經調控　(C) 分泌時，細胞會解體而與汗液一起

排出 (D) 導管穿越表皮層，直接開口於皮膚表面。 （2020-1 專高）

（A）25. 外分泌腺體依功能及構造分類，下列何者同時被歸類為頂泌腺 (apocrine gland) 及複合式泡狀腺體 (compound acinar gland)？(A) 乳腺 (B) 皮脂腺 (C) 腸腺 (D) 胰臟。 （2008 二技）

二、結締組織

1. 胚胎期的結締組織包含起源於中胚層的間葉，間葉係由間質細胞和基質構成。
   ➪ 間質細胞可分化爲各種結締組織、肌肉、血管、泌尿生殖系統和體腔的漿膜等。
2. 一般所稱的結締組織係指固有結締組織而言，而廣義的結締組織包括固有結締組織、軟骨、硬骨和血液等。
3. 結締組織具支持、保護、連結和隔離等功能。

固有結締組織，依其構造與功能，可分爲：

1. 疏鬆性結締組織：特徵是基質較多、纖維較少（即膠原纖維較少而彈性纖維較多）、結構較爲疏鬆、呈蜂窩狀，又稱爲蜂窩組織。
   ➪ 常見於腸繫膜、胃腸道、呼吸道和泌尿道的內襯上皮。
   (1) 纖維

纖維	膠原纖維	彈性纖維	網狀纖維
成分	膠原蛋白	彈性蛋白	膠原蛋白（表面有醣蛋白）
特性	數量最多、較粗、韌性大、抗拉力強，新鮮呈白色稱白纖維	彈性大且較細、韌性小、在新鮮時呈黃色，故稱黃纖維	微細、分支、交織網狀，鍍銀法可染成黑色，稱嗜銀纖維
部位	硬骨、硬腦膜、軟骨、肌腱、韌帶	皮膚、血管、肺臟	脾臟、淋巴結

   (2) 基質：有玻尿酸、硫酸軟骨素、硫酸皮膚素、硫酸角質素、附著蛋白等。
   (3) 細胞：可分爲兩類：
      a. 固定細胞：如成纖維細胞、脂肪細胞、未分化的間質細胞。
      b. 遊走細胞：如巨噬細胞、肥大細胞（內有肝素、組織胺、血清素及白血球三烯）、漿細胞（由 B 淋巴球分化而來）和白血球。

PS. 肥大細胞 (mast cell)：常成群或散生沿著血管周圍分布，其分泌顆粒含有下列物質：
1. 肝素：一種抗凝血劑，可防止血液在血管中凝固。
2. 組織胺：一種血管擴張劑，可增加微血管的通透性。
3. 血清素：一種類似腎上腺素的物質。
4. 白血球三烯：又稱過敏性慢反應物質，可使平滑肌收縮，並將多型核白血球和嗜伊紅白血球吸引到受傷或感染部位。

2. 緻密性結締組織：特徵是纖維較粗、排列緻密，而細胞較少。可分為：
   (1) 規則緻密性結締組織：沿著拉力方向規則地平行排列，常見於肌腱、韌帶和腱膜。
   (2) 不規則緻密性結締組織：膠原纖維交織成不規則排列的板層，常見於皮膚之真皮層、心臟瓣膜和軟骨外膜。
   (3) 彈性結締組織：以彈性纖維為主，未染色呈黃色，彈性大（當被牽拉時可迅速彈回原狀），常見於項韌帶和黃韌帶。
3. 脂肪組織：為良好的熱源絕緣體，可減少熱量經由皮膚散失，分為：

	白色脂肪組織	棕色脂肪組織
細胞質	具單一大脂滴，細胞核被擠在細胞一側	具許多小脂滴，細胞核位於細胞中央
分　布	皮膚之皮下層	存在新生兒體內較多，成人較少

PS. 在棕色脂肪細胞之間有豐富的微血管網。

4. 網狀結締組織：因可吸收金屬銀及被硝酸銀溶液染成黑色（鍍銀法，即具嗜銀性）。常見於造血器官（如骨髓和肝臟）和淋巴組織（淋巴結和脾臟）。

(C) 1. 下列何者不屬於結締組織？(A) 硬骨　(B) 軟骨　(C) 指甲　(D) 血液。（2015-1 專高）
(C) 2. 下列何者不屬於結締組織基質 (matrix) 的纖維？(A) 網狀纖維　(B) 膠原纖維　(C) 肌原纖維　(D) 彈性纖維。（2011-1 專高）
(B) 3. 脾臟的基質含有下列何種構造？(A) 蜂窩結締組織　(B) 網狀結締組織　(C) 脂肪結締組織　(D) 緻密不規則結締組織。（2013 二技）
(B) 4. 下列何者含有高比例的膠原纖維？(A) 淋巴結　(B) 硬腦膜　(C) 主動脈壁　(D) 氣管黏膜。（2014-1 專高）

（A）5. 有關淋巴結的敘述，下列何者錯誤？(A) 其內沒有巨噬細胞 (B) 輸出淋巴管數目較輸入淋巴管數目少 (C) 具有生發中心 (germinal center)，可製造淋巴 (D) 構造上可區分為皮質及髓質。（2018-1 專高）

（A）6. 下列何者不屬於特化的結締組織？(A) 腺體 (B) 血液 (C) 軟骨 (D) 硬骨。（2008-1 專普）

第三單元 皮膚系統

皮膚可被稱為是一種器官或系統（因負責執行數種功能）且皮膚是最大器官，因含有各種不同的衍生物，如汗腺、皮脂腺、毛髮和指（趾）甲等。成人體重之 15%，是人體免疫防衛系統的第一道防線（屏障），可阻擋外界異物和病原的侵入、排泄廢物、調節體溫及合成維生素 D 作用。

一、表皮：由四種細胞組成

(一) 角質細胞：細胞數量較多，約占 90%，在硬化過程中經角質化、死亡而脫落。可產生角蛋白，具防水及保護皮膚和深層組織，避免光、熱、微生物和化學物質侵害。

(二) 黑素細胞：起源於神經外胚層，分布於表皮基底層細胞間，約占 8%。
可合成黑色素，可吸收紫外線，保護遺傳物質免受損傷，存積於黑素體的分泌小泡中。⇨ 長圓形的黑素體含有酪胺酸酶，能將酪胺酸轉化為黑色素。

(三) 蘭氏細胞：起源於骨髓，分布角質細胞間；為表皮內的巨噬細胞，可參與免疫反應，與輔助性 T 細胞相互作用，易受紫外線輻射損傷。

(四) 美格爾氏細胞：和游離的神經末梢相連，是一種觸覺類上皮細胞，分布於毛囊附近的表皮基底層細胞間。

二、表皮的構造：人類的表皮厚度在各部位皆不同，眼瞼的最薄，手掌、足蹠面的最厚。
由內而外可分為五層：生長層（基底層）→棘狀層→顆粒層→透明層→角質層。

	生長層（基底層）	棘狀層	顆粒層	透明層	角質層
成分	立方或柱狀細胞	8-10 層多邊形細	3-5 層扁平細胞	3-5 層扁平死細胞	25-30 層扁平死細胞（角質化複層扁平上皮）

	生長層（基底層）	棘狀層	顆粒層	透明層	角質層
作用	有分裂增生能力	棘細胞的有絲分裂	形成屏障保護及防水功能	缺細胞核和細胞質	抗光、熱、細菌和化學物及防組織液流失
特性	分化為汗腺、皮脂腺和毛囊，含黑素細胞和美格爾氏細胞	黑素細胞突起和蘭氏細胞	在薄表皮中缺乏明顯的顆粒層	常見手掌和足蹠的厚表皮，薄表皮缺此層	此層死細胞含角蛋白

PS.

(一) 生長層：亦稱基底層或馬氏層。為一層立方或柱狀細胞構成，下方附著於基膜上。

1. 基底細胞含有張力絲（亦稱角蛋白絲）、透明角質顆粒及黑素顆粒。
2. 基底細胞有分裂增生能力，角質細胞退化、死亡，最後由表皮表面脫落。
3. 分化為汗腺、皮脂腺和毛囊。此層亦含有黑素細胞和美格爾氏細胞。

(二) 棘狀層：又稱棘細胞層，在生長層上方，由 8-10 層多邊形細胞組成。在棘狀層常可見到棘細胞的有絲分裂；此層含有黑素細胞突起和蘭氏細胞。

(三) 顆粒層：由 3-5 層扁平細胞組成，位於棘狀層上方。

1. 細胞質內含強嗜鹼性緻密的顆粒，稱透明角質顆粒，此顆粒為角蛋白的前體。
2. 角蛋白分布於表皮的淺層，可形成屏障保護深層組織免受損傷和微生物的侵害，並具有防水功能。在薄表皮中缺乏明顯的顆粒層。

(四) 透明層：位顆粒層上方，由 3-5 層扁平死細胞組成。常見於手掌和足蹠的厚表皮，薄表皮中則缺乏此層。此層死細胞缺乏細胞核和細胞質，可被伊紅染成紅色。

(五) 角質層：位表皮的表層，由 25-30 層扁平死細胞（角質化複層扁平上皮）組成。

此層死細胞含角蛋白，對抗光、熱、細菌和化學物質的有效屏障，並防止組織液流失。

三、真皮：位於表皮下方，由緻密性結締組織組成，內含膠原纖維和彈性纖維。

1. 手掌和足蹠的真皮最厚，而眼瞼、陰莖和陰囊的真皮最薄。

2. 身體的背面較厚，身體的腹面較薄；四肢的外側較厚，四肢的內側較薄。

3. 眞皮可分：

(1) 乳突層：內含纖細的彈性纖維，其厚度約爲整層真皮的 1/5。

① 含許多表皮衍生物及其他構造，如毛髮、毛囊、皮脂腺、汗腺、微血管和神經末梢等。

② 此層向表皮底部伸出許多指狀突起，稱爲真皮乳頭，使表皮與眞皮接觸的表面積增大。

③ 在眞皮乳頭內含有豐富的微血管環、游離神經末梢及觸覺小體（亦稱梅司納小體）。

(2) 網狀層：在乳突層下方，由緻密性結締組織組成，內含膠原纖維束和許多粗大彈性纖維交織成網，使皮膚具有較強的韌性與彈性。

① 內含脂肪組織、毛囊、神經、皮脂腺和汗腺等。藉皮下組織與其下方的骨骼或肌肉器官相連。

② 司熱覺神經末梢常見於真皮的淺層和中間層，而司冷覺神經末梢常見於真皮的深層。

四、皮下組織：即解剖學中所稱的淺筋膜，內含有環層小體的神經末梢，亦稱帕希尼小體，司壓覺。

（D）1. 有關皮膚的敘述，下列何者正確？(A) 真皮網狀層是由疏鬆結締組織所構成 (B) 皮脂腺主要位於皮下層 (C) 曝曬紫外線會大量增加黑色素細胞數量，導致膚色變深 (D) 頂漿汗腺 (apocrine sweat gland) 的排泄管開口於毛囊。（2016-1 專高）

（C）2. 下列有關表皮的敘述，何者正確？(A) 富含微血管 (B) 屬於複層柱狀上皮 (C) 底層的細胞具增生功能 (D) 底層由角質細胞組成，淺層無此類細胞。（2017-1 專高）

（A）3. 下列有關皮膚表皮的敘述，何者正確？(A) 最淺層的表皮細胞完全角質化 (B) 最底層的表皮細胞部分已完全角質化 (C) 黑色素細胞位於表皮淺層，可分泌黑色素以抗紫外線 (D) 厚的皮膚表皮具有五層構造，薄的皮膚表皮則僅有兩層。（2018-1 專高）

（C）4. 有關表皮的敘述，下列何者錯誤？(A) 由角質化複層鱗狀上皮組成 (B) 黑色素細胞主要位於基底層 (C) 可見到許多成纖維母細胞 (fibroblasts) (D) 沒有血管分布。（2019-2 專高）

（A）5. 黑色素細胞 (melanocytes) 位於表皮的哪一層？(A) 基底層 (stratum basale) (B) 棘狀層 (stratum spinosum) (C) 角質層 (stratum corneum) (D) 顆粒層

(stratum granulosum)。 (2009 二技)

(D) 6. 手掌及腳底的皮膚表皮 (epidermis) 哪一層最厚？(A) 基底層 (stratum basale) (B) 顆粒層 (stratum granulosum) (C) 透明層 (stratum lucidum) (D) 角質層 (stratum corneum)。 (2012 二技)

(A) 7. 人體哪一部位的真皮層最厚？(A) 身體背部 (B) 身體腹部 (C) 大腿內側 (D) 眼瞼。 (2011 二技)

(A) 8. 下列有關真皮的敘述，何者錯誤？(A) 屬於疏鬆結締組織 (B) 指紋與真皮乳頭的分布有關 (C) 含觸覺、壓覺及痛覺等受器 (D) 皮膚燒燙傷出現水泡表示已損害真皮層。 (2014-1 專高)

(C) 9. 梅斯納小體 (Meissner's corpuscles) 分布於皮膚的哪一層？(A) 表皮層之透明層 (stratum lucidum of epidermis) (B) 皮下層 (hypodermis) (C) 真皮層之乳突層 (papillary layer of dermis) (D) 真皮層之網狀層 (reticular layer of dermis)。 (2015 二技)

(A) 10. 下列有關皮脂腺的敘述，何者正確？(A) 分泌物經由毛囊排至體表 (B) 細胞分泌時本身並不損失，又稱為全泌腺 (C) 分泌細胞分布於表皮和真皮 (D) 耵聹腺和瞼板腺均屬特化的皮脂腺。 (2012-1 專高)

(D) 11. 下列哪一構造是負責指甲的生長？(A) 游離緣 (free edge) (B) 指甲弧 (lunula) (C) 甲床表皮 (eponychium) (D) 指甲基質 (nail matrix)。 (2013 二技)

(C) 12. 下列哪一部位沒有皮脂腺 (sebaceous gland) 的構造？(A) 眼瞼 (B) 乳暈 (C) 手掌 (D) 鼻尖。 (2014 二技)

(B) 13. 哪一種維生素 (vitamine) 可在皮膚中生成？(A) 維生素 C (B) 維生素 D (C) 維生素 E (D) 維生素 K。 (2009 專普)

第四單元 骨骼系統

壹 骨骼概論

1. 軟骨和硬骨均爲高度特化的結締組織。
   (1) 軟骨：沒有血管和神經，但強韌且富彈性
   (2) 硬骨：含豐富的血管和神經，爲人體重要的鈣貯存場所，具有調節血鈣的作用。
2. 骨骼組織和骨骼系統的功能如下：
   (1) 支持作用：支撐身體、支持組織和肌肉附著用。
   (2) 保護作用：保護內臟器官免受損傷，如顱骨保護腦；脊椎骨保護脊髓；胸廓保護心、肺；髖骨保護內部的生殖器官。
   (3) 輔助運動：肌肉收縮與骨骼牽引可產生運動。
   (4) 維持礦物質恆定：骨骼組織爲鈣和磷貯存的場所，當肌肉收縮與神經活動時可釋出。
   (5) 製造血球：某些硬骨中空部位的紅骨髓具有造血功能，可產生未成熟的紅血球、白血球和血小板，以及脂肪組織和巨噬細胞。
   (6) 儲存能源：黃骨髓爲第二類的脂肪貯存骨髓，由紅骨髓逐漸被脂肪組織替代所形成，包括脂肪細胞和少數的血球，爲重要的化學能源貯存所。

一、軟骨結構

由軟骨組織（軟骨細胞、纖維和基質組成）和軟骨膜組成。分爲三種

	透明軟骨	彈性軟骨	纖維軟骨
特性	最多的軟骨及最脆弱	良好的韌性與彈性	最強韌的一種
成分	含少量無明顯橫紋的膠原原纖維	大量的彈性纖維，分叉交織成網狀	含粗而密且交叉排列的大量膠原纖維束（為 I 型膠原蛋白）

	透明軟骨	彈性軟骨	纖維軟骨
部位	氣管、鼻中隔、喉、成人的關節軟骨和肋軟骨	外耳、外聽道、歐氏管（也稱耳咽管或咽鼓管）和會厭軟骨	椎間盤和恥骨聯合

軟骨的生長方式有二種：

1. 內積生長：係由軟骨細胞的增生，使軟骨從內部長大。
2. 外加生長：係由軟骨膜添加新的軟骨細胞，使軟骨從外面擴增。

二、硬骨結構

(一) 骨膜：有骨外膜（被覆硬骨外圍）和骨內膜（內襯於硬骨內腔）。

1. 骨外膜具有內外兩層：

分類	外層較厚為纖維層，由結締組織組成	內層較疏鬆為生骨層
部位	血管、淋巴管和神經	血管、彈性纖維、骨原細胞、破骨細胞和成骨細胞

2. 骨組織：由細胞和鈣化的細胞間質組成；有下列四種：
   (1) 骨細胞：其細胞本體位於骨陷窩內，而細胞突起位於骨小管內。
   (2) 成骨細胞：分泌類骨質 (osteoid)，含Ｉ型膠原蛋白、蛋白多醣和醣蛋白的蛋白質。
   (3) 骨原細胞：位於骨外膜及骨內膜靠近骨質處，可分化為骨細胞。
   (4) 破骨細胞：是多核大細胞，位吸收陷窩（豪攝氏陷窩）中，可能源自單核球融合而來。

   ⇨ 鈣化的細胞間質稱為骨質，骨質結構常呈板層狀，稱為骨板。

(二) 骨組織可分為疏鬆骨和緻密骨

1. 疏鬆骨：疏鬆多孔，網孔中充滿紅骨髓（為造血組織）。骨小樑含有骨板、骨細胞、骨陷窩和骨小管。疏鬆骨常分布於長骨的骨骺部。
2. 緻密骨：堅實緊密，基本結構單位為骨元，又稱哈維氏系統（內的中央管或哈佛氏管，為血管、神經的通道），常分布於長骨骨幹和扁平骨表層。藉佛克曼氏管（又稱穿通管）彼此相通。

哈佛（維）系統包括哈佛氏管、骨腔隙、骨細胞、骨板、骨小管。

(三) 骨髓：位於長骨和短骨的骨髓腔內以及疏鬆骨（扁平骨和不規則骨）的間隙內。

1. 剛出生時，全身所有骨髓皆呈紅色，並具造血功能；隨著年齡增加則漸被黃骨髓取代。
2. 約在 7 歲左右，四肢骨的遠端先有黃骨髓出現，逐漸取代並移至四肢骨的近端。
3. 成人紅骨髓僅於顱骨、脊柱、胸廓、肢帶骨（肩胛骨、鎖骨、髖骨）、肱骨頭和股骨頭。

三、骨骼的生長

(一) 硬骨的形成：可分為兩型：

1. 膜內骨化：直接由原始結締組織（間葉細胞）骨化而成，其發生過程與軟骨無關。
   (1) 主要發生於膜性硬骨，如額骨、頂骨、枕骨、顳骨和鎖骨等。
   (2) 骨原細胞（又稱造骨母細胞 (osteoblast)）再分化為成骨細胞→分泌類骨質→迅速被鈣化，最終形成膜性硬骨。
2. 軟骨內骨化：先形成軟骨雛型，再被骨化。
   (1) 主要發生於軟骨性硬骨如顱底骨（頭骨基底）、脊椎和四肢骨等。
   (2) 發生過程是先形成透明軟骨，然後才骨化（由軟骨周骨化和軟骨內骨化分別進行）。
   (3) 軟骨內骨化作用的結果形成疏鬆骨。

(二) 骨骼之生長：硬骨可經由骨幹部的外加生長，即由骨膜增殖特化添加而增厚及增長。

1. 軟骨形成過程中，軟骨雛型兩端的軟骨中心出現次級骨化中心，又稱為骨骺骨化中心。
2. 次級骨化中心形成過程係由中心向周圍擴展，先由軟骨細胞分泌軟骨基質→鈣化，致軟骨細胞退化死亡，終由血管和骨原細胞侵入且包繞殘留的鈣化軟骨，形成骨骺。
3. 當硬骨發育完成後，在骨骺表面的薄層透明軟骨即為關節軟骨，並不具有軟骨膜。
4. 在骨骺與骨幹之間的軟骨稱為骨骺板或生長板，因可不斷朝向兩端（骨端和骨幹）增長。
5. 骨骺板在成年時完全骨化而留帶狀痕跡稱骨骺盤，在長骨縱斷面的線狀痕跡稱骨骺線。

骨骺板在形態上可區分為五區：

1. 軟骨儲備區（靜止區）：將骨骺板固著於骨骺上，距離骨髓腔最遠。
2. 軟骨增殖區：位於軟骨儲備區的骨幹側（深層），軟骨細胞較大，排列成縱走的似硬幣堆疊成行；常見有細胞分裂。
3. 軟骨肥大區（軟骨成熟區）：軟骨細胞也排列成縱走，但體積增大且含肝醣和脂質，細胞亦產生鹼性磷酸酶，可促軟骨基質之鈣化作用。
4. 軟骨鈣化區：鈣鹽沉積於軟骨基質中。在光學顯微鏡下，有些陷窩呈空洞狀，軟骨細胞的結構仍維持完整狀態。微血管和骨原細胞從骨幹長入此區，提供成骨細胞分化和分泌骨質的血管環境。
5. 臨時骨化區：鈣化軟骨基質為軸心的骨小樑組成（成骨細胞產生類骨質→骨小樑）

（D）1. 下列何種激素與骨骼之生長發育及維持較無關聯？(A) 生長激素 (B) 副甲狀腺素 (C) 降鈣素 (D) 腎上腺素。（2016-1 專高）

（C）2. 下列何者在骨骼形成時進行膜內骨化 (intramembranous ossification)？(A) 尺骨 (ulna) (B) 股骨 (femur) (C) 鎖骨 (clavicle) (D) 指骨 (phalanges)。（2009 二技）

（A）3. 有關骨骺板的構造，下列哪一區距離骨幹的骨髓質腔最遠？(A) 靜止軟骨區 (zone of resting cartilage) (B) 成熟軟骨區 (zone of maturing cartilage) (C) 鈣化軟骨區 (zone of calcifying cartilage) (D) 增生軟骨區 (zone of proliferating cartilage)。（2011 二技）

（B）4. 下列何者是經由膜內骨化 (intramembranous ossification) 所形成的膜性硬骨？(A) 脊椎 (vertebra) (B) 頂骨 (parietal bone) (C) 肱骨 (humerus) (D) 脛骨 (tibia)。（2012 二技）

（C）5. 骨內膜 (endosteum) 位於下列何處？(A) 骨外膜 (periosteum) 的內層 (B) 關節軟骨的表面 (C) 襯於骨髓腔 (marrow cavity) 的表面 (D) 骨幹 (diaphysis) 的表層。（2013 二技）

（C）6. 在青春期，下列何者對長骨的「縱向生長」最為重要？(A) 骨外膜 (periosteum) (B) 骨內膜 (endosteum) (C) 骨骺板 (epiphyseal plate) (D) 骨骺線 (epiphyseal line)。（2021-2 專高）

（C）7. 下列何者由軟骨組成？(A) 軟顎 (B) 聲帶 (C) 骨骺板 (D) 心肌的閏盤。（2011-2 專高）

（D）8. 下列何者具有纖維軟骨的構造？(A) 氣管 (B) 喉部 (C) 耳咽管 (D) 椎間盤。（2011 二技）

（C）9. 耳殼的骨組織屬於下列何種？(A) 硬骨 (B) 纖維軟骨 (fibrocartilage) (C) 彈性軟骨 (elastic cartilage) (D) 透明軟骨 (hyaline cartilage)。（2011-1 專高）

（A）10. 下列何者屬於纖維軟骨 (fibrocartilage)？(A) 恥骨聯合 (pubic symphysis) (B) 肋軟骨 (costal cartilage)　(C) 會厭軟骨 (epiglottis)　(D) 氣管軟骨 (tracheal cartilage)。（2014 二技）

（B）11. 年輕成人之恥骨聯合 (pubic symphysis) 屬於下列何種組織？(A) 硬骨 (B) 纖維軟骨 (fibrous cartilage)　(C) 彈性軟骨 (elastic cartilage)　(D) 透明軟骨 (hyaline cartilage)。（2009-2 專高）

（D）12. 下列何者不含軟骨？(A) 滑液（膜）關節　(B) 主支氣管　(C) 椎間盤 (D) 軟顎。（2011-2 專高）

（A）13. 下列何者是海綿骨的結構成分？(A) 骨小樑 (trabecula)　(B) 骨單位 (osteon) (C) 中央管 (central canal)(D) 穿通管 (perforating canal)。（2017-2 專高）

（C）14. 具有分泌類骨質 (osteoid) 並引起鈣鹽堆積而產生鈣化 (calcification) 的細胞為何？(A) 骨細胞 (osteocyte)　(B) 軟骨細胞 (chondrocyte)　(C) 造骨母細胞 (osteoblast)　(D) 軟骨母細胞 (chondroblast)。（2010 二技）

（A）15. 下列何者因分泌持續增加而使骨質密度降低？(A) 副甲狀腺素　(B) 鹽皮質激素　(C) 降鈣素　(D) 雌激素。（2016-1 專高）

貳 骨骼系統：中軸骨骼

1. 全身骨骼可粗略分成：
   (1) 中軸骨骼包括頭顱骨、肋骨、胸骨及脊椎骨等。
   (2) 附肢骨骼包括上、下肢骨骼、肩帶及骨盆帶。
2. 肩帶有肩胛骨、鎖骨；骨盆帶則是由髖骨形成，使中軸骨骼和下肢骨相連。
3. 骨骼系統分類與數目

中軸骨骼	骨骼數目	附肢骨骼	骨骼數目
1. 頭顱骨		1. 肩帶	
(1) 頭蓋骨	8	(1) 肩胛骨	2
‧額骨	1	(2) 鎖骨	2
‧頂骨	2	2. 上肢骨	
‧枕骨	1	(1) 肱骨	2
‧顳骨	2	(2) 尺骨	2
‧蝶骨	1	(3) 橈骨	2
‧篩骨	1	(4) 腕骨	16
(2) 顏面骨	14	(5) 掌骨	10
‧鼻骨	2	(6) 指骨	28
‧上頷骨	2	3. 骨盆帶	
‧顴骨	2	‧髖骨	2

中軸骨骼	骨骼數目	附肢骨骼	骨骼數目
· 下頷骨	1	4. 下肢骨	
· 淚骨	2	(1) 股骨	2
· 顎骨	2	(2) 髕骨	2
· 犁骨	1	(3) 腓骨	2
· 下鼻甲	2	(4) 脛骨	2
2. 聽小骨	6	(5) 跗骨	14
3. 舌骨	1	(6) 蹠骨	10
4. 胸廓		(7) 趾骨	28
(1) 胸骨	1		
(2) 肋骨	24		
5. 脊柱	26		
	共計：80		共計：126
人體骨骼總數為206塊			

一、脊柱

1. 脊柱26塊：頸椎(7)、胸椎(12)、腰椎(5)、薦骨（1, 5塊合成1塊）、尾骨（1, 4塊合成1塊）。
2. 典型脊椎有一圓形朝前的椎體，由此向後延伸出椎弓包住脊髓。

(一) 頸椎：第3-6頸椎是形狀相似的典型頸椎，椎體較小，椎孔呈三角形；具雙叉的棘突與橫突，橫突有椎動脈通過造成橫突孔。

⇨比較特別的是1, 2, 7頸椎，第一頸椎叫寰椎（不具有椎體和棘突），第二頸椎叫軸椎（最大的特徵是由椎體向上伸出的齒狀突，而棘突因爲有許多肌肉附著於此），第七頸椎叫隆椎（棘突特別長且大，易從後面頸根處摸到）。

(二) 胸椎：椎體呈心形，棘突向下傾斜，椎孔呈圓形，最大特徵是具有和肋骨相接的肋關節小面與下一節肋骨頭相接；不一樣的是第10-12肋均只有肋上關節小面。

(三) 腰椎：椎體特別大，呈方形的棘突直接往後伸出並未上下重疊，橫突較細長。

(四) 薦骨（骶骨）：上寬下窄、前凹後凸的倒三角形骨頭，呈凹面的腹側面，可見正中部4條代表薦椎椎體癒合的橫線，外側部有4個前薦孔，薦神經腹枝即由此穿出。

(五) 尾骨：4 塊尾椎合成一塊尾骨，大小不一，約呈倒三角形。

原級彎曲（向前；胎兒期產生）是胸及薦彎曲，次級彎曲（向後；站立後）是頸及腰彎曲。

(B) 1. 脊柱由幾塊骨頭所組成？(A)25　(B)26　(C)27　(D)28。（2008 專普）

(C) 2. 下列有關脊柱的敘述，何者正確？(A) 頸椎共 8 塊　(B) 第 11、12 胸椎不與肋骨形成關節　(C) 腰椎棘突短且呈水平延伸　(D) 薦骨與坐骨形成骨盆。（2012-2 專高）

(C) 3. 下列有關椎骨的敘述，何者錯誤？(A) 頸椎及胸椎皆有橫突　(B) 椎間盤位於椎體之間　(C) 每個椎孔皆有脊髓通過　(D) 每個椎間孔皆有脊神經通過。（2020-2 專高）

(B) 4. 下列椎骨中，何者的棘突 (spinous process) 最長？(A) 第 5 頸椎　(B) 第 5 胸椎 (C) 第 5 腰椎 (D) 第 5 薦椎。（2021-2 專高）

二、頭顱骨、囟門、顱骨縫合

A. 頭顱骨：位於脊柱上，下與第一頸椎相接；頭顱骨總共有 22 塊，包括頭蓋骨及顏面骨。

頭蓋骨：共 8 塊圍成一空腔，保護顱內大、小腦及腦幹。

➪ 由額骨 (1)、頂骨 (2)、顳骨 (2)、枕骨 (1)、蝶骨 (1) 及篩骨 (1) 等六種

1. 頭顱骨上重要的孔洞及通過之構造：

骷髏位置	名稱	通過之構造
額骨	眶上孔	三叉神經眼枝的眶上神經及血管
枕骨	枕骨大孔	副神經、椎動脈、脊髓
枕骨	髁管	導靜脈
枕骨	舌下神經管	舌下神經
顳骨、枕骨之間	頸靜脈孔	頸內靜脈、舌咽神經、迷走神經、副神經
顳骨	莖乳突孔	顏面神經
顳骨	頸動脈管	頸內神經
蝶骨、顳骨、枕骨之間	破裂孔	腦膜動脈、頸內動脈
顳骨	耳咽管骨性部開口	耳咽管

骷髏位置	名稱	通過之構造
顳骨	內耳道	顏面神經、前庭耳蝸神經
蝶骨	棘孔	中腦膜動腦
蝶骨	卵圓孔	三叉神經下頜枝
蝶骨	眶上裂	動眼神經、滑車神經、三叉神經眼枝、外旋神經
蝶骨	視神經孔	視神經、眼動脈
蝶骨	圓孔	三叉神經上頜枝
蝶骨	翼管	翼管神經
篩骨	嗅神經孔	嗅神經
上頜骨	眶下孔	三叉神經上頜枝的眶下神經
下頜骨	下頜孔	三叉神經上頜枝的下齒槽神經
下頜骨	頦孔	下齒槽神經的終於末枝
顎骨	大顎骨	大顎神經、動脈
顎骨	小顎骨	小顎神經、動脈
上頜骨	門齒孔	三叉神經上頜枝的鼻顎枝

2. 12 對腦神經通過的孔洞

名稱	通過的孔洞	名稱	通過的孔洞
嗅神經	篩骨的篩板	顏面神經	內耳道、莖乳突孔
嗅神經	視神經孔	前庭耳蝸神經	內耳道
動眼神經	眶上裂	舌咽神經	頸靜脈孔
滑車神經	眶上裂	迷走神經	頸靜脈孔
三叉神經		副神經	頸靜脈孔
‧眼枝	眶上裂	舌下神經	舌一上神經管
‧上頜枝	圓孔		
‧下頜枝	卵圓孔		
外旋神經	眶上裂		

(一) 額骨 (1)：額骨構成前額、眼眶頂面及前顱腔的前、底面。

1. 出生時是左右各一，多數會在 6 歲前癒合成一塊，少數維持原狀留下中央的額縫。

2. 額骨平滑的前上方表面稱為額隆凸，而眼眶上方及外上方凸出部則稱為眶上緣，其上有明顯的眶上孔或眶上切跡，其深處有骨性空腔稱為額竇。

(二) 頂骨 (2)：左右兩塊共同構成頭顱的外側部及頂部。

1. 頂骨外側面可見上下兩道明顯弧形的上顳線與下顳線，是顳肌附著處的痕跡。
2. 頂骨內側面有許多凹陷是腦膜動脈溝。

(三) 枕骨 (1)：位於頭顱的後下方，近底面中央一縱走直嵴稱為枕外嵴，其中央有一明顯突出處為枕外隆凸，是頸部肌肉附著處。

1. 底面中央有一大圓洞為枕骨大孔，為腦幹、脊髓通過，而脊椎動脈亦從此向上行。
2. 枕骨大孔兩側各有一枕髁，它與第一頸椎相接形成枕寰關節的關節面。
3. 髁管內有導靜脈通過，舌下神經管舌下神經由此向外穿出，頸靜脈孔是頸靜脈由此出。

(四) 顳骨 (2)：構成頭顱外下側及底面的一部分，可分鱗狀部、鼓室部、乳突部及岩狀部

1. 鱗狀部：扁平骨片向前與蝶骨相接，向上與頂骨相接為鱗狀縫，向前突出之顴突與顴骨共同形成顴弓。顴突起始處下方大的凹陷稱下頷窩，與下頷骨頭形成顳下頷關節。
2. 鼓室部：形成外耳道，內含中耳的三塊聽小骨，其下方的尖形突出物是莖突，是許多肌肉附著之處；另有頸靜脈孔及頸動脈管（連通中耳的耳咽管骨性部）。
3. 乳突部：為顳骨後方，有乳突竇可減輕顱骨重量；莖乳突孔是顏面神經穿出顱底。
4. 岩狀部：有內耳道開口，顏面神經、前庭耳蝸神經即從此進出。

(五) 蝶骨 (1)：

1. 體部：蝶鞍是腦下垂體在此，蝶骨體前半部是蝶竇，開口朝向鼻腔。眶上裂外下方有圓孔，內為三叉神經上頷枝通過；圓孔內下方有翼管（內有翼管神經）。
2. 蝶骨大翼：包覆顳葉，向兩外側延伸與額骨、頂骨及顳骨相接；外後方較小的是棘孔，內有腦膜中動脈通過；前內方較大的是卵圓孔，內為三叉神經下頷枝通過處。
3. 蝶骨小翼：構成前顱凹底部及眼眶後部。

4. 小翼與大翼間夾著眶上裂（內有動眼神經、滑車神經、三叉神經眼枝及外旋神經通過），眶上裂上內側有視神經管，是視神經及眼動脈通過處。

(六) 篩骨 (1)：前有鼻骨，後接蝶骨，下後方與犁骨及上頷骨相接，另有篩竇。分三部分：

1. 迷路：有上鼻甲及中鼻甲兩突起，內含數個氣室，為篩竇。
2. 垂直板：形成鼻中膈上半部。（鼻中膈下半部是犁骨）
3. 水平板：又稱篩板，構成顱底，即鼻腔之頂；上有雞冠為腦膜（大腦鐮）附著及嗅神經孔。

B. 顏面骨：由鼻骨 (2)、上頷骨 (2)、顴骨 (2)、下頷骨 (1)、淚骨 (2)、顎骨 (2)、犁骨 (1) 及下鼻甲 (2) 八種共 14 塊骨頭組成。

(一) 鼻骨 (2)：上接額骨、外側接上頷骨，構成鼻樑上半部的骨性部分。

(二) 上頷骨 (2)：除下頷骨之外，顏面部所有骨頭皆與上頷骨相接。上頷骨及顎骨構成硬顎。

1. 上頷竇在眶底正下方，眶底後緣與蝶骨大翼間夾著眶下裂。
2. 三叉神經上頷枝穿過蝶骨圓孔往前走入眶下裂內，並分出眶下神經進入眶底的眶下溝，最後由眼眶下緣的眶下孔再鑽出。

(三) 顴骨 (2)：顏面最突出部分，向上與額骨相接為眼眶外側壁；顴骨顳突與顳骨形成顴弓。

(四) 下頷骨 (1)：顏面骨最大及最強的骨，是顱骨唯一可動的骨。

當下頷骨的髁狀突滑出下頷窩，即是下巴脫臼（落下頦），常發生於打哈欠、打噴涕時

(五) 淚骨 (2)：眼眶內側的小骨頭，它有個淚囊窩，其內是鼻淚管的起始處。

(六) 顎骨 (2)：L 型，外側就是上頷竇；水平部構成硬顎後部和鼻腔底部，垂直部前與上頷骨相接構成鼻外側部的後部，後接蝶骨的翼突。

(七) 犁骨或鋤骨 (1)：緊鄰篩骨的垂直板後面，構成骨性鼻中隔的後半部分。

(八) 下鼻甲 (2)：附著於鼻腔外側壁，鼻淚管即開口於此。

C. 骨縫：存在頭顱骨間的不動關節，含有極微量的結締組織，下列為四種骨縫：

1. 冠狀縫：位額骨與頂骨之間。
2. 矢狀縫：位兩塊頂骨之間。
3. 人字縫：位頂骨與枕骨之間。
4. 鱗狀縫：位頂骨與顳骨之間。

D. 囟門：胚胎早期的骨骼是由軟骨組織或纖維膜所組成，而後漸由骨骼組織

所取代。

1. 初生嬰兒頭顱骨之間的空間稱囟門；因柔軟，在生產時能被壓縮而順利地通過產道。
2. 6 個囟門：

	前囟(1)	後囟(1)	蝶骨囟(2)	乳突囟(2)
形狀	菱形（最大）	三角形	小、不規則	不規則
顱骨	兩塊頂骨與額骨間	兩塊頂骨與枕骨間	頂骨與蝶骨、顳骨及額骨	頂骨、枕骨及顳骨之交會
縫合	矢狀縫、冠狀縫	矢狀縫、人字縫		
閉合	1.5-2 歲（最晚閉合）	1 歲以內	3 個月	3 個月

(C) 1. 人體最大的囟門是介於下列何者之間？(A) 顳骨與頂骨　(B) 枕骨與頂骨　(C) 額骨與頂骨　(D) 蝶骨與頂骨。（2013-2 專高）

(D) 2. 前囟通常在出生後多久會完全骨化閉合？(A)3 個月左右　(B)6 個月左右　(C)1 年左右　(D)1 年半左右。（2011-1 專高）

(A) 3. 下列哪一種囟門 (fontanel) 的閉合時間最晚？(A) 額囟 (frontal fontanel)　(B) 蝶囟 (sphenoidal fontanel)　(C) 枕囟 (occipital fontanel)　(D) 乳突囟 (mastoid fontanel)。（2015 二技）

(D) 4. 下列何者介於顳骨與頂骨間？(A) 冠狀縫合 (coronal suture)　(B) 矢狀縫合 (sagittal suture)　(C) 人字縫合 (lambdoid suture)　(D) 鱗狀縫合 (squamous suture)。（2010-2 專高）

(C) 5. 人字縫合介於下列何者之間？(A) 額骨與頂骨　(B) 左右頂骨間　(C) 頂骨與枕骨　(D) 頂骨與顳骨。（2008-1 專高）

(A) 6. 下列何者介於額骨與頂骨之間？(A) 冠狀縫合 (coronal suture)　(B) 矢狀縫合 (sagittal suture)　(C) 人字縫合 (lambdoid suture)　(D) 鱗狀縫合 (squamous suture)。（2011-1 專高）

(B) 7. 下列何者是成對的顱骨？(A) 額骨　(B) 頂骨　(C) 枕骨　(D) 蝶骨。（2010-1 專高）

(C) 8. 下列何者是成對的顏面骨？(A) 犁骨　(B) 舌骨　(C) 顎骨　(D) 下頷骨。（2012-2 專高，2009 專普）

(B) 9. 下列何者位於上頷骨？(A) 篩孔　(B) 門齒孔　(C) 頦孔　(D) 小顎孔。（2009 專普）

(A) 10. 上頷骨不參與形成下列那個腔室？(A) 顱腔　(B) 眼眶　(C) 鼻腔　(D) 口腔。（2018-1 專高）

(C) 11. 頭顱骨 (skull) 中唯一能動的骨骼為何？(A) 上頷骨 (maxillae)　(B) 顎骨 (palatine

bones) (C) 下頜骨 (mandible) (D) 顴骨 (zygomatic bones)。
（2009 二技）

（D）12. 下頜骨與下列何者形成關節？(A) 顴骨 (B) 上頜骨 (C) 顎骨 (D) 顳骨。
（2011-2 專高）

（B）13. 參與形成口腔硬顎的骨骼，除了顎骨之外還有：(A) 蝶骨 (B) 上頜骨 (C) 下頜骨 (D) 篩骨。
（2010-2 專高）

（C）14. 下列有關顳骨的敘述，何者正確？(A) 參與形成前顱窩 (B) 與額骨形成骨縫 (C) 內耳所在處 (D) 含副鼻竇。
（2014-1 專高）

（A）15. 下列哪一個構造不屬於顳骨 (temporal bone)？(A) 大翼 (greater wing) (B) 鱗部 (squamous portion) (C) 乳突部 (mastoid portion) (D) 鼓室部 (tympanic portion)。
（2012 二技）

（B）16. 顴弓 (zygomatic arch) 是由顴骨與下列何者共同組成？(A) 額骨 (B) 顳骨 (C) 蝶骨 (D) 上頜骨。
（2017-1 專高）

（D）17. 鱗部 (squamous portion) 的顴突 (zygomatic process) 是屬於下列哪塊骨骼的一部分？(A) 上頜骨 (maxilla) (B) 下頜骨 (mandible) (C) 額骨 (frontal bone) (D) 顳骨 (temporal bone)。
（2010 二技）

（D）18. 下列哪一塊骨骼不參與眼眶 (orbit) 的組成？(A) 顎骨 (palatine bone) (B) 淚骨 (lacrimal bone) (C) 蝶骨 (sphenoid bone) (D) 顳骨 (temporal bone)。
（2014 二技）

（B）19. 鼓室部 (tympanic portion) 屬於下列何種骨骼的一部分？(A) 額骨 (frontal bone) (B) 顳骨 (temporal bone) (C) 枕骨 (occipital bone) (D) 蝶骨 (sphenoid bone)。
（2008 二技）

（D）20. 莖乳突孔 (stylomastoid foramen) 位於下列哪一塊骨頭上？(A) 額骨 (frontal bone) (B) 篩骨 (ethmoid bone) (C) 蝶骨 (sphenoid bone) (D) 顳骨 (temporal bone)。
（2008-2 專高）

（C）21. 下列何者構成鼻中隔的一部分？(A) 枕骨 (occipital bone) (B) 蝶骨 (sphenoid bone) (C) 篩骨 (ethmoid bone) (D) 顳骨 (temporal bone)。
（2012-1 專高）

（D）22. 下列何者是鼻中隔 (nasal septum) 的硬骨部分？(A) 上頜骨及顎骨 (B) 上頜骨及下鼻甲 (C) 篩骨及上頜骨 (D) 篩骨垂直板及犁骨。
（2011 二技）

（D）23. 下列有關蝶骨的敘述，何者錯誤？(A) 含副鼻竇 (B) 形成腦下垂體窩 (C) 內有管道與眼眶相通 (D) 與第一頸椎形成關節。
（2016-1 專高）

（D）24. 下列何者不屬於篩骨 (ethmoid bone) 的構造？(A) 雞冠 (crista galli) (B) 上鼻甲 (superior nasal concha) (C) 篩板 (cribriform plate) (D) 下鼻甲 (inferior nasal concha)。
（2009 二技）

（B）25. 下列何者同時參與形成前顱窩、中顱窩？(A) 篩骨 (B) 蝶骨 (C) 額骨 (D) 顳骨。
（2015-2 專高）

（B）26. 下列何者不屬於蝶骨的構造？(A) 卵圓孔 (oval foramen) (B) 眶上孔 (supraorbital foramen) (C) 視神經管 (optic canal) (D) 眶上裂 (superior orbital fissure)。（2011 二技）

（C）27. 腦下垂體窩位於下列哪一塊骨頭上？(A) 篩骨　(B) 顳骨　(C) 蝶骨　(D) 枕骨。（2010-2 專高）

（CD）28. 蝶骨 (sphenoid bone) 屬於下列何種骨骼？(A) 長骨　(B) 短骨　(C) 扁平骨　(D) 不規則骨。（2013-1 專高）

（A）29. 下列哪一構造位於蝶骨的大小翼之間？(A) 眶上裂 (superior orbital fissure)　(B) 視神經孔 (optic foramen)　(C) 眶下裂 (inferior orbital fissure)　(D) 眶上孔 (supraorbital foramen)。（2013 二技）

（D）30. 下列何者介於蝶骨的小翼與大翼之間？(A) 棘孔 (foramen spinosum)　(B) 圓孔 (foramen rotundum)　(C) 卵圓孔 (foramen ovale)　(D) 眶上裂 (superior orbital fissure)。（2019-2 專高）

（C）31. 下列哪一塊骨骼上有腦下垂體窩 (hypophyseal fossa)？(A) 篩骨 (ethmoid bone)　(B) 額骨 (frontal bone)　(C) 蝶骨 (sphenoid bone)　(D) 枕骨 (occipital bone)。（2015 二技）

（B）32. 下列何者通過圓孔 (foramen rotundum)？(A) 視神經 (optic nerve)　(B) 上頷神經 (maxillary nerve)　(C) 下頷神經 (mandibular nerve)　(D) 腦膜中動脈 (middle meningeal artery)。（2009-2 專高）

（C）33. 舌下神經孔 (hypoglossal canal) 位於下列哪一塊骨頭上？(A) 額骨 (frontal bone)　(B) 篩骨 (ethmoid bone)　(C) 枕骨 (occipital bone)　(D) 顳骨 (temporal bone)。（2011-2 專高）

（C）34. 下列何者連接顱腔與椎管？(A) 卵圓孔　(B) 頸動脈管　(C) 枕骨大孔　(D) 頸靜脈孔。（2019-1 專高）

三、副鼻竇

1. 副鼻竇與鼻腔相通，有四個副鼻竇：上頷竇、篩竇、蝶竇及額竇，額竇位置最高，上頷竇最大。
2. 副鼻竇作用：產生黏液、減輕顱骨之重量、作爲聲音之共鳴箱，若過敏或感染而導致副鼻竇發炎的現象，稱爲鼻竇炎。

（D）1. 下列何者不含副鼻竇？(A) 額骨　(B) 蝶骨　(C) 上頷骨　(D) 下頷骨。（2008-1 專高）

（C）2. 下列副鼻竇中，何者不開口於中鼻道？(A) 額竇　(B) 篩竇　(C) 蝶竇　(D) 上頷竇。（2014-1 專高）

（D）3. 下列何者含副鼻竇？(A) 鼻骨　(B) 顴骨　(C) 顎骨　(D) 額骨。（2019-1 專高）

(B) 4. 下列哪一塊骨頭中不具有副鼻竇的構造？(A) 上頷骨　(B) 下頷骨　(C) 篩骨　(D) 蝶骨。（2020-1 專高）
(A) 5. 下列有關鼻腔的敘述，何者正確？(A) 上頷骨構成鼻腔的底板　(B) 鼻腔的骨骼都屬於顏面骨　(C) 鼻腔的骨骼都含有副鼻竇　(D) 篩竇是位置最高的副鼻竇。（2015-1 專高）

四、其他

(一) 聽小骨：位於中耳
1. 中耳是顳骨內的一個空間，有三個聽小骨為鎚骨、砧骨和鐙骨，覆於卵圓窗上的膜，是負責將耳膜上的振動傳入內耳。
2. 鎚骨具頭部、頸部和柄部，以柄部和鼓膜相連。
3. 砧骨以砧骨體和鎚骨頭部相接。
4. 鐙骨以頭部和砧骨相連，以底部和卵圓窗相連。

(二) 舌骨：呈 U 字型，各一對大角和小角所構成，它藉由肌肉和韌帶懸吊於頸部。

(三) 胸廓：指肋骨、胸骨和胸椎的區域，保護胸腔內的器官並參與呼吸作用的過程。
1. 肋骨：12 對，前 7 對為真肋（與胸骨相接）；8-10 對為假肋，11-12 對為浮肋。
2. 胸骨：扁平狀位於胸廓前方正中央，可分胸骨柄、胸骨體和劍突三部分。胸骨柄微向內彎和胸骨體之間形成胸骨角，胸骨柄和第 1-2 肋相接，胸骨體則與第 2-7 肋相接。

參 骨骼系統：附肢骨骼

一、上肢骨

除鎖骨和胸骨間有骨性關節附著外，其他都只靠肌肉將上肢固著於身體兩側。

(一) 肩帶即包括鎖骨和肩胛骨
1. 鎖骨：具雙彎曲，是出生時最容易受傷骨折的地方。
   (1) 彎曲的鎖骨靠近中央 2/3 向前凸，內側的胸骨端與胸骨柄形成胸鎖關節，下表面有鎖骨下肌與肋鎖骨韌帶附著處，底面的圓錐結節為喙鎖韌帶附著處。

(2) 肩峰端和肩胛骨形成肩鎖關節。

2. 肩胛骨：是一塊倒三角形的骨頭，除了肩峰與鎖骨有附著之外，其餘都靠肌肉懸吊住。

(1) 上角是提肩胛肌附著處，上緣向外延伸為肩胛上切跡（肩胛上動脈和肩胛上神經通過）。

(2) 再往外側即立即隆起成為向前突出的喙狀突。

(3) 外側角的關節盂是和肱骨頭形成關節，其盂上結節及盂下結節分別是肱二頭肌長頭及肱三頭肌長頭附著處。

(4) 肩胛骨略微向後凹形成肩胛下窩（與 T7 同高）以供肩胛下肌附著。

(5) 後面的肩胛棘將棘上窩與棘下窩分開，其肩胛上動脈及神經即由此彎過走向棘下窩。

(二) 肱骨：典型的長骨，結節間溝亦稱二頭肌溝，因肱二頭肌的長頭肌腱位此溝中。

1. 近側端：肱骨頭和肩胛骨之關節盂構成肩關節；外科頸為肱骨骨折好發處；三角肌粗隆為三角肌附著處，其斜向外下方的橈神經溝淺溝。

2. 遠側端：鷹嘴窩位後側，當前臂伸展時容納尺骨之鷹嘴突；肱骨小頭和橈骨形成橈骨窩（位肱骨前側），在前臂彎曲時容納橈骨頭；喙狀窩在前臂彎曲時容納尺骨；滑車與內上髁間則有尺神經溝是尺神經通過處。

(三) 尺骨（前臂內側）：近端大而遠端小，近端巨大突起叫鷹嘴，它與肱骨鷹嘴窩相接。

1. 鷹嘴前下方突出部稱為冠狀突，當前臂彎曲時與肱骨冠狀窩相接。

2. 冠狀突的突起稱尺骨粗隆，是肱肌的止端，而外側的凹陷是與橈骨頭相接的橈骨切跡。

(四) 橈骨（前臂外側）：近端小而遠端大

1. 當旋前動作時，橈骨頭近端只在原地旋轉，但其遠端則整個由外側旋轉到尺骨的內側。

2. 橈骨頭頸部的下方的橈骨粗隆，是強韌肱二頭肌腱附著之處，而其下方的前斜線，是屈腕淺肌橈側頭肌起始處。

(五) 腕骨：有 8 塊，分成遠、近兩排：由外向內

1. 近排：舟狀骨、月狀骨、三角骨、豆狀骨。

2. 遠排：大多角骨、小多角骨、頭狀骨及鉤狀骨。
   (1) 鉤狀骨有個突起叫鉤，它與豆狀骨、舟狀骨及大多角骨共同參與腕道的形成。
   (2) 參與腕關節形成的只有舟狀骨和月狀骨，而遠排每塊骨皆與一掌骨相接，除了鉤狀骨與第四、第五掌骨相連。

(六) 掌骨：有五根，每根有近端的底、體和遠端的頭。

(七) 指骨：拇指只有兩個指骨，其餘四指皆有三根指骨。

二、下肢骨

(一) 髖骨：亦稱骨盆帶，由髂骨、坐骨和恥骨組成，癒合的地方就在外側方的髖臼處。

髖臼是和股骨頭形成關節之處，中央的凹陷處稱爲髖臼窩，有圓韌帶與股骨頭相接。

1. 髂骨：位髖骨上方，也叫腸骨，是髖臼的一部分。
   (1) 朝上突出的翅膀狀構造叫做翼，翼上緣即是髂骨，其前端是腹肌附著處，後端則是腰方肌及豎脊肌起始處。
   (2) 翼的外側面是臀肌的附著處，由後往前看，臀大肌與臀中肌起點中間可見一條臀後線，臀中肌與臀小肌間有一條臀前線，而臀小肌下緣則有一條臀下線。
   (3) 翼的內側面稱爲髂骨窩，是髂骨肌的附著處，後面中央部則是和薦骨相接形成薦髂關節的耳狀面。
2. 坐骨：髖臼的一部分，寬大體部向後尖形突起就是坐骨棘。坐骨棘的上方是坐骨大切跡，下方是坐骨小切跡，由小切跡再往下逐漸形成坐骨粗隆，此是坐下時臀部頂著椅子的突出部分。

   坐骨粗隆向前延伸稱爲坐骨枝，其與恥骨下枝共同圍繞成很大的閉孔（是閉孔神經、閉孔動脈由骨盆內向外通過）。
3. 恥骨：位髖骨前側，上枝起始於髖臼部，向中央延伸形成體部，左右側體部經由位於中央的恥骨聯合結合在一起，形成關節的部分稱爲恥骨聯合面。恥骨和坐骨枝構成閉孔。

(二) 骨盆：主由左右髖骨、薦骨和尾骨圍繞而成。

1. 骨盆可區分爲上方的大骨盆，又稱假骨盆，下方的小骨盆，又稱真骨盆，上方開口稱爲骨盆入口（上口），下方開口稱爲骨盆出口（下口）。

2. 女性分娩時產道測量 ➪ 以小骨盆之入口和出口的前後徑、左右徑和斜徑大小與胎頭的直徑大小來計測。

表4-1　男女骨盆的比較

項目	女性	男性
骨架	輕且小	重而大
骨盆上口	卵圓形（較大）	心臟形（較小）
骨盆腔空間	低淺而廣	瘦高而狹
恥骨弓角度	大於 90°	小於 90°
薦骨	廣而彎度小	狹而彎度大
骨盆內徑	大	小

(三) 股骨：是大腿的長骨，近端的股骨頭小凹是連接髖骨的圓韌帶附著處，股骨後面的外唇上端特別凸出是臀大肌附著處，稱爲臀肌粗隆；內收肌結節是內收大肌附著處。

(四) 髕骨（膝蓋骨）：人體最大種子骨，它位於髕腱內。與股骨內外髁、脛骨形成膝關節。

(五) 脛骨：小腿內側骨，脛骨粗隆，是股四頭肌腱的止端。骨間緣是骨間膜附著處；比目魚肌線又稱膕肌腺，爲比目魚肌與膕肌之分界處。

(六) 腓骨：小腿外側骨。

(七) 跗骨：共 7 塊，共分兩列：

1. 跟骨 (1) 及距骨 (1)（足的後面）：跟骨是最大、最強之跗骨，爲站立或走路時承擔全身大半重 1) 的部位；踝關節由脛骨、腓骨和距骨組成；距骨是足弓骨骼中最高的。
2. 骰子骨 (1)（與第五蹠骨形成關節）、舟狀骨 (1) 及楔狀骨 (3)。

(八) 蹠骨：5 塊，同手的掌骨。

(九) 趾骨：同手的指骨。

(十) 足弓：能支持重量，走路時提供槓桿作用，分二

1. 縱弓：
   (1) 內縱弓：由跟骨、距骨、舟狀骨、三塊楔狀骨及內側三個蹠骨，高度減少是扁平足。空凹足是因神經損傷，使肌肉不均衡而造成足部弧度的增加。
   (2) 外縱弓：由跟骨、骰子骨及外側 2 個蹠骨組成。

2. 橫弓：
   (1) 後面：由骰子骨和舟狀骨組成。
   (2) 中間：由骰子骨和楔狀骨組成。
   (3) 前面：由蹠骨構成。

(C) 1. 鷹嘴窩位於下列何者？(A) 尺骨 (B) 橈骨 (C) 肱骨 (D) 肩胛骨。 (2011-1 專高)

(A) 2. 下列何者是尺骨的表面標記？(A) 鷹嘴 (olecranon) (B) 滑車 (trochlea) (C) 小頭 (capitulum) (D) 結節 (tubercle)。 (2018-2 專高)

(B) 3. 以形狀分類，腕骨 (carpal bone) 屬於下列何種骨頭？(A) 長骨 (B) 短骨 (C) 扁平骨 (D) 種子骨。 (2011-1 專高)

(C) 4. 下列何者是扁平骨？(A) 脛骨 (B) 腕骨 (C) 頂骨 (D) 髕骨。 (2009-1 專高)

(B) 5. 第 2 肋軟骨在下列何處與胸骨形成關節？(A) 胸骨柄 (B) 胸骨角 (C) 胸骨體 (D) 胸骨上切。 (2015-1 專高)

(A) 6. 鷹嘴突 (olecranon process) 位在下列哪一塊上肢骨？(A) 尺骨 (ulna) (B) 橈骨 (radius) (C) 肱骨 (humerus) (D) 肩胛骨 (scapula)。 (2009 專高)

(B) 7. 下列哪一構造位於尺骨 (ulna) 的遠端？(A) 橈切跡 (radial notch) (B) 尺骨頭 (head of ulna) (C) 冠狀突 (coronoid process) (D) 鷹嘴突 (olecranon process)。 (2014 二技)

(C) 8. 橈神經溝是下列何者的構造？(A) 橈骨 (B) 尺骨 (C) 肱骨 (D) 肩胛骨。 (2013 專高)

(A) 9. 依形狀，股骨 (femur) 屬於下列何種骨？(A) 長骨 (B) 短骨 (C) 扁平骨 (D) 種子骨。 (2012-1 專高)

(A) 10. 下列有關男、女骨盆的敘述，何者錯誤？(A) 女性骨盆腔比男性深 (B) 女性恥骨弓的角度比男性大 (C) 女性骨盆出口的寬度比男性大 (D) 女性左、右髂前上棘的距離比男性寬。 (2011-2 專高)

(D) 11. 下列何者參與形成骨盆膈 (pelvic diaphragm)，是支撐子宮的重要肌肉？(A) 球海綿體肌 (bulbospongiosus) (B) 會陰深橫肌 (deep transverse perineal muscle) (C) 恥骨肌 (pectineus) (D) 提肛肌 (levator ani)。 (2020-2 專高)

(A) 12. 下列何者未參與組成骨盆？(A) 腰椎 (B) 髂骨 (C) 薦骨 (D) 尾骨。 (2012-1 專普)

(B) 13. 下列何者不圍成骨盆的出口？(A) 尾骨 (B) 薦岬 (C) 坐骨粗隆 (D) 恥骨聯合下緣。 (2014-1 專高)

(A) 14. 為強化骨盆底部的肌肉，產科護理師會請孕婦訓練下列何者之運動？(A) 提肛肌 (B) 恥骨肌 (C) 子宮肌層 (D) 坐骨海綿體肌。 (2016-2 專高)

(D) 15. 下列何者是當我們坐下時臀部壓著椅子的部分？(A) 坐骨棘 (B) 恥骨

(C) 腸骨　(D) 坐骨粗隆。（2008 專普）

（C）16. 下列何者是位於坐骨棘 (ischial spine) 下方呈半圓凹陷的構造？(A) 坐骨枝 (ischial ramus)　(B) 坐骨粗隆 (ischial tuberosity)　(C) 坐骨小切跡 (lesser sciatic notch)　(D) 坐骨大切跡 (greater sciatic notch)。（2013 二技）

（D）17. 抽取骨髓檢體時，常採取髖骨明顯靠近體表之位置，較適合的抽取處為何？(A) 恥骨肌線　(B) 恥骨弓　(C) 坐骨棘　(D) 髂嵴。（2016-2 專高）

（C）18. 下列哪一塊是人體內最大的種子骨？(A) 腸骨　(B) 恥骨　(C) 髕骨　(D) 坐骨。（2011-1 專高）

（B）19. 足弓的骨骼中，位置最高的是下列何者？(A) 跟骨　(B) 距骨　(C) 骰骨 (D) 舟狀骨。（2012-2 專高）

（B）20. 下列何者不參與足部內側縱弓 (medial longitudinal arch) 的組成？(A) 三塊內側蹠骨 (metatarsals)　(B) 骰骨 (cuboid)(C) 距骨 (talus)　(D) 舟狀骨 (navicular)。（2012 二技）

（B）21. 下列何者是組成外側縱弓 (lateral longitudinal arch) 的骨骼？(A) 距骨 (talus) (B) 骰骨 (cuboid)　(C) 舟狀骨 (navicular)　(D) 楔狀骨 (cuneiforms)。（2009 二技）

（A）22. 下列何者同時參與足部內側縱弓及外側縱弓的形成？(A) 跟骨 (calcaneus) (B) 距骨 (talus)　(C) 骰骨 (cuboid)　(D) 楔骨 (cuneiform)。（2015-2 專高）

肆 關節

關節的分類：

一、功能性分類：依關節的活動程度來分類

1. 不動關節：不具活動性，如牙齒和齒槽間的結合、顱骨的骨縫。
2. 微動關節：可做少許的運動，如恥骨聯合。
3. 可動關節：可做各種自由且大幅度的運動，如肩關節、髖關節或膝關節等。

二、構造性分類：依是否有關節腔及結合兩塊骨骼的結締組織種類來分

	纖維性關節	軟骨性關節	滑液性關節
關節腔	無	無	有，滑液膜潤滑保護
移動	運動能力非常有限	輕微的運動	活動佳
部位	顱骨縫、韌帶聯合、下頷骨的齒槽	1. 軟骨結合在第一肋骨和胸骨間關節。 2. 聯合僅存在身體中線，如椎體間或恥骨聯合。	肩關節、髖關節、膝關節

三、關節類型

(一) 滑動關節：又稱摩動關節或平面關節；做左右及前後運動，沒有角度或旋轉運動因不能做扭轉的運動，稱無軸關節。在一軸上運動爲單軸關節；若多軸爲多軸關節，如胸骨與鎖骨間的關節、腕骨之間的關節、跗骨間關節等。

(二) 屈戌關節：亦稱樞紐關節，能做屈曲和伸展運動，只能在一個平面上運動，故屬單軸關節，如肘關節、膝關節、踝關節、指間關節等。

(三) 車軸關節：亦稱滑輪關節，可旋轉，亦爲單軸關節，如寰椎和軸椎齒突間的關節、近側端的橈尺關節。

(四) 橢圓關節：又稱髁狀關節，可前後、左右移動，因此可視爲雙軸關節；如腕關節與掌指關節，二者均可做伸展、屈曲、內收及外展的動作。

(五) 鞍狀關節：兩塊骨骼的關節面皆呈馬鞍狀，一凹一凸；可做前後及左右移動，故爲雙軸關節；如腕骨中大多角骨與拇指掌骨間的關節。

(六) 球窩關節：又稱杵臼關節，可做屈曲、伸展、外展、內收、旋轉和迴旋等動作，爲多軸關節，爲活動度最大的關節，例如髖關節、肩關節。

四、人體重要的關節

(一) 頭蓋骨

1. 絕大部分關節屬不動關節，如頭蓋骨之間（如介於枕骨與頂骨之間的人字縫）的骨縫。
2. 顳下頷關節屬屈戌及滑動關節，如下頷髁與顳果下頷窩。

(二) 脊柱

1. 枕寰關節屬橢圓關節，如枕骨髁與寰椎。
2. 寰軸關節屬車軸關節，如寰椎與軸椎。
3. 椎弓屬滑動關節，如關節突之間。
4. 椎間盤屬聯合，如兩相鄰近椎體之間。

(三) 胸廓

1. 肋胸關節屬滑動關節，如第 2～7 肋軟骨與胸骨，屬軟骨結合，如第 1 肋軟骨與胸骨。
2. 肋椎關節屬滑動關節，如肋骨頭與椎體、肋結節與椎橫突。

(四) 肩帶

1. 胸鎖關節屬滑動關節，如胸骨柄與鎖骨胸骨端。
2. 肩峰鎖關節屬滑動關節，如肩峰與鎖骨肩峰端。

(五) 上肢

1. 肩關節屬球窩關節，如肩胛骨之關節盂與肱骨頭。
2. 肘關節屬屈戌關節，如肱骨滑車與尺骨滑車切跡；肱骨小頭與橈骨頭。
3. 上橈尺關節屬車軸關節，如橈骨頭與尺骨之橈骨切跡。
4. 下橈尺關節屬車軸關節，如尺骨頭與橈骨之尺骨切跡。
5. 橈腕關節屬橢圓關節，如橈骨與近側腕骨。
6. 腕骨間關節屬滑動關節，如腕骨之間。
7. 腕掌關節屬鞍狀關節，如大部分角骨與拇指掌骨；屬滑動關節，如腕骨與拇指外之其他掌骨。
8. 掌指關節屬橢圓關節，如掌骨與指骨。
9. 指間關節屬屈戌關節，如指骨之間。

(六) 骨盆帶

1. 恥骨聯合屬聯合，如恥骨之間。
2. 薦髂關節屬韌帶聯合，如薦骨耳狀面與髂骨。

(七) 下肢

1. 髖關節屬球窩關節，如髖骨臼與股骨頭。
2. 膝關節屬屈戌關節，如股骨髁與脛骨髁。
3. 上脛腓關節屬滑動關節，如脛骨與腓骨近端。
4. 下脛腓關節屬韌帶聯合，如脛骨與腓骨遠端。
5. 踝關節屬屈戌關節，如脛骨及腓骨與距骨。

6. 跗骨間關節屬滑動關節，如跗骨之間。
7. 跗蹠關節屬滑動關節，如跗骨與蹠骨。
8. 蹠跗關節屬橢圓關節，如蹠骨與趾骨。
9. 趾間關節屬屈戍關節，如趾骨之間。

表4-2　肩關節、肘關節、髖關節及膝關節之比較

關節名稱	構成關節之骨骼	關節類型	備註
肩關節	由肱骨頭和肩胛骨之關節盂構成 1. 肱骨橫韌帶 2. 盂肱韌帶 3. 喙突肱韌帶	球窩關節 為纖維軟骨，稱盂緣。	1. 自關節窩延伸到肱骨 2. 為全身活動度最大的關節
肘關節	由肱骨滑車、肱骨小頭、尺骨滑車切跡及橈骨頭所構成 1. 尺骨側韌帶 2. 橈骨側韌帶	屈戍關節	其前面為肱骨的橈骨窩和冠狀窩至尺骨冠狀之間；後面部分由肱骨的小頭、鷹嘴窩和外髁延伸到橈骨切跡及尺骨鷹。
髖關節	由股骨和髖骨臼組成 1. 髂股韌帶 2. 恥股韌帶 3. 坐股韌帶 4. 股骨頭韌帶 5. 髖臼橫韌帶	球窩關節 為纖維軟骨，稱髖臼緣。	1. 由髖臼邊緣延伸到股骨頸 2. 血液供應主要來自臀上、下動脈、內旋和外股動脈及閉孔動脈 3. 支配此處的神經有股神經、閉孔神經和股方肌神經
膝關節	由膝股關節與脛股關節所構成 1. 膝韌帶 2. 關節內韌帶又分為： (1) 前十字韌帶 (2) 後十字韌帶 3. 斜膕韌帶 4. 弓狀膕韌帶 5. 腓骨側韌帶 6. 脛骨側韌帶	膝股關節屬滑動關節；脛股關節屬屈戍關節 為纖維軟骨，又可分成內側半月板與外側半月板	1. 由關節囊周圍的韌帶鞘構成 2. 為人體最大的關節 3. 血液供應主要來自五條膝動脈、股旋外側動脈的下行枝、股動脈的下行枝、脛前動脈的返枝和旋枝 4. 支配此處的神經有坐骨神經的關節枝、腓總神經的返枝、閉孔神經和股神經

(B) 1. 有關成人關節之型態與功能的配對，下列何者正確？(A) 骨縫 (suture)：微動關節　(B) 嵌合關節 (gomphosis)：不動關節　(C) 聯合 (symphysis)：不動關節　(D) 韌帶聯合 (syndesmosis)：可動關節。　(2010 二技)

(A) 2. 下列何者屬於多軸 (multi-axial) 關節？(A) 肩關節 (shoulder joint)　(B) 肘關節 (elbow joint)　(C) 腕掌關節 (carpometacarpal joint)　(D) 指間關節 (interphalangeal joint)。　(2015 二技)

(A) 3. 下列哪一個關節屬於杵臼關節 (ball-and-socket joint)？(A) 髖關節 (hip joint)　(B) 腕骨間關節 (intercarpal joint)　(C) 掌指關節 (metacarpophalangeal joint)　(D) 寰樞關節 (atlantoaxial joint)。　(2014 二技)

(B) 4. 依滑液關節 (synovial joint) 的分類，下列何者不屬於同一類的關節？(A) 肩關節與髖關節　(B) 腕關節與踝關節　(C) 掌指關節與蹠趾關節　(D) 指間關節與趾間關節。　(2013 二技)

(C) 5. 下列有關滑液（膜）關節的敘述，何者錯誤？(A) 都有滑液囊　(B) 都有關節腔　(C) 都有關節盤　(D) 都有關節軟骨。　(2016-1 專高)

(D) 6. 下列何者不屬於滑液關節 (synovial joint)？(A) 髖關節 (hip joint)　(B) 膝關節 (knee joint)　(C) 蹠趾關節 (metatarsophalangeal joint)　(D) 恥骨聯合 (pubic symphysis)。　(2019-2 專高)

(D) 7. 下列何者屬於車軸關節 (pivot joint)？(A) 肘關節 (elbow joint)　(B) 膝關節 (knee joint)　(C) 肩關節 (shoulder joint)　(D) 上橈尺關節 (upper radioulnar joint)。　(2012 二技)

(C) 8. 下列何者屬於車軸關節 (pivot joints)？(A) 寰枕關節 (atlanto-occipital joint)　(B) 胸鎖關節 (sternoclavicular joint)　(C) 寰軸關節 (atlantoaxial joint)　(D) 顳下頷關節 (temporo-mandibular joint)。　(2009 二技)

(B) 9. 下列何者屬於髁狀關節 (condyloid joint)？(A) 肘關節　(B) 掌指關節　(C) 腕骨間關節　(D) 指骨間關節。　(2011 二技)

(C) 10. 下列何者屬於屈戌關節 (hinge joint)？(A) 掌指關節　(B) 腕骨間關節　(C) 脛股關節　(D) 髖股關節。　(2008 二技)

(A) 11. 下頷骨 (mandible) 的哪一部分參與形成顳頷關節 (temporomandibular joint)？(A) 髁狀突 (condylar process)　(B) 冠狀突 (coronoid process)　(C) 齒槽突 (alveolar process)　(D) 顴突 (zygomatic process)。　(2008-1 專高)

(B) 12. 肩胛骨的哪一部位與肱骨形成肩關節？(A) 肩峰 (acromion)　(B) 關節盂 (glenoid cavity)　(C) 喙突 (coracoid process)　(D) 肩胛棘 (scapular spine)。　(2011 二技)

(C) 13. 腹股溝韌帶橫跨於恥骨結節和下列何者之間？(A) 大轉子　(B) 小轉子　(C) 髂前上棘　(D) 髂前下棘。　(2012-2 專高)

(C) 14. 膝蓋骨 (patella) 後面的關節小面 (articular facets) 分別與股骨的何種部位形成關節？(A) 髁間窩 (intercondylar fossa)　(B) 轉子窩 (trochanteric fossa)　(C) 外髁 (lateral condyle) 及內髁 (medial condyle)　(D) 外踝 (lateral malleolus)

及內踝 (medial malleolus)。 （2008 二技）

（C）15. 髕韌帶主要由下列何者構成？(A) 弓狀纖維 (B) 網狀纖維 (C) 膠原纖維 (D) 彈性纖維。 （2012-2 專高）

（B）16. 下列何者位於膝關節腔內？(A) 脛側副韌帶 (tibial collateral ligament) (B) 半月板 (meniscus) (C) 十字韌帶 (cruciate ligament) (D) 髕韌帶 (patellar ligament)。 （2017-2 專高）

（B）17. 下列何者參與形成踝關節？(A) 跟骨 (B) 距骨 (C) 骰骨 (D) 舟狀骨。 （2013-2 專高）

（C）18. 下列何者參與形成踝關節？(A) 蹠骨 (B) 趾骨 (C) 距骨 (D) 跟骨。 （2017-1 專高）

（D）19. 足踝因過度外翻而造成韌帶撕裂傷，下列何者最可能受損？(A) 前十字韌帶 (B) 脛骨側韌帶 (C) 腓骨側韌帶 (D) 足踝內韌帶。 （2013-1 專高）

第五單元 肌肉系統

壹 肌肉組織

一、肌肉概論

所有肌肉組織皆起源於中胚層，僅眼睫狀肌起源於外胚層，分類如下：

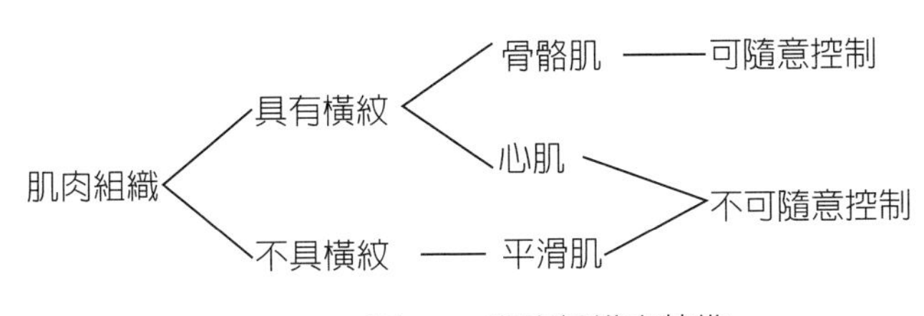

圖5-1　肌肉組織之特性

1. 肌肉組織的特性：興奮性(excitability)、收縮性(contractility)、伸展性(extensibility)及彈性(elasticity)。
2. 肌肉組織織功能：運動、維持姿勢、關節穩固及產生熱量（身體約85%熱量來自骨骼肌）。
3. 肌肉運動的槓桿系統可分為下列三類：

第一級槓桿：支點在作用力與阻力之間，如寰椎和枕骨間為支點，構成抬頭動作，頭部為阻力，肌肉向後縮為作用力。

第二級槓桿：阻力在作用力與支點之間，如趾尖著地，腳跟抬起走路，趾尖為支點。

第三級槓桿：是最常見的一種槓桿原理。作用力在阻力與支點之間，如手臂舉起重物，手肘為支點，肱二頭肌收縮為作用力，重物為阻力。

(B) 1. 有關肌肉的敘述，下列何者正確？(A) 骨骼肌與平滑肌都有肌小節 (sarcomere) (B) 骨骼肌收縮時 H 區 (H zone) 跟 I 帶 (I band) 間距會縮短 (C) 骨骼肌和心肌都有間隙接合通道 (gap junction) (D) 骨骼肌和心肌的收縮都具有加成作用 (summation)。 (2012 二技)

(B) 2. 肌肉組織依其位置、構造及控制其收縮之方式不同予以分類，下列何者由平滑肌組成？(A) 橫膈 (B) 逼尿肌 (C) 上咽縮肌 (D) 肛門外括約肌。 (2016-2 專高)

(C) 3. 下列有關骨骼肌、心肌與平滑肌的敘述，何者正確？(A) 三種肌纖維均為單核細胞 (B) 平滑肌細胞的肌漿網 (sarcoplasmic reticulum) 最發達 (C) 骨骼肌細胞具有橫小管 (transverse tubule) 構造 (D) 心肌細胞收縮所需的鈣離子全部來自細胞外液。 (2015 二技)

(A) 4. 有關肌肉之敘述，下列何者正確？(A) 骨骼肌受意識控制，平滑肌不受意識控制 (B) 骨骼肌不受意識控制，平滑肌受意識控制 (C) 骨骼肌與平滑肌皆受意識控制 (D) 骨骼肌與平滑肌皆不受意識控制。 (2011-2 專高)

(A) 5. 下列何者為骨骼肌與平滑肌的共同特性？(A) 由鈣離子引發收縮 (B) 為橫紋肌 (C) 有旋轉素 (troponin) (D) 會自發性去極化。 (2013 二技)

(D) 6. 下列何者的肌細胞不具有橫紋 (striation)？(A) 顏面表情肌 (muscles of facial expression) (B) 心臟的心肌層 (myocardium of heart) (C) 咀嚼肌 (muscles of mastication) (D) 胃的肌肉層 (muscularis of stomach)。 (2015 二技)

(A) 7. 下列哪兩類肌肉的肌細胞之間含有裂隙接合 (gap junction)？(A) 心肌與單一單位平滑肌 (B) 單一單位平滑肌與多單位平滑肌 (C) 多單位平滑肌與心肌 (D) 心肌與骨骼肌。 (2012-2 專高)

(D) 8. 心肌與骨骼肌相同的特性為何？(A) 兩者均為隨意肌 (B) 細胞之間均有間隙連接 (gap junction) (C) 收縮所需的鈣離子均來自細胞外液 (D) 鈣離子結合蛋白均為旋轉素 (troponin)。 (2008 二技)

(B) 9. 下列有關骨骼肌與平滑肌收縮機制的敘述，何者正確？(A) 兩者皆需要細胞外鈣的流入來啟動收縮 (B) 鈣離子在骨骼肌會結合至旋轉素 (troponin)；反之，鈣離子在平滑肌會結合至攜鈣素 (calmodulin) 來引發肌肉收縮反應 (C) 兩者皆需橫小管 (transverse tubule) 來引發細胞內鈣升高 (D) 兩者都有旋轉肌凝素 (tropomyocin) 的參與。 (2016-1 專高)

(D) 10. 下列哪一個蛋白質不參與骨骼肌 (skeletal muscle) 的收縮？(A) 肌凝蛋白 (myosin) (B) 旋轉素 (troponin) (C) 旋轉肌凝素 (tropomyosin) (D) 攜鈣素 (calmodulin)。 (2019-1 專高)

(B) 11. 心肌不會發生收縮力加成作用 (summation) 的原因，主要是下列何者？(A) 心肌沒有橫小管 (transverse tubule) (B) 心肌的不反應期時間幾乎與其收縮時間重疊 (C) 心肌的動作電位不會加成 (D) 心肌肌漿網 (sarcoplasmic reticulum) 不發達。 (2020-2 專高)

(B) 12. 下列哪些肌細胞的收縮，是由鈣離子直接結合到旋轉素 (troponin) 所引起？

(A) 骨骼肌、心肌與平滑肌 (B) 骨骼肌與心肌 (C) 心肌與平滑肌 (D) 平滑肌與骨骼肌。 (2014-1 專高)

(B) 13. 下列何者具有產生大量熱的功能？(A) 骨骼 (B) 肌肉 (C) 循環 (D) 神經。 (2018-2 專高)

二、心肌

1. 心肌纖維與骨骼肌相同的橫紋，亦稱橫紋肌，但心肌不受意志控制，而受內臟神經支配，又稱不隨意肌。
2. 心肌纖維爲分叉圓柱狀細胞，通常含有一個位居中央的細胞核，有些細胞含有雙核。
3. 相鄰心肌細胞以間隙接合 (gap junction) 連結，此特殊間隔爲間盤 (intercalated disc, 細胞膜加厚)，間盤可提供肌肉動作電位迅速地傳遞，含黏合膜、橋粒和縫隙連接。
4. 動作電位分期：
   從第 0-3 期為絶對不反應期 (effective refractory period, ERP 約 200mS)；第 4 期到恢復原始電位爲相對不反應期 (relatively refractory period, RRP)，故心肌生產生一次 AP 至少隔 200mS 後才可再興奮，整個 AP 完成爲 250-300mS

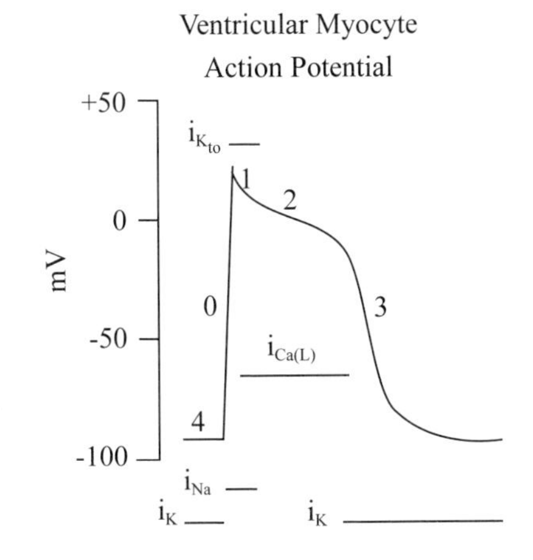

動作電位的離子通道變化情形：

Phase 0：Na^+ 通道打開，使 Na^+ 流入細胞內

Phase 1：Na^+ 通道關閉，K^+ 通道打開，K^+ 流出胞外

Phase 2：K^+ 通道持續打開，Ca^{2+} 通道打開 (L-type)，Ca^{2+} 入胞內，形成平原期

Phase 3：Ca^{2+} 通道 (L-type) 關閉，K^+ 通道依然打開

Phase 4：恢復靜止狀態

⇒此時，細胞內鈉離子，細胞外鉀離子，透過 Na^+-K^+ pump 的主動運輸，以 3 鈉出細胞外 2 鉀入細胞內方式，將電位回到細胞內 K^+，細胞外爲 Na^+ 的內負外正電位。

(C) 1. 有關心肌纖維的敘述，下列何者正確？(A) 屬於隨意肌 (B) 沒有橫紋 (C) 心肌纖維具有分支 (D) 形成心臟壁的最內層。(2009-2 專高)

(D) 2. 下列何種主要的肌肉組織為橫紋肌？(A) 小腸 (B) 血管 (C) 子宮 (D) 心室肌。(2011-1 專高)

(C) 3. 下列何者並非動作電位的特性？(A) 具不反應期 (B) 遵守全或無定律 (C) 具加成作用 (D) 具傳導性。(2017-1 專高)

(C) 4. 心肌細胞受到刺激後之再極化的原因為何？(A) 細胞膜對 Na^{+}通透性增加 (B) 細胞膜對 Ca^{2+}通透性增加 (C) 細胞膜對 K^{+}通透性增加 (D) 細胞膜對 Mg^{2+}通透性增加。(2011-1 專高)

(B) 5. 在心肌動作電位中，高原期的維持是因心肌細胞有：(A) 快速鈉通道 (B)L 型鈣通道 (C) 鈉鉀 ATPase (D)T 型鈣通道。(2020-1 專高)

(A) 6. 心肌細胞間存在著間隙接合結構 (gap junction)，其主要功能為何？(A) 使動作電位於心肌細胞間之傳送加速 (B) 使大量鈣離子流入心肌細胞，引發心肌細胞收縮 (C) 使心肌細胞動作電位具高原期 (D) 加強心肌細胞間之結合，以免於收縮過程中細胞彼此分離。(2008-1 專高)

(C) 7. 以間隙接合 (gap junction) 形成的電性突觸 (electrical synapse) 並不存在於：(A) 心肌細胞 (B) 平滑肌細胞 (C) 骨骼肌細胞 (D) 神經細胞。(2021-2 專高)

(C) 8. 當神經衝動傳到神經纖維末梢時，神經傳遞物會以胞吐作用方式釋放出來。此一作用與下列何種離子在胞內濃度改變最直接相關？(A)Na^{+} (B)K^{+} (C)Ca^{++} (D)Mg^{++}。(2017-2 專高)

(C) 9. 心肌細胞興奮時會增加細胞質中鈣離子的濃度，下列敘述何者正確？(A) 從細胞外流入的鈣離子量等於從肌漿網釋放的量 (B) 從細胞外流入的鈣離子量大於從肌漿網釋放的量 (C) 從細胞外流入的鈣離子量小於從肌漿網釋放的量 (D) 從細胞外流入的鈣離子量等於從粒線體釋放的量。(2021-2 專高)

(A) 10. 心肌細胞受到刺激時所引發快速去極化的原因為何？(A) 細胞膜對 Na^{+}通透性增加 (B) 細胞膜對 Ca^{2+}通透性增加 (C) 細胞膜對 K^{+}通透性增加 (D) 細胞膜對 Mg^{2+}通透性增加。(2011-1 專高)

(A) 11. 缺血性心肌梗塞後，死亡的心肌細胞是由何種組織取代？(A) 結締組織 (B) 心肌細胞 (C) 微血管 (D) 巨噬細胞。(2020-1 專高)

三、骨骼肌

骨骼肌之收縮與放鬆可經由意志來控制，故又有隨意肌之稱。骨骼肌具有橫紋，分別稱明帶 (I 帶) 和暗帶 (A 帶)，故又稱爲橫紋肌。

(一) 肌纖維之構造

1. 肌漿膜：即肌細胞膜。
2. 肌漿網：骨骼肌最發達，屬平滑內質網，內存大量鈣離子；當心肌收縮時，所需的鈣多來自於肌漿網。
3. 肌漿：即細胞質。
4. T 小管或橫小管：是肌漿網向肌細胞內陷而來，垂直於肌漿網，將電位傳到肌纖維內。【平滑肌無 T 小管】橫小管位 A 帶（暗帶）和 I 帶（明帶）交界，但兩棲類的骨骼肌則位 Z 線處。
5. 三合體：由橫小管及其兩側的肌漿網終池所組成。

(二) 肌原纖維

1. 粗肌絲：直徑約 15 nm，位於 A 帶，在肌節之中段。多由肌凝蛋白 (myosin) 組成，肌凝蛋白頭部含 ATPase 提供肌肉收縮熱量所需。
2. 細肌絲：直徑約 6 nm ，一端固定於 Z 線，另一端伸入 A 帶，止於 H 區外緣。多由肌動蛋白 (actin) 組成，內含旋轉素 (Troponon, Tn) 及旋轉肌球素 (Tropomyosin, Tm)。

Tn 分別對何具很強的親和力：

(1)旋轉素 I(Tn I)：肌動蛋白

(2)旋轉素 T(Tn T)：旋轉肌球素

(3)旋轉素 C(Tn C)：鈣離子

(三) 肌肉收縮學說-滑動-肌絲學說(Sliding filament theory)

1. 肌肉收縮時，細肌絲滑向 H 區，造成肌小節變短，但肌絲之長度並沒變。
2. 粗肌絲之橫橋和細肌絲之肌動蛋白相連接後，兩者相互移動。
3. 當細肌絲移向粗肌絲時，H 區和 I 帶（明帶）皆變窄，A 帶（暗帶）長度不變；當肌絲在肌小節中央結合時，H 區消失。
4. 當肌肉進行最大收縮時，除 H 區消失外，I 帶也消失。
5. 當骨骼肌被拉長超過最適長度時，因粗肌絲與細肌絲疊合程度降低，使其收縮產生之最大張力降低。
6. 肌絲滑動和肌小節之縮短，造成肌纖維纖縮短，此為滑動 - 肌絲學說。

(四) 運動單位：一個運動神經元及其所支配的肌細胞。

1. 運動神經元 (motor neuron)：可支配多個，但一個骨骼肌僅接受一個運動神經元。
2. 運動終板 (motor end plate)：又稱終極電板，由肌漿膜特化而來
   (1) 當神經衝動抵達神經末梢，少量鈣由細胞外液入神經末梢，使突觸囊泡釋出乙醯膽鹼 (Acetylcholine, Ach)。Ach 作用於運動終版的菸草型（尼古丁）乙醯膽鹼接受器，開啟鈉通道增加鈉離子的通透性，藉橫小管快速傳遞整個肌纖維而收縮。
   (2) 終板電位 (end plate potential, EPP)：數百當量的 Ach 而引發終板電位 (-90~0mV)。
3. 神經肌肉交接點：神經元和肌纖維相接觸之區域爲興奮性突觸。
4. 突觸囊泡：釋出 Ach 可肌肉收縮，其 Ach 合成所需的 acetyl CoA 在粒線體合成。
   (1) 南美箭毒 (curare)：競爭性的結合骨骼肌終板之 Ach 接受器致骨骼肌麻痺。
   (2) 肉毒桿菌素 (botulinum toxin)：可抑制 Ach 的釋放。

(五) 肌肉收縮種類

1. 等張收縮：肌肉縮短而張力保持固定，如彎曲前臂將書往上提。
2. 等長收縮：肌肉不縮短而張大增，如手提重物。
3. 顫搐收縮：單一刺激產生痙攣性收縮，分潛伏期、收縮期及鬆弛期。
4. 最適長度：肌纖維可產生得最大收縮長度，正常下最適長度等於靜止長度。

(六) 快肌與慢肌之比較

類別	特點	慢（紅）肌纖維	快（白）肌纖維	
		Type I	Type IIA	TypeIIB
運動神經元	運動神經元的大小	小	大	大
	運動神經元被激發的閾値	低	高	高
	運動神經傳遞速度	慢	快	快
結構方面	肌纖維直徑	小	大	大
	肌漿網	小	多	多
	粒線體密度	高	高	低

類別	特點	慢（紅）肌纖維	快（白）肌纖維	
		Type I	Type IIA	TypeIIB
	微血管密度	高	中	低
	肌紅蛋白含量	高	中	低
能量物質	醣元儲備	低	高	高
	三甘油脂儲備	高	中	低
酵素方面	肌凝蛋白 - 腺苷三磷酸酵素活動	低	高	高
	醣分解酵素活動	低	高	高
	氧化酵素活動	高	高	低
功能方面	抽搐（收縮時間或放鬆時間）	慢	快	快
	產生力量	低	高	高
	能量產生的效率或抵禦疲勞的能力	高	低	低
	彈性	低	高	高

肌凝蛋白 - 腺苷三磷酸酵素活動 (ATPase) 活性高低是傳導速度差異之主因

1. 紅肌是一種氧供給較大的肌肉，它遍佈有微血管，呈色較紅，運動收縮速度較慢、耐力和持久性也較高；如馬拉松選手的紅肌會比白肌多、發達。
   (1) 缺點：紅肌比較脆弱且嫩、具柔軟度的，但力量小。
   (2) 優點：可負擔長時間的活動，較不易疲勞。一般生活活動，動用到紅肌比較多。要減肥的女性，最好多作有氧運動來訓練紅肌。
   (3) 紅肌占大多數的運動員屬於耐力型運動員，運動持續時間長，但力量小
2. 白肌（快縮肌纖維）是較粗壯的肌肉，可承受較大的壓力、拉力、打擊；具瞬間快速收縮、爆發力強而持久性低、持續時間短，但力量較強；如主要參與爆發性運動如百米賽跑、舉重等。
   (1) 缺點：氧供應量較小，亦較易疲勞。
   (2) 優點：可說是力量的泉源，白肌越發達、強壯者，力量就越大，爆發力也越強；白肌占大多數的運動員屬於速度、爆發力型運動員。
   (3) 健美先生強壯賁張的肌肉，多是以白肌為主。
3. 綜論
   (1) 紅肌中的快速收縮紅肌 (Type IIA) 占大多數的運動員屬於全能性運動員，運動持續能力及力量介於前兩者中間，按不同肌肉分佈會偏向 Type I 或 Type II，優秀籃球運動員即應歸為這類型。

(2) 黑人運動員的白肌分佈較多，故黑人運動員天生跑的快、跳的高，黃種人和白人紅肌分佈較多，所以天生跑的慢跳不高。

(3) 透過力量訓練可加強紅肌和白肌的個別能力，紅肌較多表示力量較弱，但透過對紅肌的加強再訓練，紅肌會產生於類似於白肌的變化，但它不是白肌。

① 透過力量訓練讓紅肌有接近於白肌的生理行爲機轉，即可讓慢速收縮紅肌 (Type IA) 轉變爲快速收縮紅肌 (Type IIA) 的過程，可讓籃球運動員的速耐力提升，速耐力爲耐力和速度的綜合，籃球運動員所必須具備的運動能力爲綜合性適能，尤其亞洲人更是如此。

② 針對不同肌肉分佈者來設計訓練重量訓練課表，慢速收縮紅肌 (Type IA) 多則著重於無氧醣解（速耐力）能力的訓練，快速收縮白肌 (Type IIB) 多也要針對無氧醣解（速耐力）能力來訓練，不同的地方在於量的多寡。

(4) 健美的練習也大多是對白肌纖維進行鍛鍊（因爲其肌肥大效果大）。

紅肌、白肌及中間型肌纖維的比較

特徵	紅（慢）肌纖維（或I型）	中間型白肌纖維（或II A型）	白（快）肌纖維（或II B型）
功能	粗重運動	中等	精細
收縮速度（毫秒）	慢（約25毫秒）	中等	快（約75毫秒）
神經衝動	連續的低頻率	中等	間歇性的高頻率
纖維直徑	小	中等	大
神經傳導速度	慢	中等	快
粒線體含量	高	高	快
微血管血流／肌紅素含量／有氧呼吸	高	高	高
ATP主要來源	氧化磷酸化	氧化磷酸化	醣解作用
肝醣含量	低	中等	高
肌凝蛋白ATP／水解酶活性	低	高	高
疲乏速度	慢	中等	快
肌纖維的數目	多	中等	少
適合的運動距離	長跑（長距離）	中等	短跑（短距離）
主要分佈位置	頸部肌肉	腿部肌肉	手臂肌肉

(B) 1. 下列有關肌原纖維 (myofibril) 的敘述，何者正確？(A) 由單一骨骼肌細胞 (skeletal muscle cell) 組成　(B) 圓柱形的肌原纖維由肌絲 (muscle fiber) 組成　(C) 為肌肉組織中儲存鈣離子的膜狀結構　(D) 直接連接肌肉細胞和肌腱 (tendon)。（2019-2 專高）

(C) 2. 有關紅肌與白肌的敘述，下列何者正確？(A) 紅肌是無氧肌　(B) 紅肌因含有血紅素而得名　(C) 紅肌比白肌含更多的粒線體　(D) 紅肌纖維一般比白肌纖維粗。（2016-2 專高）

(C) 3. 有關糖解型快肌 (fast glycolytic muscle) 與氧化型慢肌 (slow oxidative muscle) 之敘述，下列何者正確？(A) 前者細胞內之肝醣 (glycogen) 含量較後者低　(B) 前者肌纖維之直徑通常較後者小　(C) 前者肌纖維收縮產生之張力通常較後者大　(D) 前者在能量代謝所產生的乳酸 (lactic acid) 通常較後者少。（2011-1 專高）

(C) 4. 有關無氧快肌與有氧慢肌的比較，下列何者正確？(A) 無氧快肌的運動單位一般比較小　(B) 無氧快肌的肌纖維一般比較小　(C) 無氧快肌一般比較容易疲乏 (D) 無氧快肌一般比較會先收縮。（2012-1 專高）

(A) 5. 下列何者為造成骨骼肌快肌與慢肌收縮速率差異的主要因素？(A)ATP 水解酶活性　(B) 氧化磷酸化作用活性　(C) 血流量　(D) 肌紅素含量。（2008 二技）

(D) 6. 下列何者的末梢會與骨骼肌形成「神經－肌連接點」？(A) 單極神經元　(B) 偽單極神經元　(C) 雙極神經元　(D) 多極神經元。（2017-2 專高）

(A) 7. 在骨骼肌之神經肌肉接合處 (neuromuscular junction)，神經所釋放之主要神經傳導物質 (neurotransmitter) 是：(A) 乙醯膽鹼 (acetylcholine)　(B) 鈣離子　(C) 多巴胺 (dopamine)　(D) 一氧化氮 (NO)。（2008-1 專高）

(A) 8. 在骨骼肌之神經肌肉接合處 (neuromuscular junction)，骨骼肌終板上的何種受器負責接收神經肌肉間之訊息傳遞？(A) 乙醯膽鹼 (acetylcholine) 菸草型 (nicotinic) 接受器　(B) 乙醯膽鹼 (acetylcholine) 蕈毒型 (muscarinic) 接受器　(C) 腎上腺素 α 型接受器　(D) 腎上腺素 β 型接受器。（2011-1 專高）

(C) 9. 下列何者是乙醯膽鹼在骨骼肌細胞上所產生的作用？(A) 極化　(B) 再極化　(C) 去極化　(D) 過極化。（2015-2 專高）

(A) 10. 下列哪一種肌肉不受自主神經調控？(A) 骨骼肌　(B) 單一單元 (single-unit) 平滑肌　(C) 多單元 (multiunit) 平滑肌　(D) 心肌。（2012 二技）

(B) 11. 有關運動神經對骨骼肌支配的情形，下列何者最正確？(A) 一個運動神經元只能支配一個骨骼肌細胞　(B) 一個骨骼肌細胞只會接受一個運動神經元的支配　(C) 多個運動神經元共同支配一個骨骼肌細胞　(D) 兩者間的支配比例固定為 1：1。（2008-1 專高）

(C) 12. 骨骼肌舒張時，抑制橫橋 (cross-bridge) 與細絲 (thin filament) 結合的蛋白質為何？(A) 肌凝蛋白 (myosin)　(B) 肌動蛋白 (actin)　(C) 旋轉肌球素 (tropomyosin)　(D) 旋轉素 C(troponin C)。（2009 二技）

(C) 13. 橫紋肌收縮過程中，肌凝蛋白 (myosin) 與何者結合形成橫橋 (cross bridge) 連結？(A) 旋轉肌球素 (tropomyosin)　(B) 旋轉素 (troponin)　(C) 肌動蛋白 (actin)　(D) 鈣離子。（2009-1 專普）

(C) 14. 肌肉收縮過程中，可與肌凝蛋白 (myosin) 連接而形成橫橋 (cross-bridge) 聯合的是：(A) 原肌凝蛋白 (tropomyosin)　(B) 肌鈣蛋白 (troponin)　(C) 肌動蛋白 (actin)　(D) 鈣離子。（2012-1 專高）

(A) 15. 骨骼肌收縮所需之鈣離子主要來自：(A) 肌漿質網 (sarcoplasmic reticulum)　(B)T 小管 (T tubule)　(C) 粒線體 (mitochondria)　(D) 細胞外液。（2009-2 專高）

(D) 16. 橫紋肌肌纖維內 T 小管 (transverse tubule) 之主要功能為何？(A) 支持粗肌絲　(B) 支持細肌絲　(C) 協助提供收縮所需之能量　(D) 快速傳遞神經衝動至肌纖維各部。（2010-2 專高）

(B) 17. 骨骼肌收縮時的鈣離子是從那種鈣通道釋放出來？(A) 肌醇三磷酸受體 (IP3 receptor)　(B) 雷恩諾鹼受體 (ryanodine receptor)　(C) 乙醯膽鹼受體 (ACh receptor)　(D) 磷酸脂肌醇二磷酸受體 (PIP2 receptor)。（2018-1 專高）

(A) 18. 在肌肉收縮與舒張過程 (muscle contraction/relaxation cycle) 中，ATP 結合於下列那一分子？(A) 肌凝蛋白 (myosin)　(B) 肌動蛋白 (actin)　(C) 旋轉素 (troponin)　(D) 旋轉肌凝素 (tropomyosin)。（2017-1 專高）

(A) 19. 肌肉細胞在鬆弛狀態時，下列何者會接在肌動蛋白絲 (actin filament) 上，阻斷橫橋 (cross bridge) 與肌動蛋白的結合？(A) 原肌凝蛋白 (tropomyosin)　(B) 肌鈣蛋白 (troponin)　(C) 肌凝蛋白 (myosin)　(D)ATP。（2010-1 專高）

(A) 20. 骨骼肌收縮之後的放鬆機制主要是因為鈣離子：(A) 被鈣幫浦打回肌漿網　(B) 不再從細胞外進入細胞內　(C) 濃度持續維持，抑制粗肌絲與細肌絲的結合　(D) 濃度持續維持，改變旋轉素 (troponin) 的構形，因而無法再與旋轉素結合。（2013-1 專高）

(B) 21. 下列何者是骨骼肌細胞儲存 Ca^{2+} 的主要位置？(A) 橫小管　(B) 肌漿網　(C) 粒線體　(D) 高基氏體。（2013-1 專高）

(A) 22. 骨骼肌舒張時，細胞內鈣離子 (Ca^{2+}) 濃度降低的機轉為何？(A)Ca^{2+}幫浦將細胞內 Ca^{2+}送回肌漿網　(B)Ca^{2+}因濃度差而流至細胞外液　(C)Ca^{2+}與旋轉素 (troponin) 結合　(D)Ca^{2+}因濃度差而流回肌漿網。（2011 二技）

(A) 23. 人體骨骼肌細胞內的 Ca^{++}主要是儲存在下列何處？(A) 肌漿網　(B) 粒線體　(C)T 小管　(D) 微粒體。（2014-1 專高）

(A) 24. 當一骨骼肌被拉長超過其最適長度 (optimal length)，則其收縮產生之最大張力將降低的原因為：(A) 粗肌絲與細肌絲疊合程度降低　(B) 鈣離子釋放量降低　(C)ATP 產量降低　(D) 動作電位傳播速度降低。（2010-1 專高）

(D) 25. 有關骨骼肌長度－張力關係之敘述，下列何者正確？(A) 肌纖維在收縮前之起始長度與收縮張力成反比　(B) 最適長度 (optimal length) 乃指肌纖維收縮後，可完全舒張之長度　(C) 粗、細肌絲形成之橫橋 (cross bridge) 越多，收縮之力

量越小　(D) 正常生理狀態下 resting length 約等於 optimal length。

（2013-2 專高）

（B）26. 運動神經引起骨骼肌興奮的過程，下列敘述何者錯誤？(A) 到達神經末梢的動作電位引發細胞外液鈣離子流入　(B)ACh 釋放並作用於終板的蕈毒鹼 (muscarinic) 接受器　(C) 鈉離子流入肌細胞內導致終板電位 (EPP) 形成　(D)EPP 引起肌細胞膜形成動作電位。（2010 二技）

（B）27. 橫紋肌收縮時，下列何者不會發生？(A) 肌節 (sarcomere) 縮短　(B) 肌凝蛋白絲 (myosin filament) 縮短　(C)I 帶 (I band) 縮短　(D)H 區 (H zone) 縮短。

（2012-1 專普）

（A）28. 骨骼肌收縮長度變短時，下列哪種構造的長度也會變短？(A) 明帶　(B) 暗帶　(C) 粗肌絲　(D) 細肌絲。（2015-2 專高）

（C）29. 有關肌肉發生等張收縮 (isotonic contraction) 時之敘述，下列何者正確？(A) 肌肉張力會變大　(B) 肌肉張力會變小　(C) 肌肉長度會縮短　(D) 肌肉長度會增長。（2011-1 專普）

（D）30. 提供慢肌收縮所需能量的主要方式為何？(A) 分解肌凝蛋白 (myosin)　(B) 糖解作用 (glycolysis)　(C) 肝醣分解 (glycogenolysis)　(D) 氧化磷酸化 (oxidative phosphorylation)。（2009 二技）

（D）31. 下列何種蛋白在肌絲滑動過程中會水解 ATP？(A) 旋轉素 (troponin)　(B) 旋轉肌球素 (tropomyosin)　(C) 肌動蛋白 (actin)　(D) 肌凝蛋白 (myosin)。

（2012-2 專普）

（C）32. 下列何種物質或反應，能最快提供 ATP 給肌肉使用？(A) 有氧磷酸化　(B) 糖解作用　(C) 肌酸磷酸　(D) 磷脂質。（2011-2 專高）

（D）33. 下列何者能結合 ATP，且具 ATPase 活性，藉由水解 ATP 提供骨骼肌收縮所需之能量？(A) 旋轉肌球素 (tropomyosin)　(B) 旋轉素 (troponin)　(C) 肌動蛋白 (actin)　(D) 肌凝蛋白 (myosin)。（2010-2 專高）

（C）34. 下列何者最適合描述神經肌肉傳遞之性質？(A) 電性突觸　(B) 主動運輸　(C) 興奮性突觸　(D) 膜電位過極化。（2008-1 專高）

（D）35. 下列有關運動終板 (motor end plate) 的敘述，何者錯誤？(A) 平滑肌無此構造　(B) 此構造之乙醯膽鹼受器 (acetylcholine receptor) 活化後可通透鈉離子　(C) 此構造為運動神經元軸突末梢與肌漿膜接合處之特化區域　(D) 此構造之乙醯膽鹼受器被活化後會引起肌肉舒張。（2015-1 專高）

（D）36. 有關終板電位 (end-plate potential) 的敘述，下列何者正確？(A) 是電突觸產生的電位變化　(B) 可以是興奮性或抑制性，端視運動神經元釋放何種神經傳遞素而定　(C) 與神經元間的突觸電位類似，都是透過麩胺酸打開通道造成　(D) 正常情形下會造成動作電位的產生。（2017-2 專高）

（A）37. 終板電位 (end-plate potential) 屬於下列何種電位？(A) 興奮性突觸後電位　(B) 抑制性突觸後電位　(C) 動作電位　(D) 接受器電位。（2018-1 專高）

（B）38. 有關舉重選手之肌肉訓練，最需增強哪一類肌纖維的功能？(A) 氧化型快肌纖

維 (fast oxidative fiber) (B) 糖解型快肌纖維 (fast glycolytic fiber) (C) 氧化型慢肌纖維 (slow oxidative fiber) (D) 糖解型慢肌纖維 (slow glycolytic fiber)。（2009-1 專高）

（B）39. 有關舉重選手之肌肉訓練，最需增強哪一類肌纖維的功能？(A) 氧化型快肌纖維 (fast oxidative fiber) (B) 糖解型快肌纖維 (fast glycolytic fiber) (C) 氧化型慢肌纖維 (slow oxidative fiber) (D) 糖解型慢肌纖維 (slow glycolytic fiber)。（2009-1 專高）

（A）40. 肉毒桿菌素 (botulinum toxin) 的作用機轉為何？(A) 抑制乙醯膽鹼 (acetylcholine) 的釋放 (B) 抑制運動神經動作電位之產生 (C) 競爭骨骼肌終板上之乙醯膽鹼接受器 (D) 抑制骨骼肌之鈣離子通道。（2008-2 專高）

（C）41. 肉毒桿菌毒素造成肌肉麻痺的原因為何？(A) 關閉肌肉細胞膜上鉀離子通道，造成鈣離子通道開啟 (B) 促進神經突觸末端乙醯膽鹼 (acetylcholine) 釋放 (C) 破壞 SNARE 蛋白複合體，阻斷神經突觸末端乙醯膽鹼釋放 (D) 阻斷神經細胞膜上鈣離子通道開啟，抑制乙醯膽鹼釋放。（2018-2 專高）

四、平滑肌

1. 平滑肌分布於血管壁和內臟器官（如肺、胃、腸、膽囊和膀胱等）的肌肉層，又稱內臟肌。
2. 平滑肌不具橫紋，不受意志控制，但受內臟神經支配，又有不隨意肌之稱。
3. 平滑肌纖維呈梭狀（中間厚而兩端細長），含有一個位居中央的細胞核。
4. 平滑肌收縮的步驟：細胞內鈣離子增加→鈣離子與攜鈣素（或鈣調蛋白；camodulin) 結合→肌凝蛋白輕鏈激酶 (MLCK) 活化→肌凝蛋白的橫橋 (MLC) 磷酸化→磷酸化的橫橋與肌動蛋白 (actin) 結合→橫橋循環產生張力及縮短

（D）1. 下列何者為平滑肌的特性？(A) 含有旋轉素 (troponin) (B) 具有間盤 (intercalated disc) (C) 為多核細胞 (D) 具有緻密小體 (dense body)。（2014 二技）

（D）2. 請依序排列平滑肌收縮時的步驟：①磷酸化的橫橋與肌動蛋白 (actin) 結合②肌凝蛋白輕鏈激酶 (MLCK) 活化③肌凝蛋白的橫橋 (MLC) 磷酸化④鈣離子與攜鈣素 (camodulin) 結合。(A) ①②③④ (B) ②①④③ (C) ④③②① (D) ④②③①。（2015 二技）

（A）3. 有關平滑肌內離子對血管的影響之敘述，下列何者正確？(A) 鈣離子濃度上升，會促使血管收縮 (B) 氯離子濃度上升，會促使血管收縮 (C) 鈉離子濃度上升，會促使血管收縮 (D) 鎂離子濃度上升，會促使血管收縮。（2009 專普）

（C）4. 下列何者與鈣離子結合，促使平滑肌收縮？(A) 旋轉肌球素 (tropomyosin) (B) 旋轉素 (troponin)　(C) 鈣調蛋白 (calmodulin)　(D) 肌動蛋白 (actin)。（2014 二技）

（D）5. 請依序排列平滑肌收縮時的步驟：①磷酸化的橫橋與肌動蛋白 (actin) 結合② 肌凝蛋白輕鏈激酶 (MLCK) 活化③肌凝蛋白的橫橋 (MLC) 磷酸化④鈣離子與攜鈣素 (camodulin) 結合。(A) ①②③④　(B) ②①④③　(C) ④③②①　(D) ④②③①。（2015 二技）

（B）6. 下列何者是造成肌肉疲勞的主要原因之一？(A) 肌細胞內鈣離子用盡　(B) 乳酸堆積　(C)ATP 堆積　(D) 磷酸肌胺酸 (creatine phosphate) 減少。（2012-1 專普）

（D）7. 死亡後開始出現肌肉僵硬的現象，主要是由下列那一個原因造成？(A) 乳酸的堆積　(B) 缺少鈣離子　(C) 肝醣耗盡　(D) 缺乏 ATP。（2021-2 專高）

（C）8. 下列何種毒素會抑制乙醯膽鹼酯酶 (acetylcholinesterase, AChE)？(A) 河豚毒 (tetrodotoxin)　(B) 沙林神經毒氣　(C) 南美箭毒 (curare)　(D) 殺蟲劑裡的有機磷。（2018-2 專高）

（B）9. 氧債是肌肉經長期或劇烈收縮後，需要額外的氧來分解肌肉中所堆積的：(A)ADP　(B) 乳酸　(C) 鈣離子　(D) 橫橋聯結。（2010-2 專高）

（A）10. 下列哪一種新陳代謝作用會因缺氧而產生乳酸？(A) 醣解作用 (glycolysis) (B) 糖質新生 (gluconeogenesis)　(C) 脂肪分解 (lipolysis)　(D) 脂肪同化作用 (lipogenesis)。（2012 二技）

（B）11. 當骨骼肌發生疲勞現象時，下列何者最不可能發生？(A) 細胞內 glycogen 及 creatine phosphate 含量減少　(B)ATP 及 lactate 含量降低　(C)pH 降低　(D) 肌肉收縮張力變小。（2012-2 專高）

（C）12. 肌肉組織中，下列何者含量增加時不會引起血管舒張 (vaso-dilation)？(A) 鉀離子　(B) 氫離子　(C) 氧氣　(D) 二氧化碳。（2012 二技）

（A）13. 脂肪在消化道之消化產物為：(A) 脂肪酸與甘油　(B) 胜肽與胺基酸　(C) 脂肪酸與胜肽　(D) 甘油與胺基酸。（2012-1 專普）

（D）14. 下列何者並非活化蕈毒型膽鹼性接受器可能引起的作用？(A) 使心肌收縮力減弱　(B) 使腸道收縮張力增強　(C) 使膀胱逼尿肌收縮　(D) 使骨骼肌收縮。（2015-1 專高）

（D）15. 使用過量南美箭毒 (curare) 引起動物或人死亡，其主要原因是什麼？(A) 心跳停止　(B) 腦部神經元死亡　(C) 減少乙醯膽鹼受器蛋白質之數量　(D) 阻斷神經與橫膈肌細胞間的傳遞作用。（2011-2 專高）

（D）16. 人死後數小時，全身肌肉開始攣縮，此稱為屍僵，發生屍僵之原因為何？(A) 鈣離子代謝減少　(B) 神經衝動增加　(C) 鎂離子含量減少　(D)ATP 完全耗盡。（2009 專普）

（D）17. 屍僵 (rigor mortis) 在人死後數小時才會發生，原因為何？(A) 粗肌絲 (thick filament) 與細肌絲 (thin filament) 的化學特性改變，無法結合在一起

(B) 粗肌絲 (thick filament) 與細肌絲 (thin filament) 的化學特性改變，無法分離 (C)ATP 消耗殆盡，粗肌絲 (thick filament) 與細肌絲 (thin filament) 無法結合在一起 (D)ATP 消耗殆盡，粗肌絲 (thick filament) 與細肌絲 (thin filament) 無法分離。 (2016-1 專高)

(B) 18. 有關屍僵 (rigor mortis) 的敘述，下列何者正確？(A) 人一旦停止呼吸，無法進行有氧呼吸之後就會發生 (B) 由於 ATP 的缺乏，使得肌動蛋白無法與肌凝蛋白分離，而處於收縮狀態 (C) 由於電壓依賴性鈣通道持續讓鈣離子流入肌細胞，而讓肌肉處於收縮狀態 (D) 屍僵一般在死亡後幾分鐘就會消失。 (2017-2 專高)

貳 肌肉系統：人體主要的骨骼肌

全身骨骼肌依其分布分為：中軸骨骼肌和四肢骨骼肌。

1. 中軸骨骼肌：頭頸部、脊椎部、胸部和腹部。
2. 四肢骨骼肌：上肢部和下肢部。

一、頭頸部肌肉群

(一) 面部表情的肌肉：由第七對顏面N控制

1. 顱頂肌：含額肌上舉眉毛及枕肌將頭皮向後拉
2. 頰肌：又叫號手肌，吹氣時壓迫臉頰及凹進產生吸吹動作。耳下腺穿過頰肌開口到口腔
3. 笑肌：微笑時往側方拉嘴角
4. 顴大肌：大笑時嘴往外上提
5. 皺眉肌：皺眉時眉毛向下拉
6. 提上眼瞼肌：上舉上眼瞼
7. 眼輪匝肌：閉眼
8. 口輪匝肌：關閉口唇及吸吮
9. 顴小肌：下唇往外上提
10. 提上唇肌：上唇上提
11. 降下唇肌：下唇下壓
12. 頦肌：下唇上舉及突出

13. 闊頸肌：下拉口角

(二) 移動下頜的肌肉

1. 負責移動下頜之咀嚼肌，由三叉 N 下頜支所支配，終止下頜骨，包括
   (1) 咬肌（嚼肌）：閉口時上提下頜
   (2) 顳肌：咬緊牙關肌肉，可上提及縮回下頜
   (3) 翼內肌：上提並伸出下頜骨，以便閉口
   (4) 翼外肌：可向前滑動下頜骨，以便張口
2. 構成人類口腔底部主要肌肉爲下頜舌骨肌。
3. 咬的動作：由翼外肌的前突（並有嚼肌和翼內肌的輔助）和顳肌的縮回。
4. 咀嚼的動作：由左側的翼外肌和翼內肌（和右側的嚼肌）向右側移動，以及由右側的翼外肌和翼內肌（和左側的嚼肌）向左側移動而成（翼外肌爲張口肌，翼內肌爲閉口肌）。

(三) 移動眼球的肌肉

六條眼外肌之調控：

1. 上直肌：N3 支配，負責眼球上內轉
2. 下直肌：N3 支配，負責眼球下內轉
3. 內直肌：N3 支配，負責眼球內轉
4. 下斜肌：N3 支配，負責眼球向上外轉
5. 外直肌：N6 支配，負責眼球外轉
6. 上斜肌：N4 支配，負責眼球轉向下外轉

眼外肌之移動：

1. 上斜肌的肌腱通過纖維軟骨的滑輪（或稱滑車，位於眼眶骨的上方）而改變其方向。
2. 眼球的肌肉可分爲：
   (1) 外在肌 (extrinsie musele)：爲骨骼肌（包括四條貞肌和兩條斜肌），其起端在眼球之外的腱環，止端在眼球之內球之內（鞏膜的上、下、內側和外側），如上直肌、下直肌、外直肌、內直肌、上斜肌、下斜肌（六條眼外肌）。
   (2) 內在肌 (intrinsic muscle)：爲平滑肌，其起端與止端均在眼球之內，如瞳孔括約肌、瞳孔擴大肌、睫狀肌。

3. 側視時，由一側的外直肌和另一側的內直肌同時收縮；注視正前方某物時，則由兩眼的內直肌同時收縮。

(四) 移動舌頭的肌肉

1. 頦舌肌：負責舌的下壓及前伸
2. 莖突舌肌：負責舌的上舉及後拉
3. 顎舌肌：負責舌的上舉及軟顎下拉
4. 舌骨舌肌：負責舌的下壓及兩邊下拉

(五) 舌骨、軟顎、咽喉部的肌肉

外在肌：

1. 肩胛舌骨肌、胸舌骨肌、胸骨甲狀肌：頸 N 支配
2. 甲狀舌骨肌：頸 N 及舌咽 N 支配
3. 莖突葤肌：舌咽 N 支配
4. 顎咽肌下縮肌中縮肌：咽 N 叢支配

內在肌：由迷 N 支配：

1. 環甲肌：使聲帶產生張力（變緊）拉長
2. 甲杓肌：聲帶變短變鬆
3. 環杓側肌：收縮使聲帶變窄

軟顎的肌肉：

1. 舌骨下肌爲喉之外在肌，其作用爲下降舌骨。
2. 軟顎：形成口腔和鼻咽後區分隔。
3. 當吞嚥時，成對的提顎帆肌上提軟顎，張顎帆肌拉緊軟顎以便關閉鼻腔。
4. 所包括肌肉如下：
   (1) 提顎帆肌：當吞嚥時，上提軟顎，由咽神經叢控制。
   (2) 舌肌：將舌頭上拉及下拉，由咽神經叢控制。
   (3) 顎咽肌：當吞嚥時，助咽上提及關閉鼻腔，由咽神經叢控制。
   (4) 張顎帆肌：當吞嚥時，緊縮軟顎，由三叉神經 (V) 控制。

咽部的肌肉：

1. 咽縮肌（包括上縮肌、中縮肌和下縮肌）纖維由下而上斜行；咽提肌（包括顎咽肌、耳咽管咽肌和莖突咽肌）纖維縱行於咽縮肌內面。
2. 咽壁的肌肉排列爲兩層：

(1) 外環行層：上縮肌、中縮肌、下縮肌。

(2) 內縱行層：

① 軟顎的肌肉：提顎帆肌和張顎帆肌（起端自頭顱骨）、顎舌肌和顎咽肌（起端自軟顎）。

② 莖突咽肌（起端自莖突）。

③ 耳咽管咽肌（起端自耳咽管）。

3. 所包括的肌肉：

(1) 下縮肌：收縮咽的下面部分，將食團推進食道由咽神經叢控制。

(2) 中縮肌：收縮咽的中間部分，將食團推進食道由咽神經叢控制。

(3) 上縮肌：收縮咽的上部，將食團推進食道由咽神經叢控制。

(4) 莖突咽肌：使喉上提及使咽擴張，幫助食團下降由舌咽神經 (IX) 控制。

(5) 耳咽管咽肌：吞嚥時，上提咽側壁之上部；打開耳咽管的口由咽神經叢控制。

(6) 咽肌：吞嚥時，上提喉及咽並幫助關閉鼻咽由咽神經叢控制。

喉部的肌肉：

1. 喉部的外在肌：

(1) 肩胛舌骨肌：使舌骨下拉由頸環的分支 (C1-C3) 控制。

(2) 胸骨舌骨肌：使舌骨下拉由頸環的分支 (Cl-C3) 控制。

(3) 胸骨甲狀肌：使甲狀軟骨下拉由頸環的分支 (Cl-C3) 控制。

(4) 甲狀舌骨肌：使甲狀軟骨上提及舌骨下拉由頸環 (C1、C2) 及舌下 (XII) 神經的下降枝控制。

(5) 莖突咽肌：使喉部上提及擴張咽部，幫助食團下降由舌咽(IX)神經控制。

(6) 顎咽肌：吞嚥時，上提喉及咽並關閉鼻咽由咽神經叢控制。

(7) 下縮肌：收縮咽的下面部分，將食團推進食道由咽神經叢控制。

(8) 中縮肌：收縮咽的中間部分，將食團推進食道由咽神經叢控制。

2. 喉部的內在肌：

(1) 環甲狀肌：使聲帶緊張及拉長由迷走神經 (X) 的喉外分支控制。

(2) 環杓後肌：使聲門裂張開變大由迷走神經 (X) 的返喉枝控制。

(3) 環杓外側肌：使聲門裂關閉變窄由迷走神經 (X) 的返喉枝控制。

(4) 杓肌：使聲門裂關閉變窄由迷走神經 (X) 的返喉枝控制。

(5) 甲杓肌：使聲帶變短變鬆由迷走神經 (X) 的返喉枝控制。

(六) 移動頭部的肌肉

1. 由胸鎖乳突肌：使頭部向下、旋轉由副神經(X1)以及頸神經(C2、C3)控制。
2. 頭半棘肌：使頭伸展且臉轉向對側由頸脊神經的背側枝控制。
3. 頭夾肌：使頭伸展且臉轉向同側由中頸脊神經的背側枝控制。
4. 頭最長肌：使頭伸展且臉轉向同側由下頸脊神經的背側枝控制。
5. 斜方肌：使頭向後仰，脊神經受傷會致斜方肌與胸鎖乳突肌痲痺。
6. 胸鎖乳突肌把頸頭區域分隔爲二：
   (1) 前頸三角 (anterior triangle)：在胸鎖乳突肌之前，其肌肉以舌骨爲界，分爲舌骨上肌（構成口腔底部肌肉）和舌骨下肌（構成喉部肌肉）。
   (2) 後頸三角 (posteriortriangoe)：後頸三角在胸鎖乳突肌之後，前以胸鎖乳突肌的後緣爲界，後以斜方肌的前緣爲界，下以鎖骨的中 2/3 爲界。
   (3) 作用：兩側同時收縮時，彎曲脊柱，將頭拉向下並將頷上提；單側收縮時，將脊柱彎向收縮肌對側，拉頭轉向肩部，旋轉頭部。

（A）1. 下列何者可使眼球向上內側看及向內旋轉？(A) 上直肌 (superior rectus) (B) 下直肌 (inferior rectus) (C) 外直肌 (lateral rectus) (D) 內直肌 (medial rectus)。（2008-1 專高）

（C）2. 下列何者可使眼球向下內側看及向內旋轉？(A) 上直肌 (superior rectus) (B) 下直肌 (inferior rectus) (C) 上斜肌 (superior oblique) (D) 下斜肌 (inferior oblique)。（2017-2 專高）

（C）3. 下列何者是眼球向外看最主要的肌肉？(A) 上直肌 (superior rectus) (B) 下直肌 (inferior rectus) (C) 外直肌 (lateral rectus) (D) 內直肌 (medial rectus)。（2010-1 專高）

（D）4. 下列何者是眼球向內側看最重要的肌肉？(A) 上直肌 (B) 下直肌 (C) 外直肌 (D) 內直肌。（2009-1 專高）

（C）5. 下列哪一條眼球的外在肌收縮時，會使眼球向外側下方看？(A) 上直肌 (superior rectus) (B) 下直肌 (inferior rectus) (C) 上斜肌 (superior oblique) (D) 下斜肌 (inferior oblique)。（2014 二技）

（D）6. 下列哪一條肌肉的動作是由動眼神經 (oculomotor nerve) 所支配？(A) 外直肌 (lateral rectus) (B) 上斜肌 (superior oblique) (C) 眼輪匝肌 (orbicularis oculi) (D) 提上眼瞼肌 (levator palpebrae superioris)。（2013 二技）

（B）7. 皺眉肌 (corrugator supercilli) 的止端 (insertion) 位於下列何處？(A) 上眼瞼之皮膚 (B) 眉毛處之皮膚 (C) 額骨眉弓之外側端 (D) 額骨眉弓之內側端。（2010 二技）

（A）8. 下列何種肌肉的作用可使嘴角往外拉？(A) 笑肌 (risorius) (B) 頦肌 (mentalis)

(C) 嚼肌 (masseter) (D) 顳肌 (temporalis)。 (2011 二技)

(A) 9. 下列何者為口輪匝肌肌束的排列方式?(A) 環狀 (B) 平行 (C) 羽毛狀 (D) 會聚式。 (2009-1 專高)

(A) 10. 下列何者可產生吸吮的動作?(A) 頰肌 (B) 顴大肌 (C) 上唇提肌 (D) 下唇降肌。 (2009 專普)

(C) 11. 下列何者可向前滑動下頷骨,以便張口?(A) 嚼肌 (masseter) (B) 顳肌 (temporalis) (C) 翼外側肌 (lateral pterygoid) (D) 翼內側肌 (medial pterygoid)。 (2012-2 專高)

(B) 12. 臉頰穿刺傷造成下顎無法張嘴進食的情況,最可能肇因於下列何者之損傷?(A) 頰肌 (B) 翼外肌 (C) 降下唇肌 (D) 口輪匝肌。 (2016-2 專高)

(A) 13. 可使聲門變大且起端為環狀軟骨的喉內在肌 (intrinsic muscles of the larynx) 為何?(A) 環杓後肌 (posterior cricoarytenoid) (B) 環甲肌 (cricothyroid) (C) 環杓側肌 (lateral cricoarytenoid) (D) 杓肌 (arytenoid)。 (2008 二技)

(B) 14. 下列何者收縮時,可下拉下頷骨,作「張嘴」動作?(A) 頰肌 (buccinator) (B) 翼外肌 (lateral pterygoid) (C) 降下唇肌 (depressor labii inferioris) (D) 嚼肌 (masseter)。 (2016-1 專高)

二、移動背部脊椎的肌肉群

1. 主要是背部脊柱旁的豎棘肌,包括三群爲髂肋肌群、最長肌群和棘肌群,負責脊柱伸展。
2. 除三群外,前腹壁的腹直肌、後腹壁的腰方肌 ➪ 負責脊柱彎曲和外側彎曲
3. 移動背脊部肌肉,包含斜角肌,又分爲:
   (1) 前斜角肌:起於 C3-6,止於第一肋骨斜角肌結節。
   (2) 中斜角肌:起於 C2-7,止於第一肋骨鎖骨下動脈溝後方。
   (3) 後斜角肌:起於 C4-6,止於第二肋骨。
4. 亦參與移動頭部的背部肌肉:
   (1) 枕下肌:頭前直肌、頭後大直肌、頭後小直肌、頭外側直肌、頭上斜肌、頭下斜肌。
   (2) 胸鎖乳突肌。
   (3) 背脊肌(後脊肌):頭最長肌、頭半棘肌、頭夾肌。
   (4) 腹脊肌(前脊肌):頭長肌。
5. 亦參與移動頭部的背部肌肉:
   (1) 斜角肌:前斜角肌、中斜角肌、後斜角肌。

(2) 背脊肌（後脊肌）：頸最長肌、頸半棘肌、頸夾肌。

(3) 腹脊肌（前脊肌）：頸長肌。

6. 橫棘肌可分爲三群：

(1) 旋轉肌：最短，橫跨 1 個脊椎。

(2) 半棘肌：最長，最淺層，橫跨 5 個脊椎以上。

(3) 多裂肌：在旋轉肌與半棘肌之間，橫跨 2～4 個脊椎。

7. 披覆於背部淺層直棘肌群和深層橫棘肌群外表的三條肌肉爲：

(1) 夾肌。

(2) 上後鋸肌 (serratus posterior superior)。

(3) 下後鋸肌 (serratus posterior inferior)。

8. 上項線：外半部爲頭夾肌和胸鎖乳突肌之止端，而內半部爲斜方肌之起端。
下項線：爲頭後大直肌和頭後小直肌之止端，上項線與下項線之間，爲頭半棘肌之止端。

（C）1. 下列何者是維持背部直立最重要的肌肉？(A) 背闊肌 (B) 腰大肌 (C) 豎脊肌 (D) 後鋸肌。（2017-1 專高）

（B）2. 下列何者是最重要伸展背部的肌肉？(A) 背闊肌 (B) 豎脊肌 (C) 腰方肌 (D) 髂腰肌。（2012-2 專高）

（B）3. 胸長神經 (long thoracic nerve) 支配下列何種肌肉？(A) 斜方肌 (trapezius) (B) 前鋸肌 (serratus anterior) (C) 提肩胛肌 (levator scapula) (D) 胸小肌 (pectoralis minor)。（2008 二技）

三、胸部的肌群

主要爲呼吸肌肉群。

1. 胸部的肌群（亦稱爲呼吸肌），包含有：

(1) 橫隔膜：最重要的吸氣肌，由膈神經 (C3～C5) 控制。

(2) 肋間肌：肋間內肌（肌束斜向後下：降肋）、肋間外肌（肌束斜向前下；提肋）。

(3) 最內肋間肌 (innermost intercostal)。

(4) 提肋肌 (levatores costarum)：起端爲橫突，止端爲其相鄰之 1～2 肋骨，作用爲提肋。

(5) 胸橫肌 (transversus thoracis)：位於胸前壁的內面，肌束由胸骨向第 2～

6 肋軟骨斜上輻射。

(6) 上後鋸肌和下後鋸肌 (serratus posterior superior & serratus posteriorin ferior)：上後鋸肌起端為 C6～T2 的棘突；止端為第 2～5 肋骨；作用為提肋。下後鋸肌起端為 T11～L2 的棘突；止端為第 9～12 肋骨：作用為降肋。

(7) 肋下肌 (subcostals)：為橫跨 1～2 肋骨的肋間內肌。

其中以第一和第二條肌肉最為重要。

2 橫膈膜的裂孔：

(1) 主動脈裂孔 (aortic hiatus)：位第 12 胸椎體前方，左右兩個膈腳與脊柱之間，有主動脈、奇靜脈和胸管通過。

(2) 食道裂孔 (esophageal hiatus)：在主動脈裂孔之前方，有食道與迷走神經通過。

(3) 下腔靜脈裂孔 (vena canal foramen)：在中央腱的右部，有下腔靜脈與右膈神經通過。

(D) 1. 下列何者是重要的吸氣肌？(A) 胸大肌 (pectoralis major)　(B) 胸橫肌 (transversus thoracis)　(C) 內肋間肌 (internal intercostals)　(D) 橫膈 (diaphragm)。（2014 二技）

(B) 2. 當我們用力呼氣時，下列何者可使肋骨拉近而減少胸腔的側徑及前後徑？(A) 橫膈 (diaphragm)　(B) 肋間內肌 (internal intercostals)　(C) 斜角肌 (scalenes)　(D) 肋間外肌 (external intercostals)。（2010 二技）

(D) 3. 胸大肌的肌束呈下列何種方式排列？(A) 環狀 (circular)　(B) 平行 (parallel)　(C) 羽毛狀 (pennate)　(D) 會聚式 (convergent)。（2016-2 專高）

四、上肢肌肉群

包括移動肩帶的肌肉、移動上臂的肌肉、移動前臂的肌肉及移動腕部及指頭的肌肉。

(一) 移動肩帶的肌肉

1. 肩帶：又稱為胸帶，包含肩胛骨、鎖骨，為連接中軸骨骼到四肢的骨骼。
2. 由中軸骨骼到肩帶的肌群：斜方肌、提肩胛肌、大菱形肌、小菱形肌、前鋸肌、鎖骨下肌和胸小肌。

3. 由中軸骨骼到肱骨的肌群：胸大肌、背闊肌。
4. 由肩帶到肱骨的肌群：小圓肌、大圓肌、棘上肌、棘下肌、肩胛下肌、三角肌和喙肱肌。
5. 肩帶肌肉分佈：
   (1) 腹面：胸小肌、鎖骨下肌、前鋸肌。前鋸肌由胸長 N 支配，使肩胛骨向外旋轉、雙手上舉及向外推拉，收縮時不移動肱骨。
   (2) 背面：斜方肌、提肩胛肌、大菱形肌、小菱形肌。斜方肌連接頭、肩、腰之三角形大肌肉，能上舉、下拉及內縮肩胛骨。

(二) 移動上臂的肌肉

1. 腹面：胸大肌爲放射狀，止於肱骨的大結節，是上臂主要的內收肌。
2. 背面：肩胛下肌、棘上肌、棘下肌、闊背肌、大圓肌、小圓肌（止於肱骨大結節下部）：
   (1) 棘上肌的肌腱與肩關節囊融合，參與上臂外展；棒球投手最易棘上肌受傷。
   (2) 棘下肌是參與上臂外旋。
   (3) 肩胛下肌、棘上肌、棘下肌、小圓肌與其肌腱會形成肩旋轉套 (rotator cuff)。
3. 側面：三角肌，止於肱骨粗隆。
4. 內收上臂之肌肉：胸大肌、闊背肌、大圓肌、肩胛下肌、喙肱肌（亦可使肩關節屈曲）。

(三) 移動前臂的肌肉

1. 腹面：主要起端在肱骨的內上髁。
   (1) 肱二頭肌：使前臂彎曲、後旋及掌面向上，止端爲橈骨粗隆及二頭肌的腱膜，及肱二頭肌之肌腱附著處。
   (2) 肱肌及肱橈肌：使前臂彎曲，肱橈肌爲後面的淺肌群。
   (3) 喙肱肌：使上臂彎及內收。
   (4) 旋後肌：使前臂彎曲及掌面向上。
   (5) 旋前圓肌：受正中 N 控制，使前臂旋前，促使近端橈尺關節運動。
   (6) 旋前方肌：使前臂旋前及轉動，爲深層肌群。
2. 背面：有肱三頭肌（橈 N 支配）及肘肌，皆負責前臂伸展，始於肱骨後上髁（前臂後側肌群的共同起點）。

3. 腋窩壁的組成：前鋸肌、喙肱肌及肱二頭肌。

(四) 移動腕部及指頭的肌肉

1. 手的肌群：大魚際肌（4 條），小魚際肌（3 條）、蚓狀肌（4 條）和骨間肌（7 條）。
2. 鼻煙窩 (snuffbox)：位於腕外側皮膚的三角狀深凹，其外側係以伸拇短肌和外展拇長肌爲界，其內側係以伸拇長肌爲界。窩內有橈動脈通過。
3. 第三指（中指）：具有兩條背側骨間肌；但並不具有掌側骨間肌。
4. 腹面：
   (1) 橈側曲腕肌（起端爲肱骨內上髁）、尺側曲腕肌和掌長肌（受正中 N 支配）：負責手腕彎曲及內收
   (2) 屈指深肌和屈指淺肌：負責指骨之彎曲
5. 背面：
   (1) 橈側伸腕肌、尺側伸腕肌：負責手腕之伸展及內收
   (2) 伸指肌（起端肱骨外上髁）和伸食指肌：負責指骨及食指之伸展（拇指無法旋轉動作）

(A) 1. 下列哪一塊肌肉收縮時不會移動肱骨 (humerus)？(A) 胸小肌 (pectoralis minor) (B) 胸大肌 (pectoralis major) (C) 三角肌 (deltoid) (D) 背闊肌 (latissimus dorsi)。 (2012 二技)

(A) 2. 下列哪一塊肌肉的起點 (origin) 位於肱骨的外上髁 (lateral epicondyle)？(A) 伸指肌 (extensor digitorum) (B) 橈側屈腕肌 (flexor carpi radialis) (C) 伸食指肌 (extensor indicis) (D) 尺側屈腕肌 (flexor carpi ulnaris)。 (2013 二技)

(D) 3. 下列哪一構造是肱二頭肌 (biceps brachii) 肌腱的附著處？(A) 鷹嘴 (olecranon) (B) 橈骨窩 (radial fossa) (C) 尺骨粗隆 (ulnar tuberosity) (D) 橈骨粗隆 (radial tuberosity)。 (2013 二技)

(C) 4. 下列何者不附著於肩胛骨上？(A) 斜方肌 (B) 前鋸肌 (C) 胸大肌 (D) 肱二頭肌。 (2018-1 專高)

(A) 5. 下列何者參與前臂的屈曲？(A) 肱肌 (B) 肘肌 (C) 肱三頭肌 (D) 旋前方肌。 (2010-2 專高)

(D) 6. 下列何者可以伸展手腕？(A) 掌長肌 (palmaris longus) (B) 屈指深肌 (flexor digitorum profundus) (C) 屈指淺肌 (flexor digitorum superficialis) (D) 橈側伸

腕短肌 (extensor carpi radialis brevis)。 （2012-1 專高）

（C）7. 下列何者會造成手指的屈曲？(A) 掌長肌 (B) 尺側屈腕肌 (C) 屈指淺肌 (D) 橈側屈腕肌。 （2011-2 專高）

（C）8. 下列哪一塊肌肉收縮能使上臂內收及屈曲？(A) 斜方肌 (trapezius) (B) 大圓肌 (teres major) (C) 胸大肌 (pectoralis major) (D) 闊背肌 (latissimus dorsi)。（2013 二技）

（A）9. 下列何者參與形成肩部的旋轉肌袖口 (rotator cuff)？(A) 棘下肌 (infraspinatus) (B) 三角肌 (deltoid) (C) 大圓肌 (teres major) (D) 喙肱肌 (coracobrachialis)。 （2020-1 專高）

（D）10. 下列何者是上臂主要的內收肌？(A) 三角肌 (B) 棘下肌 (C) 棘上肌 (D) 胸大肌。 （2009-1 專高）

（C）11. 下列何者的收縮不牽動肩關節？(A) 背闊肌 (B) 三角肌 (C) 胸鎖乳突肌 (D) 斜方肌。 （2011-2 專普）

（C）12. 下列何者的肌腱與肩關節囊融合？(A) 三角肌 (B) 大圓肌 (C) 棘上肌 (D) 提肩胛肌。 （2013-1 專高）

（D）13. 三角肌 (deltoid) 的肌束排列，屬於下列哪一種形式？(A) 會聚式 (convergent) (B) 平行式 (parallel) (C) 雙羽狀 (bipennate) (D) 多羽狀 (multipennate)。 （2015 二技）

（C）14. 下列何者附著於肱骨的內上髁 (medial epicondyle)？(A) 旋後肌 (B) 旋前方肌 (C) 橈側腕屈肌 (D) 橈側腕長伸肌。 （2019-2 專高）

（B）15. 支配旋前圓肌 (pronator teres) 的神經為何？(A) 尺神經 (ulnar nerve) (B) 正中神經 (median nerve) (C) 橈神經 (radial nerve) (D) 肌皮神經 (musculocutaneous nerve)。 （2009 二技）

（D）16. 網球肘造成患者前臂後側淺層伸肌群共同起點處的疼痛，疼痛的位置最接近下列何處？(A) 鷹嘴 (B) 橈骨頭 (C) 尺骨粗隆 (D) 肱骨外上髁。 （2014-1 專高）

（C）17. 闊筋膜張肌 (tensor fasciae latae) 是由下列何種神經所支配？(A) 股神經 (femoral nerve) (B) 閉孔神經 (obturator nerve) (C) 臀上神經 (superior gluteal nerve) (D) 臀下神經 (inferior gluteal nerve)。 （2008 二技）

五、腹部的肌群

包括作用在前腹壁、骨盆底板及會陰的肌肉。

(一) 前腹壁肌肉：肋間 N 支配，收縮時可壓縮腹腔、胸腔，有助排便、分娩及呼吸。

1. 中央肌群：腹直肌，負責脊柱彎曲；健身運動會呈現六塊肌。

2. 腹側肌群

(1) 腹外斜肌：負責脊柱側彎，其腱膜形成鼠蹊韌帶（腹股溝韌帶）。

(2) 腹內斜肌：負責脊柱側彎，男性腹內斜肌進入陰囊後轉變爲提睪肌。

(3) 腹橫肌：最內層肌肉，負責壓縮腹部。

(二) 骨盆底肌肉：含提肛肌及尾骨肌，與筋膜形成骨盆膈 (pelvic diaphragm) 協助提舉骨盆底板及支持骨盆腔的內臟，並幫助排便。

(三) 會陰的肌肉：會陰是骨盆的出口

1. 呈菱形，前界爲恥骨聯合、後爲尾骨、外側以坐骨粗隆爲界。
2. 左右坐骨粗隆之連線將會陰分前後兩個三角

(1) 前面：含外生殖器的泌尿生殖三角 (urogenital triangle)。

(2) 後面：肛門三角 (anal triangle)，含肛門。

3. 會陰肌肉包括會陰淺橫肌、球海綿體肌、坐骨海綿體肌、會陰深橫肌、尿道括約肌、肛門外括約肌。其中會陰橫肌的止端、球海綿體肌的起端及肛門外括約肌的止端皆在會陰部中央腱的肌肉。
4. 球海綿體肌主要在協助縮小陰道口徑；坐骨海綿體肌主要在維持性行為時陰莖堅挺。
5. 骨盆腔的外口：由肌肉和纖維組成的肌纖維膜〔即骨盆膈 (pelvic diaphragm) 與泌尿生殖膈 (urogenital diaphragm)〕所封閉。
6. 提肛肌 (1evator ani)：此肌群由恥骨尾骨肌及髂骨尾骨肌組成。它形成漏斗形的骨盆腔底板，和尾骨肌及筋膜組成骨盆膈。同時支持骨盆的構造，包含肛管、尿道及女性陰道的開口。

(A) 1. 下列何者是健身運動家前腹壁常呈現六塊的肌肉？(A) 腹直肌 (rectus abdominis) (B) 腹外斜肌 (external oblique) (C) 腹內斜肌 (internal oblique) (D) 腹橫肌 (transversus abdominis)。 (2010-2 專高)

(D) 2. 前腹壁外側，最內層的肌肉是：(A) 腹直肌 (B) 腹外斜肌 (C) 腹內斜肌 (D) 腹橫肌。 (2012-2 專普)

(B) 3. 下列構造中何者不是由腹膜所組成？(A) 鐮狀韌帶 (B) 腹股溝韌帶 (C) 子宮闊韌帶 (D) 卵巢懸韌帶。 (2008-1 專普)

(A) 4. 下列何者具有協助縮小陰道口徑的功能？(A) 球海綿體肌 (bulbospongiosus) (B) 坐骨海綿體肌 (ischiocavernosus) (C) 會陰深橫肌 (deep transverse perineus) (D) 尿道外括約肌 (external urethral sphincter)。 (2010 二技)

(AB) 5. 下列何者參與支持骨盆腔的內臟，並幫助排便？(A) 提肛肌 (B) 尾骨肌

(C) 尿道括約肌 (D) 肛門括約肌。 (2010-2 專高)

(D) 6. 下列何種肌肉的起端或止端都不在會陰部的中央腱 (central tendon of perineum)？(A) 會陰深橫肌 (deep transverse perineus) (B) 球海綿體肌 (bulbocavernosus) (C) 肛門外括約肌 (external anal sphincter) (D) 坐骨海綿體肌 (ischiocavernosus)。 (2008 二技)

(C) 7. 提睪肌 (cremaster muscle) 是由下列何者延伸而來？(A) 腹直肌 (rectus abdominis) (B) 腹橫肌 (transversus abdominis)(C) 腹內斜肌 (internal abdominal oblique) (D) 腹外斜肌 (external abdominal oblique)。 (2010 二技)

(C) 8. 包覆睪丸的鞘膜 (tunica vaginalis) 是由下列何者衍生而來？(A) 腹外斜肌筋膜 (B) 腹橫肌筋膜 (C) 壁層腹膜 (D) 腹內斜肌筋膜。 (2015-1 專高)

六、下肢肌肉群

包括移動大腿的肌肉、移動小腿的肌肉及移動足部和腳趾的肌肉。

(一) 移動大腿的肌肉群

1. 腰大肌和腸骨肌：負責大腿之彎曲及向外旋轉、脊柱彎曲。
2. 臀大肌：負責大腿之伸展及向外旋轉，起於股骨的臀肌結節，終止於髂脛束。
3. 臀中肌：負責大腿外展及向內旋轉，終止於股骨大轉子，常見肌肉注射部位（小心易傷坐骨 N）。
4. 臀小肌：負責大腿外展及向內旋轉，終止於股骨大轉子。
5. 闊筋膜張肌：由臀上 N 支配，負責大腿彎曲及外展，終止於髂脛束。
6. 梨狀肌和閉孔內肌：負責大腿外旋及外展，梨狀肌穿過坐骨大孔，閉孔內肌終止於股骨大轉子。
7. 恥骨肌：負責大腿彎曲、內收及外旋。
8. 內收肌群（閉孔 N 支配）：包括內收長肌、內收大肌及內收短肌，主負責大腿內收及彎曲，內收長肌及內收短肌與大腿旋轉有關，內收大肌負責伸展大腿。

(二) 移動小腿的肌肉群

1. 股四頭肌（股 N 支配）：包括股直肌、股外側肌、股內側肌、股中間肌，主負責伸展小腿，以等長收縮保持小腿直立；股直肌亦可彎曲大腿，幼兒肌肉注射此。

2. 膕旁肌群（腿後肌腱群）：即股二頭肌、半腱肌、半膜肌，負責彎曲小腿及伸展大腿；除股二頭肌外，皆起始於坐骨粗隆。
3. 股薄肌：負責大腿內收和小腿彎曲
4. 縫匠肌：負責大腿和小腿之彎曲、大腿向外旋轉
5. 股三角 (femoral triangle)：由（上）鼠蹊韌帶、（內）內收長肌、（外）縫匠肌所組成三角區域
6. 髕（膝）窩 (popliteal fossa)：由股二頭肌、半腱肌、半膜肌、腓腸肌在髕關節後方形成一凹陷區域

(三) 移動足部和腳趾的肌肉群

移動足部肌肉：

1. 腓腸肌、比目魚肌：皆終止於足部跟腱（阿奇利腱 Achilles tendon）：負責足底屈曲
2. 腓骨長肌、腓骨短肌：負責足底彎曲及腳外翻
3. 第三腓骨肌：負責足背屈及外翻
4. 脛骨前肌（深腓 N 支配）：負責足背屈及內翻
5. 脛骨後肌：負責足打彎曲及內翻
6. 屈趾長肌：負責腳趾彎曲、足底彎曲及足內翻
7. 深趾長肌：負責腳趾伸長、足背屈曲及內翻

大腿肌群依位置不同可分為：

1. 大腿前側肌群：縫匠肌、股四頭肌。
2. 大腿後側肌群：膕旁肌（股二頭肌、半腱肌、半膜肌）、膝窩肌。
3. 大腿外側肌群（旋轉肌）：梨狀肌、閉孔內肌、閉孔外肌、上孖肌、下孖肌和股方肌。
4. 大腿內側肌群：股薄肌、恥骨肌、內收長肌、內收短肌、內收大肌。

大腿肌群依功能不同可分為：

1. 大腿屈肌群：縫匠肌、髂腰肌（腰大肌、髂肌）、恥骨肌、股直肌。
2. 大腿伸肌肝：膕旁肌（股二頭肌、半腱肌、半膜肌）、臀大肌。
3. 大腿外側旋轉肌：梨狀肌、閉孔內肌、閉孔外肌、上孖肌、下孖肌和股方肌。
4. 大腿內收肌群：股薄劇、內收長肌、內收短肌、內收大肌。
5. 大腿外展肌群：臀中肌、臀小肌、闊筋膜張肌。

其他：

1. 股直肌亦可伸展小腿。
2. 股薄肌亦可彎曲小腿。
3. 內收肌管 (canalis adductorius)：位於內收大肌與股內側肌之間，其上口爲股三角尖，其下口爲收肌腱裂孔 (hiatus tendineus adductorius)。

(四) 移動小腿的肌肉

1. 股三角 (femoral triangle)：指由鼠蹊韌帶（上方）、內收長肌（內側）及縫匠肌（外側）三者所圍成的三角形區域。
2. 膝窩 (fossa poplitea)：股二頭肌、半腱肌及半膜肌等三條肌肉在膝關節後方所形成的一個凹陷部分。
3. 髂前上棘：anterior superior iliac spine; ASIS。髂前下棘：anterior in feriori liac spine；AIIS。
4. 股四頭肌 (quadriceps femoris)：附著於鎖骨上緣及旁邊，以髕韌帶終止於脛骨粗隆。
5. 縫匠肌：是最長的肌肉，位於大腿前面，肌纖維自大腿外上方斜向內下方，並且跨越兩個關節（髖關節和膝關節），其能使髖關節屈曲和外旋，並且能使膝關節屈曲和內旋，即屈髖和屈膝（股三角：由縫匠肌、腹股溝韌帶及長收肌構成）。
6. 膕旁肌群 (hamstrings)：位於大腿後面，包括股二頭肌、半腱肌和半膜肌。膕旁肌群爲雙關節肌，能使大腿在髖關節處伸展（伸髖）和小腿在膝關節處彎曲（屈膝）。
7. 作用在小腿的大腿肌群。可分爲：
   (1) 前側伸肌群：伸展小腿（伸膝），彎曲大腿（屈髖）。股四頭肌（股直肌、股外側肌、股內側肌、股中間肌）、縫匠肌。
   (2) 後側屈肌群：彎曲小腿（屈膝），伸展大腿（伸髖）。膕旁肌（股二頭肌、半腱肌、半膜肌）。
8. 小腿肌群依功能不同可分爲：
   (1) 伸肌群（是背屈肌）：位於踝之前；脛骨前肌、伸趾長肌、第三腓長肌、伸踇長肌，伸踇趾短肌。
   (2) 淺屈肌群（淺足蹠屈肌）：位於踝之後；腓腸肌、比目魚肌、蹠肌。
   (3) 深屈肌群（深足蹠屈肌）：位於內踝之後；屈踇長肌、屈趾長肌、脛骨後肌。

(4) 腓肌群：位於外踝之後；腓骨長肌、腓骨短肌、第三腓長肌。

(C) 1. 下列何者參與圍成股三角 (femoral triangle)？(A) 股內側肌 (vastus medialis) (B) 股外側肌 (vastus lateralis) (C) 縫匠肌 (sartorius) (D) 恥骨肌 (pectineus)。（2021-2 專高）

(A) 2. 下列何者構成股三角 (femoral triangle) 的外側緣？(A) 縫匠肌 (sartorius) (B) 內收長肌 (adductor longus) (C) 內收大肌 (adductor magnus) (D) 內收短肌 (adductor brevis)。（2008-1 專高）

(A) 3. 下列何者構成股三角的內側邊界？(A) 內收長肌 (B) 內收大肌 (C) 股內側肌 (D) 股直肌。（2015 專高）

(C) 4. 下列何者是股三角的外側邊界？(A) 半膜肌 (B) 半腱肌 (C) 縫匠肌 (D) 股外側肌。（2017-2 專高）

(A) 5. 下列何者參與大腿的彎曲？(A) 腸腰肌 (B) 臀中肌 (C) 臀大肌 (D) 梨狀肌。（2010-1 專高）

(D) 6. 下列何者參與大腿的內收？(A) 腸腰肌 (B) 臀中肌 (C) 臀大肌 (D) 內收大肌。（2009 專普）

(C) 7. 下列何者不具有外旋大腿的功能？(A) 梨狀肌 (piriformis) (B) 股方肌 (quadratus femoris) (C) 臀小肌 (gluteus minimus) (D) 閉孔內肌 (obturator internus)。（2011 二技）

(A) 8. 下列哪一塊肌肉收縮，會屈曲大腿 (flex the thigh)？(A) 股直肌 (rectus femoris) (B) 股二頭肌 (biceps femoris) (C) 股方肌 (quadratus femoris) (D) 半腱肌 (semitendinosus)。（2015 二技）

(A) 9. 下列何者的收縮與在髖關節處屈曲大腿最有關係？(A) 股直肌 (B) 閉孔外肌 (C) 股內側肌 (D) 股外側肌。（2018-2 專高）

(D) 10. 鼠蹊韌帶 (inguinal ligament) 是由何種肌肉之腱膜的游離下緣所形成？(A) 腹直肌 (rectus abdominis) (B) 腹內斜肌 (internal oblique) (C) 腹橫肌 (transversus abdominis) (D) 腹外斜肌 (external oblique)。（2009 二技）

(B) 11. 髂脛束是闊筋膜張肌與下列何者的共同肌腱？(A) 髂肌 (B) 臀大肌 (C) 脛前肌 (D) 大內收肌。（2015-2 專高）

(A) 12. 受腓深神經 (deep fibular nerve) 控制而使足內翻的肌肉為何？(A) 脛前肌 (tibialis anterior) (B) 伸拇長肌 (extensor hallucis longus) (C) 第三腓骨肌 (peroneus tertius) (D) 伸趾長肌 (extensor digitorum longus)。（2009 二技）

(B) 13. 膕後肌群 (hamstrings) 中，何者的起端 (origin) 不是位於坐骨粗隆 (ischial tuberosity)？(A) 半腱肌 (semitendinosus) (B) 股二頭肌 (biceps femor) 的短頭 (C) 半膜肌 (semimembranosus) (D) 股二頭肌 (biceps femoris) 的長頭。（2009 二技）

(A) 14. 幼兒做肌肉注射時經常選在大腿外側進行，注射位置的肌肉是下列何者？(A) 股四頭肌 (B) 半腱肌 (C) 半膜肌 (D) 股薄肌。 (2011-2 專高)

(C) 15. 臀部肌肉注射時，為避免誤傷坐骨神經，較理想的位置是：(A) 半腱肌 (B) 半膜肌 (C) 臀中肌 (D) 臀大肌下半部。 (2012-1 專普)

(A) 16. 下列何者可在踝關節處向下伸直足部 (plantarflexion)？(A) 腓腸肌 (B) 脛骨前肌 (C) 闊筋膜張肌 (D) 肛門括約肌。 (2008-2 專高)

(D) 17. 下列何者可使足底內翻 (invert)？(A) 腓骨短肌 (B) 腓骨長肌 (C) 腓腸肌 (D) 脛骨前肌。 (2009-1 專高，2009 二技)

(B) 18. 下列何者可使足底外翻 (eversion)？(A) 腓腸肌 (B) 腓骨長肌 (C) 脛骨後肌 (D) 脛骨前肌。 (2012-1 專高)

(B) 19. 跟腱 (calcaneal tendon) 是腓腸肌 (gastrocnemius)、蹠肌 (plantaris) 與下列何者的共同肌腱？(A) 脛後肌 (tibialis posterior) (B) 比目魚肌 (soleus) (C) 股二頭肌 (biceps femoris) (D) 半腱肌 (semitendinosus)。 (2012 二技)

(D) 20. 跟腱是由下列何者的肌腱共同組成？(A) 脛後肌和比目魚肌 (B) 半腱肌和脛後肌 (C) 半腱肌和腓腸肌 (D) 腓腸肌和比目魚肌。 (2012-2 專普)

(B) 21. 當跟腱 (calcaneal tendon) 嚴重受傷時，下列哪種動作會直接受到影響？(A) 足背屈曲 (B) 足底屈曲 (C) 小腿伸展 (D) 小腿屈曲。 (2010 二技)

(D) 22. 下列哪一塊肌肉收縮能使足背屈曲？(A) 腓腸肌 (gastrocnemius) (B) 脛後肌 (tibialis posterior) (C) 屈趾長肌 (flexor digitorum longus) (D) 伸趾長肌 (extensor digitorum longus)。 (2013 二技)

(D) 23. 下列何者具有使足背彎曲及外翻的功能？(A) 脛前肌 (tibialis anterior) (B) 腓短肌 (peroneus brevis) (C) 腓長肌 (peroneus longus) (D) 第三腓骨肌 (peroneus tertius)。 (2011 二技)

(B) 24. 下列何者將足背上抬 (dorsiflexion)？(A) 腓腸肌 (gastrocnemius) (B) 脛骨前肌 (tibialis anterior) (C) 脛骨後肌 (tibialis posterior) (D) 屈趾長肌 (flexor digitorum longus)。 (2014-1 專高)

第六單元　循環系統

人體的循環系統包括心臟、血液、血管和淋巴系統，主要功能爲運輸物質、聯絡外在環境與細胞之間，以保持體內的恆定。

壹　心臟

心臟是循環系統的中樞，呈鈍錐狀，大小如其個人緊握的拳頭，重約250-350 克，是一個肉質的幫浦。

一、心臟概論

(一) 心臟的解剖位置

1. 心臟發育約胚胎第四個月發育完成。
2. 心尖爲左鎖骨中第 5 肋間，心底約第 2 肋間。
3. 心包膜之壁層：（外）纖維層及（內）漿膜層之間有心包腔，爲潤滑作用。纖維層具固定於縱膈腔中及防止心臟過度膨脹。
4. 心臟構造分三：由外向內
   (1) 心外膜（心包膜臟層）：是單層間皮細胞、固有層及一層薄薄結締組織組成。
   (2) 心肌：爲合體細胞橫紋肌（不隨意肌）爲心臟主要部分。
   (3) 心內膜：由內皮細胞構成
   ⇨ 心肌細胞間脂細胞膜間隙接合 (gap junction)，可使細胞間離子自由擴散來傳遞訊息。
5. 心腔分爲四個部分
   (1) 房室構造
   ①左右心房：有梳狀肌及在房中膈上一凹陷爲胎兒期的卵圓孔遺留部位稱卵圓窩之構造。
   ②左右心室：LV 爲最肥厚。

(2) 冠狀溝：在心臟表面，隔開心房及心室；心尖由 LV 形成，LV 與橫膈膜接觸面積最大；心基在心臟上方，是大血管進出處。

(3) 前、後室間溝：分隔左右心室。

(4) LV 壓力爲 RV 的 5 倍，因 LV 做功大，其 LV 的後負荷 (after load) 大於 RV。

6. 心臟對外交通

(1) RA：接受上、下腔靜脈及冠狀竇的血流。

(2) RV：接受 RA 之缺氧血後送至肺臟氧合。

(3) LA：接受肺靜脈之最多的含氧血。

(4) LV：將 LA 接收的含氧血透過主動脈送至全身供應所需。

7. 心臟骨架：是心肌及心臟瓣膜附著處；屬結締組織，包括 1 個纖維三角及 4 個圓環。

8. 心臟瓣膜：防血液逆流

(1) 房室瓣：二尖瓣（僧帽瓣）位左房室之間，三尖瓣位右房室之間；瓣膜尖端是開向心室，藉由腱索將尖端連接到心室表面的乳頭狀肌。

(2) 半月瓣：存在於 LV- 主動脈及 RV- 肺動脈之間。

（B）1. 有關心臟的敘述，下列何者錯誤？(A) 心尖由左心室形成 (B) 心臟的胸肋面 (sternocostal surface) 主要由左心房與左心室形成 (C) 冠狀溝是心房與心室的界溝 (D) 基底 (base) 指的是心臟的上方，是大血管進出的地方。（2010-1 專高）

（A）2. 有關心臟 (heart) 構造的敘述，何者正確？(A) 竇房結 (sinoatrial node) 位於右心房壁靠近上腔靜脈開口處 (B) 卵圓窗 (oval window) 位於心室中膈 (interventricular septum) (C) 左右心房壁上皆有明顯易見的梳狀肌 (pectinate muscle) 構造 (D) 左心室有兩片半月瓣 (semilunar valve)，右心室有三片半月瓣。（2014 二技）

（C）3. 下列有關心臟的敘述，何者正確？(A) 迷走神經纖維主要分布在心室且能降低心跳收縮強度 (B) 一般右心室血液輸出正常情況下，輸出血液量比左心室高 (C) 大量 K^+ 離子會使經由心房束傳至心室的心臟衝動被阻斷 (D) 過量的細胞外鈣離子會使心跳加快。（2019-1 專高）

（C）4. 關於心臟腔室的敘述，下列何者錯誤？(A) 梳狀肌位於心房內壁 (B) 卵圓窩位於心房間隔上 (C) 房室瓣上面有腱索附著，並連接到心房 (D) 心臟表面的冠狀溝，位於心房與心室的界線上。（2021-2 專高）

（B）5. 打開心臟的哪一個腔室後，可以清楚觀察到卵圓窩 (fossa ovalis)？(A) 左心房

(B) 右心房　(C) 左心室　(D) 右心室。（2009-2 專高）

（D）6. 下列何者走在心臟左邊的冠狀溝 (coronary sulcus) 中？(A) 前心室間動脈　(B) 後心室間動脈　(C) 邊緣動脈　(D) 迴旋動脈。（2017-1 專高）

（B）7. 打開右心房無法觀察到下列哪一個構造？(A) 梳狀肌 (pectinate muscle)　(B) 乳頭肌 (papillary muscle)　(C) 卵圓窩 (fossa ovalis)　(D) 心房間隔。（2009-1 專高）

解析：乳頭肌在左右心室

（D）8. 構成心臟的橫膈面最主要的是下列何者？(A) 右心房　(B) 右心室　(C) 左心房　(D) 左心室。（2011-2 專高）

（C）9. 在心臟腔室中，心肌層最厚的是：(A) 左心房　(B) 右心房　(C) 左心室　(D) 右心室。（2011-2 專普，2019-2 專高）

（C）10. 右心室與其相接的大動脈之間的瓣膜是：(A) 二尖瓣　(B) 三尖瓣　(C) 肺動脈半月瓣　(D) 主動脈半月瓣。（2012-1 專普）

（D）11. 左心室與其相接的大動脈之間的瓣膜為：(A) 二尖瓣　(B) 三尖瓣　(C) 肺動脈半月瓣　(D) 主動脈半月瓣。（2014- 專高）

（A）12. 左心房與左心室間的瓣膜是：(A) 僧帽瓣　(B) 三尖瓣　(C) 肺動脈半月瓣　(D) 主動脈半月瓣。（2010-2 專高）

（C）13. 在正常心動週期 (cardiac cycle) 的心室射血期 (ventricular ejection)，下列瓣膜變化何者正確？(A) 半月瓣關閉、二尖瓣關閉　(B) 半月瓣打開、二尖瓣打開　(C) 半月瓣打開、二尖瓣關閉　(D) 半月瓣關閉、二尖瓣打開。（2014 二技）

（A）14. 二尖瓣的功能在於防止血液逆流至：(A) 左心房　(B) 左心室　(C) 右心房　(D) 右心室。（2019-2 專高）

（A）15. 下列何者不是右心室的構造？(A) 梳狀肌　(B) 乳頭狀肌　(C) 腱索　(D) 心肉柱。（2016-1 專高）

（A）16. 下列何者不直接注入右心房？(A) 肺靜脈　(B) 冠狀竇　(C) 上腔靜脈　(D) 下腔靜脈。（2013-1 專高）

（D）17. 心臟壁大部分的缺氧血，會先收集到何處，再注入右心房？(A) 上腔靜脈　(B) 下腔靜脈　(C) 肺靜脈　(D) 冠狀竇。（2016-2 專高）

（A）18. 腱索 (chordae tendineae) 連接下列哪兩種構造？(A) 三尖瓣瓣膜尖端與乳頭肌 (papillary muscle)　(B) 三尖瓣瓣膜尖端與梳狀肌 (pectinate muscle)　(C) 半月瓣 (semilunar valve) 瓣膜尖端與乳頭肌　(D) 半月瓣瓣膜尖端與心肉柱 (trabeculae carneae)。（2013 二技）

（A）19. 心臟的腱索 (chordae tendineae) 是連接瓣膜與下列何種構造？(A) 乳頭肌　(B) 心肉柱　(C) 梳狀肌　(D) 心室間隔。（2011 二技）

二、心肌血循

心臟血供應爲冠狀循環 (coronary circulation)，占總心輸出量的 4-5%(200-250ml/min)，當缺氧、腺苷酸、乙醯膽鹼均使冠狀血循增加；當激烈運動時會增加 4-5 倍血流量。

(一) 冠狀動脈：是主動脈的第一分支（或升主動脈分之支），包括

1. 右冠狀動脈：起於主動脈半月瓣的右側，沿冠狀溝游走在 RA 與 RV 間，繼續由邊緣支向心臟前下緣走到心尖，將血液送到 RV 壁；另由後室間支向後將血送達後側的心室壁。
   (1) 後室間支－供應左、右心室後壁，與心中 V 於後室間溝行進。
   (2) 邊緣支－供應 RA 及 RV
2. 左冠狀動脈：起於主動脈半月瓣左側，有兩個分支。前室間支游走於心臟前側室間溝到心尖，迴旋支則供血到側邊和後面的 LA 壁和 LV 壁。
   (1) 前室間支（左前降支）－供應 LV 及 RV，循著前室間溝行進。
   (2) 迴旋支－供應 LA 及 LV。

(二) 冠狀靜脈：心臟靜脈血多由冠狀竇收集，注入 RA，包括：

1. 大心靜脈：位於前室間溝，與左冠狀動脈前室間支並行。
2. 中心靜脈：在後室間溝，與右冠狀動脈的後室間支伴行。
3. 小心靜脈：負責匯集心臟右下方的血液。

➪如果心跳過快、舒張期變短會導致心臟血液供應不足。

➪心臟血液供應減少→心肌缺血，均會有心肌梗塞的情況（即所稱的心臟病發作）。

左冠狀A	右冠狀A
1. 前室間支：左、右心室	1. 後室間支：左、右心室
2. 迴旋支：左心房、室	2. 邊緣支：右心房、室

(B) 1. 供給心肌細胞養分的特殊循環為：(A) 內臟循環 (B) 冠狀循環 (C) 腦脊髓液 (D) 皮膚循環。 (2008-1 專高)

(B) 2. 能同時將充氧血送到左心房壁及左心室壁後半部的主要血管為何？(A) 邊緣動脈 (marginal artery) (B) 迴旋動脈 (circumflex artery) (C) 前室間動脈 (anterior interventricular artery) (D) 後室間動脈 (posterior interventricular artery)。 (2009 二技)

（B）3. 血液在肺臟內釋出二氧化碳並換攜氧氣，再由何者流回左心房？(A) 肺動脈 (B) 肺靜脈 (C) 主動脈 (D) 冠狀竇。（2012-1 專普）

（A）4. 前室間動脈源自於下列何者？(A) 左冠狀動脈 (B) 右冠狀動脈 (C) 迴旋動脈 (D) 邊緣動脈。（2009-1 專高）

（C）5. 冠狀動脈直接源自：(A) 主動脈弓 (B) 胸主動脈 (C) 升主動脈 (D) 降主動脈。（2020-1 專高）

（D）6. 下列何者不直接注入冠狀竇？(A) 心大靜脈 (B) 心中靜脈 (C) 心小靜脈 (D) 心前靜脈。（2012-1 專高）

（D）7. 下列哪一條血管與心中靜脈 (middle cardiac vein) 伴行？(A) 邊緣動脈 (marginal artery) (B) 左冠狀動脈 (left coronary artery) (C) 前室間動脈 (anterior interventricular artery) (D) 後室間動脈 (posterior interventricular artery)。（2015 二技）

（C）8. 下列何者血液中的含氧量最低？(A) 肺靜脈 (B) 大動脈 (C) 右心室 (D) 左心房。（2012-1 專高）

三、心臟生理概論

(一) 心輸出量：CO ＝ SV×HR

1. 心縮排血量 (stroke volume, SV)：每次心跳所排出的單次血量，約 70ml
   (1) 前負荷 (pre-load) 心收縮前的靜脈回心血量，最具代表指標左心室舒張末期壓 (LVEDP)
   (2) 心收縮力 (contractivity)
   (3) 後負荷 (after-load)：心收縮時所承擔的動脈（肺 A 及主 A）阻力，如主 A 狹窄、長期心室容積增加會增加後負荷→降低 CO
2. 心跳 (heart rate, HR)：一分鐘 HR 約 60-100 次 / 分，以 75 次為例
   CO = 70 * 75 = 5,250 ml/min—約 5 公升 / 分之心輸出量
   ⇨ 突站起改變姿勢，會暫時降低靜脈回流和 CO → BP 下降、HR 加速來因應
   (1) 自主 N 控制：延腦兩個中樞及三個壓力接受器
   在延腦有下列兩中樞
   a. 心動加速中樞：為交感 N 纖維分布 SA de, AV node 及部分心肌，增加 SA node 放電、HR 增加及心收縮力增加，相對亦增加心肌耗氧
   b. 心動抑制中樞：迷走 N 分布 SA node 及 AV node 而延緩傳導→↓ HR

及↓收縮力

壓力接受器 (pressoreceptor or baroreceptor)：當人體感受血壓變化時會有下列來影響 HR

a.頸動脈竇反射 (carotid sinus reflex)：位內外頸 A 交接處，維持腦內正常血壓，當壓力上升時 ⇨ 經舌咽 N 傳回延腦抑制心跳→ CO ↓及 A 壓下降→使血壓恢復正常

b. 主動脈竇反射 (arotic reflex)：位主 A 弓壁上，其傳入伸經爲迷走 N（BP ↓、HR ↓）

c.右心房反射 (right atrial reflex)：與靜脈壓有關，位上下腔靜脈及 RA 內。當 V 壓增高→壓力接受器發出衝動刺激 HR 加速中樞→ HR ↑，此稱班氏反射 (Bainbridge reflex)

(2) 化學物質：

a.Epinephrine：增加 SA node 興奮性→↑ HR 及↑心收縮力

b. 鈉、鉀濃度提高→↓ HR 及↑心收縮力

c.過量鈣濃度→↑ HR 及↑心收縮力強度

d. 其他：甲狀腺使 HR 增加，咖啡鹼增加心肌細胞 cAMP →心悸

(3) 缺氧→↑ HR

(4) 溫度：當體溫增加或運動促使 AV node 以較快速率釋出 N 衝動→↑ HR

(5) 情緒：強烈情緒（生氣、害怕、焦慮）使 HR ↑，消極情緒會刺激心跳抑制中樞而↓ HR

(6) 性別和年齡：女 > 男，隨年齡增加，嬰幼兒期最高，老年最慢

(7) 姿勢：平躺突站起會 CO 下降致使 HR 增加

3. 循環性休克 (circulation shock) 又稱不可逆休克

(1) CO 或血容積降低致細胞組織灌流不足，多因出血或組織胺釋出所致

(2) 特徵：體溫低、皮膚蒼白溼冷、耳及手指發紺、HR 快而弱、呼吸快而淺、精神錯亂或無意識

(3) 若休克是溫和的，可代償稱爲可逆性休克，最早的代償是交感 N 興奮使 CO 增加

(二) 心動週期：包括兩個心房和兩個心室的收縮和舒張運動

1. 舒張期：此時心臟處於舒張狀態。心房的舒張（歷時約 0.7 秒）、壓力降低，身體各部位回來的缺氧血流入 RA；肺臟來的充氧血，則回到 LA。等到心

室壓力低於心房的壓力時，房室瓣打開，進入心室充血期。

2. 心室充血期：由於心室壓力減低（歷時約 0.5 秒）、房室瓣打開，心室的充血量達 75%；其餘 25% 則在心房收縮（約需 0.1 秒）後再行流入。此時，房室瓣一直是開著，而半月瓣關閉。
3. 心室收縮期：這時也是心房舒張期。因心室收縮（歷時約 0.3 秒）、壓力增高，房室瓣被迫關閉。當心室收縮壓力高過兩支大動脈時，血液送出心臟，直到半月瓣重行關上，才又進入下一心動週期的舒張期。

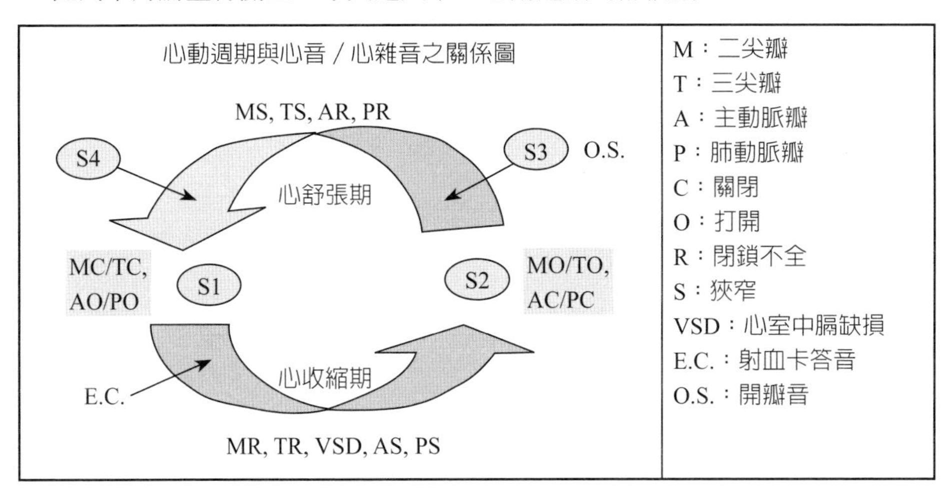

1. 心縮期 (systole) 一開始，心室內壓力急速上升（由 5mmHg 上升到 120mmHg)，遠大於心房，於是房室間瓣膜——房室瓣迅速關閉（產生第一心音），以防止血液回流至心房。

   心室收縮，壓力大於大血管時，大血管的瓣膜——主動脈瓣於是打開，血液急速由心室打入大血管，此時可觸診到脈搏或觀察到脈動。

   血液打出心室後，心縮期結束，心舒期開始。
2. 心舒期 (diastole) 開始時，心室舒張，壓力急速降低，大血管瓣膜——主動脈瓣急速關閉（產生第二心音），防止大血管內血液回流。

   由於心室內壓力低，心房內血因壓力差要流向心室，於是房室間瓣膜——僧帽瓣打開，心房血開始流入。

   約有 85% 的血是藉壓力差自心房流入心室，15% 的血則在心舒末期、心房收縮時擠入心室。

   在心縮期血液自心室打出時，靜脈血也流回心房，心縮期結束時，心房又充滿血液，隨著心室壓力的降低，心房血隨房室間瓣膜的張開流入心室……，如此的循環不息。

PS. 每一心動週期平均為 0.8 秒，其中心房收縮期平均為 0.11 秒，舒張期平均為 0.69 秒。心室收縮期平均為 0.27 秒，舒張期平均為 0.53 秒。

(三) 弗蘭克—史達林定律(Frank-Starling law)

1. 定義：心搏出量與心室舒張末期容積呈正相關稱之；使心臟排出回流的 V 血，而不致留置在 V 中。
2. 機轉：若有額外回心血（即舒張末期容積增加），心肌受到牽張 (stretch) 後，心臟會發揮更大力量將血液打出。

（B）1. 下列哪一種情形會使心輸出量 (cardiac output) 減少？(A) 交感神經興奮 (B) 後負荷 (afterload) 增加 (C) 靜脈收縮 (D) 前負荷 (preload) 增加。（2014 二技）

（A）2. 請選出心臟最大前負荷 (preload) 之時間點：(A) 甲 (B) 乙 (C) 丙 (D) 丁。（2016-2 專高）

（B）3. 每分鐘由左心室射出至主動脈的血液總量稱為：(A) 心搏量 (B) 心輸出量 (C) 靜脈回流量 (D) 心跳速率。（2009-1 專高）

（D）4. 有關正常心跳速率的敘述，下列何者正確？(A) 每分鐘約跳動 100 次 (B) 不受神經系統控制 (C) 腎上腺素作用於竇房結 (SA node) 上 α 型受體以增加心跳 (D) 副交感神經作用時會使心跳變慢。（2011-1 專普）

（C）5. 王先生的心跳為 70 次／分鐘，心舒張及心收縮末期容積分別是 120 毫升及 50 毫升，王先生的心輸出量 (Cardiac output) 為多少？(A)4.2 升／分鐘 (B)4.6 升／分鐘 (C)4.9 升／分鐘 (D)5.2 升／分鐘。（2016-1 專高）

（D）6. 舒張末期心室的總血量 (end-diastolic volume) 愈多，所造成的心臟收縮愈大（史達林定律，Starling law of the heart），其機制為何？(A) 進入心肌細胞中的鈣離子增加 (B) 肌漿內質網釋放出的鈣離子增加 (C) 交感神經的作用 (D) 心肌纖維的長度增加。（2011-2 專高，2013-1 專高）

（B）7. 某人心跳速率為每分鐘 70 次，心室舒張末期容積 (end-diastolic volume) 為 130 毫升，射出比例 (ejection fraction) 為 60%，則此人心輸出量 (cardiac output) 約為何（公升／分鐘）？(A)9.1 (B)5.5 (C)3.6 (D)0.4。（2015 二技）

（D）8. 在正常的心動週期中，心室等容收縮時，下列關於心臟腔室與主動脈壓力的敘述何者正確？(A) 左心室＞主動脈＞左心房 (B) 主動脈＞左心房＞左心室 (C) 左心房＞主動脈＞左心室 (D) 主動脈＞左心室＞左心房。（2013-2 專高）

（C）9. 正常的心動週期 (cardiac cycle) 中，動作電位會在何處有延遲傳遞的現象？(A) 心室心肌 (B) 竇房結 (SA node) (C) 房室結 (AV node) (D) 房室束 (bundle of His)（2018-1 專高）

（D）10. 下列何者是等容心室收縮期 (isovolumetric ventricular contraction) 的生理現象？(A) 心電圖出現 P 波　(B) 出現第二心音　(C) 二尖瓣打開　(D) 心室壓力上升。（2013 二技）

（C）11. 第二心音發生於心電圖中之何時？(A)P 波時　(B)QRS 複合波時　(C)T 波後　(D)PR 時段 (PR interval)。（2012 專高）

（C）12. 有關正常心音之敘述，下列何者正確？(A) 第一心音的聲音低而短，第二心音的聲音高且長　(B) 第一心音的聲音高而短，第二心音的聲音低且長　(C) 第一心音的聲音低而長，第二心音的聲音高且短　(D) 第一心音的聲音高而長，第二心音的聲音低且短。（2008 專普）

（D）13. 第一心音發生在下列何時？(A) 心房收縮時　(B) 早期心室舒張時　(C) 主動脈瓣關閉時　(D) 房室瓣關閉時。（2020-2 專高）

（A）14. 下列何者與第一心音的產生有關？(A) 房室瓣關閉　(B) 動脈瓣關閉　(C) 血液流入心室　(D) 心房收縮。（2019-1 專高）

（C）15. 第二心音的產生是由於：(A) 心室舒張時，房室瓣打開所造成　(B) 心室收縮時，房室瓣關閉所造成　(C) 心室舒張時，半月瓣關閉所造成　(D) 心室收縮時，半月瓣打開所造成。（2014-1 專高）

（B）16. 第一心音的產生是由於：(A) 心室舒張時，房室瓣打開所造成　(B) 心室收縮時，房室瓣關閉所造成　(C) 心室舒張時，半月瓣關閉所造成　(D) 心室收縮時，半月瓣打開所造成。（2015-1 專高）

（D）17. 正常心音中的第二個心音是在心週期中什麼時間產生？(A) 房室瓣的開始開啟　(B) 房室瓣的開始關閉　(C) 主動脈瓣的開始開啟　(D) 主動脈瓣的開始關閉。（2009-2 專高）

（D）18. 有關第一心音的敘述，下列何者正確？(A) 半月瓣 (semilunar valve) 關閉所產生　(B) 發生於心室射血期 (ventricular ejection)　(C) 房室瓣 (atrioventricular valve) 打開所產生　(D) 發生於等容心室收縮期 (isovolumetric ventricular contraction)。（2009 二技）

（D）19. 正常第二心音開始於心動週期的哪一期？(A) 心室充血期　(B) 等容心室收縮期　(C) 心室射血期　(D) 等容心室舒張期。（2011 二技）

（B）20. 請依據下圖回答下列 24　25 題：主動脈瓣打開和關閉的時間點分別為：(A) 甲和乙　(B) 乙和丙　(C) 丙和丁　(D) 丁和甲。（2016-2 專高）

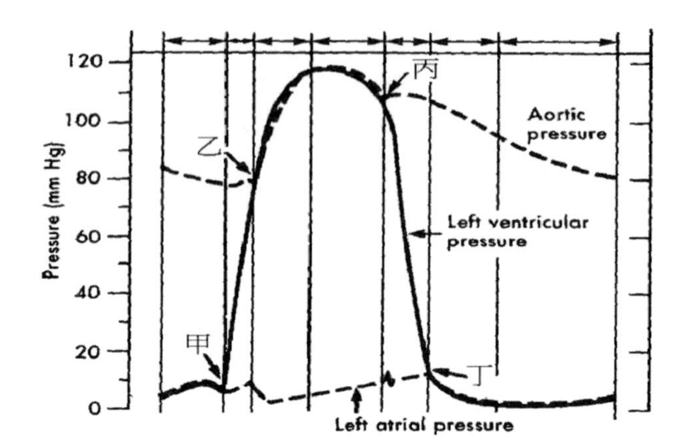

(C) 21. 有關心臟收縮時的變化，下列敘述何者正確？(A) 右心室收縮時二尖瓣開啟 (B) 左心室收縮時三尖瓣開啟 (C) 右心室收縮時半月瓣開啟 (D) 左心室收縮時房室瓣開啟。（2011-1 專高）

(A) 22. 有關心室收縮期的敘述，下列何者錯誤？(A) 收縮期時間比舒張期時間長 (B) 心室射血期發生在心電圖 QRS 波後 (C) 收縮期當中房室瓣關閉 (D) 第一心音發生於等容心室收縮期。（2010 二技）

(A) 23. 下列有關血壓的敘述，何者錯誤？(A) 小動脈血壓與主動脈血壓相似 (B) 平均動脈壓較接近舒張壓而非收縮壓 (C) 通常血壓指的是動脈壓 (D) 脈壓 (Pulse pressure) 通常比舒張壓小。（2017-1 專高）

(A) 24. 當病人長期躺臥在床，突然站立起床時，最可能會引起下列何種現象？(A) 靜脈流回心臟的血量、心輸出量與血壓皆下降 (B) 靜脈流回心臟的血量、心輸出量與血壓皆上升 (C) 靜脈流回心臟的血量與心輸出量上升，而血壓下降 (D) 靜脈流回心臟的血量與心輸出量下降，而血壓上升。（2014-1 專高）

(B) 25. 有一位病人的收縮壓為 120 毫米汞柱 (mmHg)，脈搏壓為 30 毫米汞柱，請問其平均動脈壓為多少毫米汞柱？(A)95 (B)100 (C)105 (D)110。（2018-1 專高）

(A) 26. 根據法蘭克－史達林機制 (Frank-Starling mechanism)：(A) 心搏量與心室舒張末期容積成正向相關 (B) 心搏量與心室舒張末期容積成反向相關 (C) 心搏量與心室收縮末期容積成正向相關 (D) 心搏量與心室收縮末期容積成反向相關。（2011-2 專高）

(A) 27. 感應血壓變化的感壓受器 (baroreceptor) 位於：(A) 頸動脈竇及主動脈弓 (B) 頸動脈體及主動脈體 (C) 上腔靜脈及右心房 (D) 下腔靜脈及右心房。（2012-2 專普）

(A) 28. 在正常生理情況下，自主神經主要作用於下列何種組織而影響心跳速率？(A) 竇房結 (SA node) (B) 房室結 (AV node) (C) 希氏束 (bundle of His) (D) 浦金森纖維 (Purkinje fibers)。（2013-1 專高）

（A）29. 會引起補償性心輸出量增加的情況是：(A) 大出血　(B) 動脈阻塞　(C) 心肌梗塞　(D) 心瓣膜閉鎖不全。（2010-2 專高）

（C）30. 何種休克會使心臟的血液輸出量增加？(A) 出血性休克　(B) 過敏性休克　(C) 敗血性休克　(D) 神經性休克。（2019-2 專高）

四、心臟電訊傳導系統

(一) 心臟禪導系統：由特化的心肌肌肉組織構成如下

1. 竇房結 (sinoatrial node, SA node)：位 RA 與上腔靜脈交會處，正常下產生自發性衝動，為自然節律點 (pacemaker)。每分鐘約興奮 70-80 次，0.03 秒即可傳到房室結，但之前有 0.09 秒稍作耽擱，再繼續傳向心室，血液也就在這時流入心室。

   ⇨ 當迷走 N 刺激下，因乙醯膽鹼釋放→鉀離子電導度增加。
2. 房室結 (atrioventricular node, AV node)：位房中膈下方，傳導速度最慢，為心房最後去極化的部位；延遲的作用是使心室收縮前，心房能做完成收縮。
3. 房室束（希氏束 , His bundle）：在心室中膈頂端分左右兩分支。
4. 浦氏纖維 (Purkinji fiber)：傳到心肌細胞上，為心肌傳導系統中速度最快。

   ⇨ SA node 發出一動作電位引起左右心房收縮→ AV node 產生心房最後去極化部位→衝動由 His bundle 至 Purkinji fiber ，再到心肌細胞（抑制心室的 Na-K pump 會致細胞內 Ca^{++} 濃度上升），K 流出膜外減少，而 Ca^{++} 流入膜內增加而引起動作電位的高原期 (plateau) →左右心室收縮。

(二) 心電圖

透過心臟傳導系統所被記錄下來的電位變化稱之。

名稱	EKG描述	時長
P 波	心房去極化，心電向量從竇房結指向房室結。	80ms
QRS 波群	心室去極化的過程。由於左右心室的肌肉組織比心房發達，故 QRS 波群比 P 波的振幅高出很多，且壓過心房再極化波。(QRS 為心房再極化及心室去極化之組合波）	80-120ms
T 波	心室再極化，從 QRS 波群起始處到 T 波最高點這段時間稱為心臟的絕對不應期，而 T 波的後半段則稱為相對不應期（又稱易激期）。.	160ms

(三) 心音

第一心音 (S1) 是由於心室收縮、房室瓣關閉及血流衝擊所引起，會發出類似「lubb」的聲音、音量較大、時間較長、音調則較低，又稱心收縮音。

第二心音 (S2) 則是由於心室開始舒張、半月瓣關閉所造成，發出較小而類似「dupp」的聲音、時間較短、音調則較高，又稱做心舒張音。

(C) 1. 正常情況下，有關心臟傳導系統的敘述，下列何者正確？(A) 節律點為房室結 (AV node) (B) 傳導速度最慢的為竇房結 (SA node) (C) 傳導速度最快的為浦金氏纖維 (Purkinje fiber) (D) 傳導順序為房室結→竇房結→浦金氏纖維。 (2008 二技)

(B) 2. 有關心臟傳導系統的敘述，下列何者錯誤？(A) 竇房結能自發性產生動作電位 (B) 竇房結的衝動經由神經纖維傳到房室結 (C) 房室結為心房最後去極化的部分 (D) 由心肌組織特化而成。 (2010-2 專高)

(A) 3. 心臟傳導的節律點在：(A) 竇房結 (SA node) (B) 房室結 (AV node) (C) 希氏束 (bundle of His) (D) 浦金埃氏纖維 (Purkinje fiber)。 (2011-1 專普)

(A) 4. 竇房結 (SA node) 的解剖位置是在哪二者間？(A) 上腔靜脈與右心房 (B) 右心房與右心室 (C) 左心室與左心房 (D) 右心房與肺動脈。 (2010-1 專高)

(B) 5. 心臟的電位傳導系統中，何構造位於冠狀竇開口處？(A) 竇房結 (B) 房室結 (C) 希氏束 (D) 蒲金氏纖維。 (2018-2 專高)

(B) 6. 有關心臟節律點的名稱及位置，下列何者正確？(A) 竇房結，位於左心房壁 (B) 竇房結，位於右心房壁 (C) 房室結，位於心房間隔下方 (D) 房室結，位於上腔靜脈壁。 (2008-1 專高)

(B) 7. 心臟電位衝動傳導組織中，下列何者傳導速度最慢？(A) 竇房結 (SA node) (B) 房室結 (AV node) (C) 希氏束 (bundle of His) (D) 浦金森纖維 (Purkinje fibers)。 (2011-2 專高)

(B) 8. 心臟組織中傳導速度最快的是：(A) 心房細胞 (atrial cell) (B) 浦金埃氏纖維 (Purkinje's fiber) (C) 房室結 (AV node) (D) 希氏束 (bundle of His)。 (2012 專高)

(B) 9. 房室結 (atrioventricular node) 位於心臟的何處？(A) 心室中隔 (interventricular septum) (B) 心房中隔 (interatrial septum) (C) 右房室瓣 (right atrioventricular valve) (D) 左房室瓣 (left atrioventricular valve)。 (2020-2 專高)

(C) 10. 有關心電圖的敘述，下列何者正確？(A)QT 間隔約 0.8 秒 (B)T 波 (T wave) 代表心房的去極化 (C)QRS 複合波 (QRS complex) 代表心室的去極化 (D)T 波為向下的小波形。 (2009 專普)

貳 血液系統

一、造血

1. 血球形成的過程稱爲造血。從胚胎時期開始，卵黃囊（最早造血地方）、肝臟、脾臟、胸腺、淋巴結、骨髓等，都參與了血球的形成。
   ⇨ 卵黃囊是最早造血地方，第 2 個月肝臟取而代之，第 5 個月脾臟爲主要場所，而血球在骨內造血使於胚胎第 5 個月直到出生成人，負責造血的骨頭爲不規則頭骨、脊椎骨、肋骨、胸骨、恥骨內的紅骨髓，其餘的骨多爲脂肪組織（黃骨髓）取代
2. 血液中所有的血球來自多潛能幹細胞，源於間葉組織，爲數不多，只占骨髓細胞的 0.05-0.1% 左右；它能發展成爲骨髓幹細胞及淋巴幹細胞，將來會發育成爲各種母細胞，最後再形成血液中的各種血球。
3. 造血因子：紅血球生成素 (erythropoietin) 、介白素 -3(interleukin-3, IL-3) 、聚落刺激因子 (colony-stimulating factor)。
4. 造血所需物質：鐵 (iron)、胺基酸、維生素 B_{12}、葉酸外，尚需碳水化合物、銅、維生素 C 、多種微量元素和激素等物質。
   (1) 前紅血球母細胞：形成紅血球。
   (2) 巨核母細胞：產生血小板。
   (3) 嗜伊紅骨髓母細胞：形成嗜伊紅球。
   (4) 嗜鹼骨髓母細胞：形成嗜鹼性球。
   (5) 骨髓母細胞：產生嗜中性球。
   (6) 單核母細胞：分化成單核球。
   (7) T 淋巴母細胞：生成 T 淋巴球。
   (8) B 淋巴母細胞：生成 B 淋巴球

(C) 1. 有關血球功能的敘述，下列何者錯誤？(A) 紅血球能運送氧氣　(B) 嗜中性球及單核球能吞噬入侵的微生物　(C) 嗜酸性球會釋放組織胺引發過敏反應　(D) 淋巴球能製造抗體。（2016-2 專高）

(C) 2. 下列何者不是紅血球生成時所需要的物質？(A) 鐵 (iron)　(B) 胺基酸　(C) 介白素 (interleukin)　(D) 維生素 B_{12}。（2014 二技）

(D) 3. 下列何者不是製造紅血球所需之營養素？(A) 鐵離子　(B) 葉酸　(C) 維生素 B_{12}　(D) 鎳離子。（2008-1 專高）

(C) 4. 有關鐵代謝之敘述，下列何者正確？(A) 鐵是生成血紅素與許多酵素所需，故食物中超過半數的鐵會被吸收 (B) 鐵經由輔助擴散 (facilitated diffusion) 的方式，進入小腸上皮細胞 (C) 鐵進入體內，會與鐵蛋白 (ferritin) 結合被儲存起來 (D) 控制腸道吸收與增加尿液排除在調控人體鐵恆定時同等重要。 (2018-2 專高)

(B) 5. 下列何者最不可能是造血器官？(A) 肝臟 (B) 腸道 (C) 骨髓 (D) 脾臟。 (2008 專普)

(B) 6. 骨髓母細胞 (myeloblasts) 分化成血液中之何種血球？(A) 紅血球 (B) 顆粒性白血球 (C) 淋巴球 (lymphocyte) (D) 單核球 (monocyte)。 (2008-2 專高)

(B) 7. 下列何者不是造血生長因子 (hematopoietic growth factor)？(A) 紅血球生成素 (erythropoietin) (B) 血管升壓素 (angiotensin) (C) 介白素－3(interleukin-3) (D) 聚落刺激因子 (colony-stimulating factor)。 (2009-1 專高)

(C) 8. 有關紅血球生成素 (erythropoietin) 的分泌與作用，下列那些敘述正確？①缺氧時會分泌減少 ②主要在腎臟合成分泌 ③可促進紅血球之生成 ④主要標的器官為紅骨髓 (A) ①②③ (B) ①③④ (C) ②③④ (D) ①②④。 (2021-2 專高)

(A) 9. 惡性貧血是因缺乏下列何種維生素？(A) 維生素 B12 (B) 維生素 B1 (C) 維生素 B6 (D) 維生素 C。 (2011-1 專高)

(A) 10. 惡性貧血是因缺乏下列何者所致？(A) 維生素 B12 (B) 二價鐵離子 (C) 鋅離子 (D) 銅離子。 (2009 專普)

(D) 11. 當細菌侵入體內，何種血球細胞會轉變成巨噬細胞以吞噬細菌？(A) 巨核細胞 (B) 肥胖細胞 (C)B 淋巴球 (D) 單核球。 (2018-2 專高)

(B) 12. 關於紅血球的敘述，下列何者錯誤？(A) 雙凹扁平圓盤狀 (B) 具有細胞核與粒線體 (C) 功能為運輸氧與二氧化碳 (D) 老舊的紅血球會被肝臟、脾臟及骨髓的巨噬細胞破壞。 (2018-2 專高)

(B) 13. 下列血球何者最終成熟的位置不是在骨髓？(A) 紅血球 (B)T 淋巴球 (C) 嗜中性球 (D) 嗜鹼性球。 (2019-2 專高)

(C) 14. 巨核細胞 (megakaryocyte) 主要在何處分化？(A) 胸腺 (B) 淋巴結 (C) 骨髓 (D) 甲狀腺。 (2008-2 專高)

二、血型

(一) 依凝集原(agglutinogen)及凝集素(agglutinin)區分

1. 凝集原：即 RBC 表面中所含的抗原。
2. 凝集素：即血漿中所含的抗體。

(二) ABO系統

O 型被認為萬能供血者（因紅血球不含凝集原）。
AB 型為萬能受血者（因血漿中沒有任何凝集素）。

(三) Rh系統

1. 此種血型的名稱，源於在印度恆河猴血中發現的凝集原，凡是紅血球具有 Rh 凝集原的以 Rh^+（Rh 陽性）來表示，沒有的則以 Rh^-（Rh 陰性）記之。
2. 據估計，美國白人有 85%、黑人有 88% 為 Rh^+；國人多為 Rh^+，Rh 陰性者極少。
3. 一般人類血漿不含 Rh 凝集素（又稱抗－D）。可是當一個 Rh^- 的人接受了 Rh^+ 的血後，體內會製造 Rh 凝集素，並且留在血中。
   ⇨ 問題出現當他第二次又接受 Rh^+ 的輸血，原先形成的凝集素就會與它發生激烈的反應。
4. 常見問題：孕婦血型為 Rh^-，而胎兒為 Rh^+，分娩時，胎兒的凝集原會穿過胎盤進入母體，使得母體產生抗 Rh 之凝集素。
   ⇨ 當她再次懷孕時，如果胎兒血型為不含凝集原的 Rh^-，則不會發生問題
   ⇨ 若胎兒為 Rh^+，則母親的 Rh 凝集素會經由胎盤進入胎兒→胎兒會不等程度的溶血反應。輕者沒有明顯的症狀，有的發生黃疸，最嚴重的可能造成死胎。
5. 所謂的新生兒溶血症（新生兒紅血球母細胞過多症）即嬰兒發生溶血、紅血球母細胞增生、併有黃疸的症狀，需以 Rh^- 血液進行換血始能救治保命。

（B）1. 正常情況下，有關人類血型的敘述，下列何者正確？(A)A 型血的血漿含有 A 凝集素　(B)B 型血的紅血球表面具有 B 凝集原　(C)O 型血的紅血球表面具有 A 及 B 凝集原　(D)Rh(＋) 型血的血漿含有 Rh 凝集素。（2008 二技）

（A）2. 鑑定 ABO 血型時，準備了兩種試藥，藍色試藥含抗 A 凝集素 (agglutinin)，黃色試藥含抗 B 凝集素，將某人的血液分別與此兩種試藥混合，檢測結果顯示：血液與藍色試藥產生紅血球凝集反應，而與黃色試藥並無凝集反應產生，則此人血型為何？(A)A 型　(B)B 型　(C)AB 型　(D)O 型。（2015 二技）

（D）3. 根據 ABO 系統，血型 AB 型的病人是全能受血者，是因為其血漿中：(A) 只有抗 A 抗體　(B) 只有抗 B 抗體　(C) 同時有抗 A 與抗 B 抗體　(D) 缺乏抗 A 與抗 B 抗體。（2014-1 專高）

（B）4. 下列有關人類 Rh 血型之敘述，何者錯誤？(A)Rh(＋) 的人紅血球表面上有 Rh 凝集原 (agglutinogens) (B)Rh(＋) 的人血漿內含有抗 Rh 的凝集素 (agglutinins) (C)Rh(-) 的人紅血球表面上沒有 Rh 凝集原 (D) 正常情況下，Rh(-) 的人血漿內不含抗 Rh 的凝集素。 （2008-1 專高）

三、血液物理特性

(一) 血液組成

1. 55% 血漿（含許多溶解的物質）：
   (1) 主要成分爲水，占 91.5%
   (2) 蛋白質 (7%)：主要是由肝臟所合成，包括白蛋白 (54%)、球蛋白 (38%)、纖維蛋白原 (7%)、其他 (1%)
      ①血漿白蛋白：血液黏滯性的主因，血液具有膠體滲透壓的主要成分
      ②球蛋白：γ－球蛋白又稱爲抗體或免疫球蛋白：細菌、病毒等病原入侵時，受到抗原的誘發所產生。藉由抗原抗體複合物的形成，以抵抗疾病的發生。
      ③纖維蛋白原：配合血小板參與血液的凝固作用
   (3) 其他溶質 (1.5%)：包括一些電解質、營養物質、氣體、調節物質（如酵素、荷爾蒙），以及代謝廢物（尿素、尿酸、氨、膽紅素）等。

2. 45% 定形成分（許多血球和細胞碎片）：
   (1) 血小板或凝血細胞：15-40 萬個／μl，壽命約 5-9 天，老化壞死的血小板，將由肝或脾臟的巨噬細胞處理移除
   (2) 紅血球 (RBC)：480-540 萬／μl，壽命約 120 天
   (3) 白血球 (WBC)：5,000-1 萬／μl，包括
   顆粒白血球：嗜中性球 (60-70%)、嗜伊紅球 (2-4%)、嗜鹼性球 (0.5-1%)
   無顆粒白血球：淋巴球 (20-25%)、單核球 (3-8%)

血液定形成分的重點摘要

定形成分	直徑(m)	數量	生命期	功　能
紅血球	8	男：540 萬／μl 女：480 萬／μl	120 天	運輸 O_2、CO_2，調節血壓 (NO)

定形成分	直徑(m)	數量	生命期	功　能
白血球		5,000～10,000/μl	數小時～數年	
1. 顆粒性： (1) 嗜中性球 (2) 嗜伊紅球 (3) 嗜鹼性球	 10～12 10～12 8～10	 60～70（占 WBC%） 2～4 0.5～1		 吞噬作用 抗過敏 過敏、抗凝血
2. 無顆粒性： (1) 淋巴球 (2) 單核球	 7～15 12～20	 20～25 3～8		 免疫作用 吞噬作用
血小板	2～4	25～40 萬 / μl	5～9 天	血液凝固

(二) 特殊狀況

1. 受到輻射、休克或化學治療的影響，WBC 低於 5,000/μl 時，則稱爲白血球減少症。
2. 細菌感染、燒傷、壓力或發炎、麻醉、劇烈運動而致 WBC 過多時，稱爲白血球增多症。
3. 淋巴球增多：可能有病毒感染或白血病。
4. 單核球增多：病毒或真菌感染，或是有結核、慢性疾病的情形。
5. 嗜鹼性球增多：過敏反應、白血病、癌症或甲狀腺功能不足。
6. 嗜伊紅球增多：過敏、寄生蟲感染或自體免疫的發生。

(三) 白血球的主要功能：

1. 吞噬作用：嗜中性球和巨噬細胞能從血管穿出到組織中，吞噬入侵細菌或細胞的殘渣。
   (1) 通常細菌或發炎的細胞會分泌一些物質，可吸引吞噬細胞前來，此稱趨化作用。
   (2) 嗜中性球通常對於細菌的破壞反應最快，能藉由溶菌素的釋放，或強氧化劑（如過氧化氫 H_2O_2) 來殺死細菌；它也有防衛素，可破壞細菌的細胞膜，具抗生素的效用。
   嗜伊紅球對於抗原抗體複合物也有吞噬作用。
2. 免疫作用：主要參與的是淋巴球，包括 B 細胞、T 細胞及殺手細胞。
   (1) B 細胞專門對付細菌，使毒素失去活性；T 細胞則表現在防治感染、過敏、排斥等作用；殺手細胞會攻擊微生物和腫瘤細胞。

(2) 當微生物入侵時，其抗原會刺激 B 細胞變成漿細胞，進而製造抗體用以摧毀異物。

3. 製造肝素：嗜鹼性球能製造肝素，具有防止血液凝固的功能。
4. 過敏反應：嗜鹼性球在受到抗原抗體反應的刺激後，會釋出肝素、組織胺及血管緊縮素（或血清素 serotonin 或 serotonin- 引起血管平滑肌收縮）等物質，除了增強發炎作用外，還參與過敏反應。

   -- 而嗜伊紅球則能分泌組織胺酵素，用以緩解過敏反應。
5. 血液的物理特性：黏滯性（4.5～5.5）、比重（1.056～1.059）、含鹽度（0.9%）、溫度（38℃ (100.4°F)）、pH（7.35～7.45（弱鹼性））、占總體重≈ 8%、顏色（動脈血：鮮紅；靜脈血：暗紅）。

(二) 血液是液體的結締組織，具有下列三項功能

1. 運輸：血液能將肺部的氧運到身體各細胞，並把各細胞產生的二氧化碳送到肺來交換。
2. 調節：血液具有緩衝液的特性，能調節身體的酸鹼度、吸熱以調節體溫、調節體液平衡。
3. 保護：身體受傷時透過血液的凝固作用、白血球更能發揮吞噬作用，產生抗體或干擾素等物質以對抗病原菌的侵襲。

(三) 止血過程

1. 血管痙攣：當血管受傷時，很快就會刺激血管平滑肌的收縮，以減少血液的流失。

   ⇨ 可能是由於神經反射、肌肉痙攣或血小板產生的因子所造成
2. 栓塞形成：血小板遇到受傷的血管壁內皮細胞或膠原纖維，透過 ADP 分泌及一種凝血素 thromboxane A2 的形成，使更多血小板互相黏附聚在一起，最後形成栓塞。

   ⇨ 初形成的栓塞較爲疏鬆，等纖維蛋白強化後，就會變成相當緻密而穩固的構造了。
3. 凝血：血液流出身體外時，就會變得濃稠而有凝膠的形成；最後位在上方的淡黃色液體爲血清，下方的膠體就是凝塊。

   (1) 在血管受傷處附近會出現凝血酶原激活素，可將凝血酶原催化成爲凝血

酶。

(2) 凝血酶進一步將纖維蛋白原轉變成纖維蛋白，再與血球、血小板等共同組成血液凝塊。

(3) 血漿裡的凝血因子參與：Ⅰ為纖維蛋白原，II凝血酶原、III凝血質、Ⅳ鈣離子、Ⅷ抗血友病因子 A、Ⅸ抗血友病因子 B、抗血友病因子 C。

⇨ 因子Ⅷ、Ⅸ及有缺陷或缺乏時，就會造成血友病

4. 纖維組織形成：除了上述機制外，血管受傷到最後修補是由纖維組織長到血液凝塊當中，讓傷口永久封閉起來，以達到止血復原的目的。

5. 凝塊溶解：正常內皮細胞分泌組織纖維蛋白溶解酶活化物 (tPA) →活化纖維蛋白溶解酶（胞漿素 plasmin）→將纖維蛋白分解。

(1) 內皮細胞可分泌前列腺素 (prostacycline)，以抑制凝血反應。

(2) 檸檬酸 (citrate)：結合鈣離子，具抗凝血作用。

(C) 1. 一般情況下，血漿約占血液容積的多少 %？(A)30%　(B)40%　(C)55%　(D)65%。（2012-2 專高）

(A) 2. 下列關於血清與血漿的敘述何者正確？(A) 血清不含纖維蛋白原 (fibrinogen)　(B) 血漿不含纖維蛋白原　(C) 兩者皆不含纖維蛋白原　(D) 兩者皆含纖維蛋白原。（2013-2 專高）

(C) 3. 下列關於紅血球 (erythrocyte; RBC) 的敘述，何者正確？(A) 呈雙凹圓盤狀，直徑大約 7～8 奈米 (nm)　(B) 人類的紅血球發育成熟後具有多葉狀的細胞核　(C) 血紅素含有鐵原子，可與氧氣或二氧化碳結合　(D)O+ 型血液，係指紅血球表面同時有 O 型與 Rh 型的抗原。（2021-2 專高）

(B) 4. 有關正常成人紅血球的特性，下列敘述何者不正確？(A) 無細胞核　(B) 生命期約 60 天　(C) 由紅骨髓製造　(D) 可運送 O2 與 CO2。（2009 二技）

(B) 5. 有關紅血球的敘述，下列何者錯誤？(A) 成熟的紅血球無法增生　(B) 老化的紅血球可被脾臟中的庫佛氏細胞 (Kupffer's cells) 破壞　(C) 生命期約 120 天　(D) 能與二氧化碳結合。（2014-1 專高）

(D) 6. 有關紅血球的敘述，下列何者正確？(A) 成熟時為雙凹圓盤狀的有核細胞　(B) 生命週期有 7-9 天　(C) 正常人類的紅血球數量約為 100 萬個 / 毫升　(D) 老化的紅血球可在肝臟及脾臟中被攔截、分解。（2010-1 專高 , 2008 專普）

(B) 7. 關於紅血球的敘述，何者錯誤？(A) 血紅素使血液呈紅色　(B) 成人的紅血球主要由黃骨髓生成　(C) 成熟的紅血球不具細胞核及胞器　(D) 老化的紅血球可被脾臟及肝臟中的巨噬細胞破壞。（2012-1 專高）

(D) 8. 下列關於紅血球的敘述，何者錯誤？(A) 血液中含量最多的血球細胞，細胞呈雙凹圓盤狀，不具細胞核　(B) 血液中的網狀紅血球 (reticulocytes) 是屬於成熟

紅血球的前身細胞 (C) 細胞質內充滿血紅素，可以與氧分子或是二氧化碳分子結合 (D) 細胞質內有許多粒線體，可以產生能量以利細胞進行代謝作用。(2016-1 專高)

(A) 9. 血紅素的主要功能為：(A) 運送氧氣 (B) 運送抗體 (C) 運送激素 (D) 進行代謝作用。(2013-2 專高)

(C) 10. 血紅素之何種成分能與氧分子結合，將氧運送到組織？(A) 鈣 (B) 鎂 (C) 鐵 (D) 鋅。(2009 專普)

(D) 11. 有關白血球之敘述，下列何者錯誤？(A) 嗜中性球細胞核有明顯的分葉 (B) 單核球 (monocytes) 為最大之白血球 (C) 嗜鹼性球為顆粒球中數目最少之白血球 (D) 嗜酸性球可製造肝素 (heparin)。(2011-2 專高)

(A) 12. 在正常血液中，何種白血球所占的比率最高？(A) 嗜中性白血球 (neutrophils) (B) 嗜酸性白血球 (eosinophils) (C) 嗜鹼性白血球 (basophils) (D) 淋巴球 (lymphocyte)。(2008-1 專高)

(B) 13. 在正常生理狀況下，下列何者是血液中已分化成熟並可迅速吞噬細菌的白血球？(A) 淋巴球 (lymphocyte) (B) 嗜中性球 (neutrophil) (C) 巨噬細胞 (macrophage) (D) 單核球 (monocyte)。(2009-2 專高)

(A) 14. 嗜鹼性球是由下列何者分化而成？(A) 骨髓母細胞 (B) 淋巴母細胞 (C) 巨核母細胞 (D) 單核母細胞。(2008-1 專高)

(C) 15. 在正常生理情形下，白血球分類計數中數量最少的是：(A) 嗜中性球 (B) 嗜酸性球 (C) 嗜鹼性球 (D) 淋巴球。(2011-1 專普)

(B) 16. 巨噬細胞吞噬下列何種脂蛋白會導致動脈粥狀硬化的產生？(A) 非常低密度脂蛋白 (VLDL) (B) 低密度脂蛋白 (LDL)(C) 中密度脂蛋白 (IDL) (D) 高密度脂蛋白 (HDL)。(2012-1 專高)

(A) 17. 下列何者不屬於顆粒性白血球？(A) 單核球 (B) 嗜中性球 (C) 嗜酸性球 (D) 嗜鹼性球。(2011-2 專普)

(C) 18. 過敏反應時，何種血球會釋出組織胺？(A) 嗜中性球 (neutrophils) (B) 嗜酸性球 (eosinophils) (C) 肥大細胞 (mast cells) (D)B 淋巴球 (B lymphocytes)。(2014-1 專高)

(D) 19. 有關嗜伊紅白血球 (eosinophils) 的敘述，下列何者不正確？(A) 正常數值約占白血球的 1-4% (B) 過敏性反應時血中數量會增加 (C) 細胞質顆粒與酸性染劑親和力較強 (D) 可釋放組織胺 (histamine) 與肝素 (heparin)。(2013 二技)

(D) 20. 下列何者源自於巨核細胞 (megakaryocyte)？(A) 嗜中性球 (B) 單核球 (C) 淋巴球 (D) 血小板。(2011-2 專普, 2007 專普)

(C) 21. 有關血小板 (platelet) 形成的敘述，何者正確？(A) 由骨髓母細胞 (myeloblast) 發育成熟而成 (B) 由巨核細胞 (megakaryocyte) 發育成熟而成 (C) 由巨核細胞的細胞質碎裂而成 (D) 由骨髓組織碎裂而成。(2010-2 專高)

(D) 22. 有關血小板之敘述，下列何者錯誤？(A) 源自巨核細胞 (megakaryocyte)

(B) 有細胞膜　(C) 正常狀況下，每立方毫米血液約含 25～40 萬個血小板　(D) 生命期約 120 天。（2013-1 專高）

（BC）23.在正常血液中，何種白血球細胞膜上有 IgE 分子？(A) 嗜中性白血球 (neutrophil)　(B) 嗜酸性白血球 (eosinophil)　(C) 嗜鹼性白血球 (basophil)　(D)T 淋巴球 (T-lymphocyte)。（2008-1 專高）

（A）24. 下列何種細胞受到抗原刺激時，可轉變成漿細胞並且製造抗體？(A)B 淋巴細胞　(B)T 淋巴細胞　(C) 嗜中性白血球　(D) 嗜酸性白血球。（2008 二技）

（C）25. 下列哪一種血漿蛋白 (plasma proteins) 與凝血 (blood coagulation) 有關？(A) 白蛋白 (albumin)　(B) 球蛋白 (globu-lin)　(C) 纖維蛋白原 (fibrinogen)　(D) 脂蛋白 (lipoprotein)。（2012 二技）

（A）26. 血漿中哪一種蛋白質最多，且具有維持血液正常滲透壓的功能？(A) 白蛋白　(B) 球蛋白　(C) 凝血酶　(D) 纖維蛋白原。（2015-2 專高）

（B）27. 血清中的抗體屬於：(A) 白蛋白　(B) 球蛋白　(C) 纖維蛋白　(D) 醣蛋白。（2011-1 專普）

（A）28. 下列何者為母乳中的主要抗體？(A)IgA　(B)IgE　(C)IgG　(D)IgM。（2010 二技）

（B）29. 下列何者是外分泌液中主要的免疫球蛋白 (immunoglobulin; Ig)？(A)IgG　(B)IgA　(C)IgE　(D)IgD。（2009 二技）

（A）30. 有關 γ－球蛋白 (γ-globulins) 的敘述，下列何者正確？(A) 存在血清中　(B) 是血漿中最多的蛋白質　(C) 能參與凝血反應　(D) 構成血液膠體滲透壓的主要成分。（2015-1 專高）

（B）31. 凝血過程中，鈣離子為第幾凝血因子？(A) II　(B) IV　(C) VIII　(D) X。（2014 二技）

（A）32. 下列何者可直接將纖維蛋白原 (fibrinogen) 轉變為纖維蛋白 (fibrin)？(A) 凝血酶 (thrombin)　(B) 胞漿素 (plasmin)　(C) 第十因子 (factor X)　(D) 第十一因子 (factor XI)。（2010 二技）

（C）33. 血管受損破裂時所導致的血管收縮，主要與血小板釋放何種物質有關？(A) 一氧化氮 (NO)　(B) 肝素 (heparin)　(C) 血清胺 (serotonin)　(D) 腎上腺素 (epinephrine)。（2009 二技）

（A）34. 胞漿素 (plasmin) 的主要作用為何？(A) 促進血液凝塊的溶解　(B) 促進凝血因子的作用　(C) 促進血液凝塊的形成　(D) 增加凝血酶 (thrombin) 的產生。（2013 二技）

四、血液常見疾病

(一) 血友病：幾乎只見於男性，是由於凝血因子欠缺 VIII 、IX 及 XI 三種最爲常見（85% 是第 8 因子缺乏），屬於 X 染色體缺陷的一種隱性性聯遺傳疾病。

(二) 鐮形紅血球貧血症：屬於遺傳性的疾病，常見於地球上感染瘧疾的帶狀區域，如地中海區、撒哈拉附近及亞洲熱帶等。

1. 病人的血紅素有異常的 Hb-S ，把氧釋出後，紅血球會呈長條、鐮刀型，變得容易碎裂。
2. 鐮形紅血球的細胞膜通透性改變，鉀離子容易流出，低量的鉀正好可殺死感染到的瘧原蟲。醫治鐮形紅血球時要注意止痛、補充氧和水分，用抗生素以防治感染，必要時得進行輸血。

(三) 白血病：急性的白血病 (ALL) 屬於惡性，未成熟的白血球過度增生。治療方法，急性白血病可用 X－輻射或抗癌藥物，有些則可能需要作骨髓移植。

(四) 骨髓移植：爲了要重建病人的正常造血功能，須先用高劑量的藥物、外加全身輻射處理，以徹底破壞造血功能以降低排斥。骨髓移植常用於貧血症（如再生不能貧血、鐮形紅血球）、某些白血病、重性合併免疫缺陷疾病 (SCID)、多發性骨髓瘤及癌症等治療。

參 血管與循環路線

一、胎血循環及概論

1. 因胎兒的肺、肝及消化道不具功能，故胎兒循環異於成人循環。
2. 胎兒的物質交換在胎盤，臍帶內有一條臍靜脈及兩條臍動脈。
   (1) 臍動脈（爲髂内 A 分支）爲缺氧血。
   (2) 臍靜脈的含氧量最高，將充氧血從胎盤送給胎兒；在多數充氧血經靜脈導管流至下腔靜脈送到 RA 。
3. 因胎兒肺部不具功能，故 RV 送出的血液是經肺 A 及主 A 間的動脈導管送至主 A 。
   ⇨ 動脈導管於出生後關閉爲動脈韌帶。
4. 胎兒左右心房之房中膈有一開口爲卵圓孔 (foramen ovale) ，由下腔 V 來的血有 1/3 經此孔至 LA → LV →全身。
5. 構造改變
   (1) 臍動脈→臍内韌帶

(2) 臍靜脈→肝圓韌帶
(3) 胎血循環出生後關閉→主 A 壓上升
(4) 動脈導管關閉→動脈韌帶，位主 A 弓及左肺 A 幹之間
(5) 靜脈導管→靜脈韌帶
(6) 臍尿管→臍正中韌帶，位膀胱尖部
(7) 卵圓孔→卵圓窩，爲房中膈的一個凹陷
(8) 出生後，肺臟開始充氣→肺血管阻力減少，肺循環逐漸增加

(A) 1. 下列有關胎兒血液循環之敘述，何者錯誤？(A) 胎兒出生後，臍靜脈閉鎖後成為靜脈韌帶　(B) 大部分之充氧血經由靜脈導管流入下腔靜脈　(C) 胎兒出生後，卵圓孔關閉　(D) 臍動脈內流的是缺氧血。（2015-1 專高）

(C) 2. 心臟的卵圓窩位於下列何者之間？(A) 右心房與右心室　(B) 左心房與左心室　(C) 右心房與左心房　(D) 右心室與左心室。（2012-2 專普）

(A) 3. 胎兒心臟的卵圓孔，連通的是哪兩個腔室？(A) 左、右心房　(B) 左、右心室　(C) 左心房與左心室　(D) 右心房與右心室。（2019-1 專高）

(D) 4. 胎兒心房間的卵圓孔在出生後會變成：(A) 靜脈韌帶　(B) 肝圓韌帶　(C) 臍帶韌帶　(D) 卵圓窩。（2010-1 專高）

(B) 5. 胎兒循環系統中，哪一構造位於肝臟的後側，且出生後閉鎖？(A) 動脈導管　(B) 靜脈導管　(C) 卵圓孔　(D) 臍動脈。（2016-1 專高）

(C) 6. 臍動脈連接到下列哪一條血管？(A) 腹腔幹　(B) 髂外動脈　(C) 髂內動脈　(D) 腸繫膜下動脈。（2011-1 專普）

(B) 7. 下列哪一種結構是由胎兒循環中的臍靜脈 (umbilical vein) 退化形成的？(A) 動脈韌帶 (arterial ligament)　(B) 肝圓韌帶 (round ligament of liver)　(C) 內側臍韌帶 (medial umbilical ligament)　(D) 鐮狀韌帶 (falciform ligament)。（2015 二技）

(A) 8. 胎兒出生後，臍靜脈會閉鎖並退化成為：(A) 肝圓韌帶　(B) 肝鐮韌帶　(C) 靜脈韌帶　(D) 外側臍韌帶。（2010-2 專高）

(D) 9. 肝圓韌帶是胚胎時期的哪條血管閉鎖而成？(A) 動脈導管　(B) 靜脈導管　(C) 臍動脈　(D) 臍靜脈。（2010-2 專高）

(C) 10. 有關肝圓韌帶的敘述，下列何者錯誤？(A) 位於肝鐮韌帶下緣　(B) 一端連至前腹壁的肚臍　(C) 由胚胎期的臍動脈閉鎖而成　(D) 介於肝左葉與方形葉之間。（2018-1 專高）

(B) 11. 胎兒循環中，靜脈導管連接下列何者之間？(A) 臍靜脈和肝靜脈　(B) 臍靜脈和下腔靜脈　(C) 下腔靜脈和肝靜脈　(D) 臍靜脈和肝門靜脈。（2008 專普）（2014-1 專高）

(C) 12. 胎血循環中，靜脈導管連接臍靜脈與下列何者？(A) 門靜脈　(B) 上腔靜脈

(C) 下腔靜脈 (D) 肝臟。 (2017-1 專高)

(C) 13. 動脈韌帶 (ligamentum arteriosum) 位於：(A) 臍靜脈與臍動脈之間 (B) 臍動脈與主動脈之間 (C) 肺動脈與主動脈之間 (D) 肺動脈與肺靜脈之間。 (2010-2 專高，2019-2 專高)

二、血循生理

(一) 血管

1. 動脈：從心臟傳出血液，具彈性及收縮性。
   (1) 構造分三層：內膜（爲單層鱗狀上皮細胞）、中膜（最厚）、外膜。
   (2) 類型有二：彈性型 A（如主 A 、肺 A 之大動脈等）、肌型 A（又稱分配型 A，如肱 A)。
2. 小動脈：管壁有三層膜，將血液送至微血管：對周邊血管阻力影響最大，血管張力 (vascular tone) 即是小 A 平滑肌所呈現部分收縮的結果，小 A 對血壓影響最大。
3. 微血管（毛細管）：連接小 A 及小 V，僅爲單層內皮細胞組成，不具中膜或外膜，沒平滑肌。內皮細胞有內皮素 (endothelin) ，能促進平滑肌收縮→血壓上升。
4. 小靜脈：有三層膜 。
5. 靜脈：似動脈，但彈性組織及平滑肌較少，因壓力小，故下肢要回流至心臟需要瓣膜、周邊肌肉收縮及心臟幫浦能力協助靜脈回流至心臟；靜脈是血液的儲存庫。
   ⇨ 當長期站立→靜脈回流降低、CVP 下降、骨骼肌收縮下降

(二) 循環生理學

1. 血量：
   (1) 體內 84% 血在體循環中，休息狀態血液多存在體循環的靜脈（占 64%）、微血管 5%、動脈 15%。
   (2) 其他：心臟占 7% 及肺循環占 9%。
2. 血壓及血流
   (1) 若血管兩端的壓力相等，則血管流速爲零。主 A 壓力最大爲

120/80mmHg，小 A 約 100/80mmHg，肺 A 為 25/10mmHg。

(2) 血壓大小順序：大 A > 小 A > 微血管 > 小 V > 腔 V。

(3) 血流快慢順序：主 A > 腔 V > 小 V > 微血管。

(4) BP = CO x PVR（周邊血管阻力）。

(5) 人體運動時，皮膚血流增加，但腦部血流影響較少。

(6) 姿位性低血壓是因靜脈的高順應性致 V 血液滯留；當頸 A 壓降低→靜脈順應性亦降低。

(7) A 硬化時，狹窄的 A 會產生亂流，而致血管內聽診到嘈音。

(三) 影響A壓的因素

1. CO = SV×HR, BP = CO×PVR，故 CO ↑→ BP ↑ (MAP = 1/3(S－D) + D)。
2. 血液容積：為長期調控血壓的主要方式，與壓力成正比，當血容積上升→ BP ↑。
3. 周邊阻力：與血管直徑（是影響周邊阻力最大因素，阻力與半徑四次方呈反比）及血液黏稠度（正比）有關，循環系統中以小 A 的血流阻力最大。血管的順應性 = 體積增加／壓力增加。

(四) 血壓控制

1. 血管運動中心：位於延腦，控制血管直徑（尤其是小 A），當使用腎上腺受器阻斷劑→抑制交感 N → BP ↓。
2. 壓力接受器：位頸動脈竇及主動脈弓（竇），故顱腔中小A影響血壓最顯著。
3. 按摩頸動脈竇→壓力增加 ⇨ 刺激壓力接受器經舌咽 N 傳回延腦→刺激心跳抑制中樞→再由迷走 N 刺激 SA node 及 AV node 之傳導→ HR 減緩及血壓下降。
4. 化學接受器：位主 A 體及頸 A 體，對血中的 O_2、CO_2、H^+ 之濃度敏感，當低氧下會刺激此機制→呼吸加速（如 COPD），亦可作用到血管運動中樞而調節血壓。
5. 腦部高級中樞：如大腦皮質對血壓有影響，如發怒使血壓上升，因刺激血管運動中樞→小 A 收縮→ BP ↑。
6. 化學物質：正腎上腺素、腎上腺素、抗尿肌素 (ADH) → BP ↑；抗組織胺及動素→血管擴張→ BP ↓。

(五) 血流調節：分為

1. 長期調節：即組織缺氧時，藉由血管新生改變血管分布數、血管大小等來供應組織需求。
2. 即時調節：分全身及局部
   (1) 全身血流調節
   ①交感 N 系統：刺激皮膚及內臟小血管平滑肌的 α 腎上腺接受器、骨骼肌膽鹼性交感 N 接受器→使全身管收縮、骨骼肌血管舒張
   ②副交感 N 系統：刺激消化道、外生殖器、唾液血流量增加
   ③內分泌系統：如血管收縮素 II 、ADH 、腎上腺素、正腎上腺素、心房利鈉激素
   (2) 局部調節：以自動調節 (autoregulation) 方式進行，即利用微血管前小血管收縮控制血流大小，機轉如下
   ①旁泌作用：鄰近細胞分泌血管舒張物質，如 CO_2, K^+, NA^+ 或血管內皮細胞會分泌一氧化氮 (NO) 、前列腺素 (prostacycline) 、緩肌肽 (bradykinin) →皆使血管舒張及增加血流；而運動時，骨骼肌的高代謝率引起局部代謝產物增加→使小 A 舒張、↓血管阻力、增加血流
   ②內在調節：
   肌原性調節 ⇨ 血壓上升時，血管收縮以降低血量，常見腦部，可保護腦部不受血壓變化而受損
   代謝性控制 ⇨ 組織代謝增加時，血管舒張以加速代謝物排除

(六) 微血管物質交換

氧氣、營養物質及廢物皆在微血管交換；微血管的截面積最大，血液血管內流速最小。影響因素如下

1. 血液靜水壓 (BHP)：為微血管內的血壓，可將液體移出微血管外；A 端為 30mmHg ，V 端為 15mmHg 。
2. 組織間液靜水壓 (IFHP)：將液體移入微血管內的壓力。
3. 血液滲透壓 (BOP)：因血漿蛋白而促使液體自組之間液滲入微血管中，微血管兩端皆為 28mmHg 。
4. 組織間液滲透壓 (IFOP)：由組織間液中的蛋白質所致，使液體從微血管滲入組織中。

⇨ 當靜脈壓上升，微血管通透性增加而水腫；淋巴管阻塞時，會致組織間液增加而水腫。

⇨ **有效過濾壓 (Peff) = (BHP + IFOP) – (IFHP + BOP)**

(七) 協助靜脈回流因素

1. 血流速度：血流速度與血管橫切面積呈反比，橫切面積最小處血流速最快。
2. 骨骼肌收縮及瓣膜：骨骼肌收縮可促靜脈回流，瓣膜可防止血液回流。
3. 呼吸：吸氣時→橫膈下壓，使胸腔壓力下降及腹腔壓力上升→血液由腹腔流向胸腔。
4. 交感 N 促使靜脈收縮。
5. 站立時，低於心臟的血管因地心引力，致使阻礙血液回流。

(B) 1. 有關血管疾病之敘述，下列何者正確？(A) 冠狀動脈疾病 (coronary artery disease) 的發生與飲食中蛋白質含量有密切關係　(B) 糖尿病會惡化冠狀動脈硬化的病變　(C) 高血壓不會惡化冠狀動脈疾病　(D) 肥胖的人一定會有冠狀動脈硬化的病變。（2011 專高）

(C) 2. 下列關於血管的敘述，何者正確？(A) 橈動脈屬於彈性型動脈　(B) 動脈管腔內有瓣膜　(C) 小動脈管壁有平滑肌，可以調控血管的阻力　(D) 靜脈的血液回流，主要依靠重力或管壁的平滑肌收縮。（2015 專高）

(D) 3. 下列何者的管壁不具平滑肌？(A) 大動脈　(B) 大靜脈　(C) 小動脈　(D) 微血管。（2018-1 專高）

(D) 4. 下列何者的管壁無平滑肌？(A) 主動脈　(B) 冠狀動脈　(C) 上腔靜脈　(D) 微血管。（2012 專普）

(D) 5. 血液在血管中之流速，依快慢排序下列何者正確？①主動脈 ②微血管 ③小靜脈 ④腔靜脈。(A) ①②③④　(B) ①③④②　(C) ①②④③　(D) ①④③②。（2009 專高）

(A) 6. 下列有關血流調節之敘述，何者屬於肌原性調節 (myogenic regulation)？(A) 當血壓上升導致血管外擴時，腦血管會自動收縮　(B) 交感神經興奮造成皮膚與內臟之血管收縮　(C) 血管之內皮細胞受到刺激時，導致分泌一氧化氮而使血管擴張　(D) 因代謝所產生的乳酸與二氧化碳等物質造成小動脈的擴張。（2015 二技）

(C) 7. 若血管兩端的壓力相等，則血液的速度為何？(A) 視流入的血流量多少而改變　(B) 血流量視血管的直徑大小而異　(C) 為零　(D) 視管壁阻力大小而不同。（2008 專高）

(D) 8. 血管半徑與血流阻力之間的關係為何？(A) 兩者無關　(B) 阻力與半徑平方成

反比 (C) 阻力與半徑三次方成反比 (D) 阻力與半徑四次方成反比。 (2011 專普)

(B) 9. 小動脈的阻力與下列何者之 4 次方呈反比？(A) 流入和流出的差異 (B) 血管半徑 (C) 血管長度 (D) 血液黏稠度。 (2019-1 專高)

(D) 10. 若血壓維持不變，血管半徑變為原來的兩倍，此時流經此條血管的血流量將變為：(A)2 倍 (B)4 倍 (C)8 倍 (D)16 倍。 (2019-2 專高)

(C) 11. 下列有關血流阻力 (resistance of blood flow) 的敘述，何者正確？(A) 與血液黏滯度成反比 (B) 與血管長度成反比 (C) 與血管半徑四次方成反比 (D) 與血液中紅血球數量成反比。 (2015 二技)

(D) 12. 血液的儲存庫 (blood reservoir) 是指：(A) 動脈 (B) 微血管前括約肌段 (C) 微血管 (D) 靜脈。 (2010 專高)

(D) 13. 下列何者不直接匯入下腔靜脈？(A) 腎靜脈 (B) 肝靜脈 (C) 腰靜脈 (D) 腸繫膜上靜脈。 (2012 專普)

(B) 14. 下列何者直接將缺氧血匯入下腔靜脈？(A) 臍靜脈 (umbilical vein) (B) 肝靜脈 (hepatic vein) (C) 脾靜脈 (splenic vein) (D) 腸繫膜上靜脈 (superior mesenteric vein)。 (2012 二技)

(B) 15. 有關肺循環的敘述，下列何者正確？(A) 平均血壓約為 120 mmHg (B) 對血管的阻力低於體循環的阻力 (C) 可使充氧血轉變成缺氧血 (D) 整個肺循環的壓力差約為 50 mmHg。 (2012 專高)

(B) 16. 下列何者是長期調控血壓的主要方式？(A) 感壓接受器反射 (B) 血液容積的變化 (C) 自主神經活性的變化 (D) 周邊化學接受器反射。 (2011 二技)

(C) 17. 影響動脈血壓的因素中，下列哪一項敘述是正確的？(A) 心輸出量 (cardiac output) 增加，則血壓下降 (B) 血液黏滯度 (blood viscosity) 增加，則血壓下降 (C) 末梢小動脈收縮，則血壓上升 (D) 血液容積減少，則血壓上升。 (2015 專高)

(C) 18. 血液循環中，阻力最大的血管段為：(A) 動脈 (B) 靜脈 (C) 小動脈 (D) 微血管。 (2016-1 專高)

(B) 19. 循環系統中，何種血管的血流阻力最大？(A) 主動脈 (B) 小動脈 (C) 大靜脈 (D) 小靜脈。 (2011 專高)

(C) 20. 當血液黏稠度增加為原來的 2 倍時，其血管阻力為原來的幾倍？(A)1/2 倍 (B)1/16 倍 (C)2 倍 (D)16 倍。 (2011 二技)

(C) 21. 下列何者不是血管擴張物質 (vasodilator)？(A) 緩激肽 (bradykinin) (B) 一氧化氮 (nitric oxide) (C) 血管升壓素 II (angiotensin II) (D) 環前列素 (prostacyclins)。 (2008 專高)

(A) 22. 臨床降血壓常用的腎上腺素受器阻斷劑，其主要作用機制為何？(A) 抑制交感神經作用 (B) 強化交感神經作用 (C) 抑制副交感神經作用 (D) 強化副交感神經作用。 (2008 專普)

(A) 23. 於有動脈硬化病變的血管內聽到血管內的嘈雜音，主要原因為何？(A) 動脈狹窄造成的亂流血流的聲音　(B) 動脈狹窄造成的層流血流的聲音　(C) 半月瓣關閉的聲音　(D) 血中脂肪量太高。　(2008 專普)

(C) 24. 冠狀動脈的血液直接源自於：(A) 左心室　(B) 主動脈弓　(C) 升主動脈　(D) 降主動脈。　(2010 專普)

(C) 25. 關於冠狀循環血流量的分布，於心動週期中的變化，下列何者正確？(A) 收縮期增加　(B) 舒張期減少　(C) 舒張期增加　(D) 維持恆定不變。(2013 專高)

(A) 26. 下列何者不屬於彈性動脈 (elastic artery)？(A) 肱動脈 (brachial artery)　(B) 鎖骨下動脈 (subclavian artery)　(C) 髂總動脈 (common iliac artery)　(D) 頭臂動脈 (brachiocephalic artery)。　(2010 二技)

(B) 27. 上臂觸摸肱動脈脈搏的位置為下列何處？(A) 肱二頭肌的外側　(B) 肱二頭肌的內側　(C) 肱三頭肌的外側　(D) 肱三頭肌的內側。　(2019-1 專高)

(A) 28. 下列何者經常作為測量血壓時聽診的動脈？(A) 肱動脈　(B) 橈動脈　(C) 尺動脈　(D) 股動脈。　(2014-1 專高)

(D) 29. 下列哪一條靜脈與相同名稱的動脈伴行？(A) 頭靜脈　(B) 大隱靜脈　(C) 奇靜脈　(D) 肱靜脈。　(2017-2 專高)

(C) 30. 人體休息時的血液大部分分布於下列何處？(A) 體循環微血管　(B) 冠狀動脈　(C) 體循環靜脈　(D) 垂體門靜脈。　(2008 二技)

(D) 31. 運動時會增加血流量分布至骨骼肌，主要是因為下列何種機制？(A)α 腎上腺素受體的刺激　(B) 胰島素受體的刺激　(C) 膽鹼受體的刺激　(D) 運動中的肌肉細胞釋放代謝產物的刺激。　(2013 專高)

(B) 32. 下列何種血管的血液為富含營養物的缺氧血？(A) 肝靜脈　(B) 肝門靜脈　(C) 臍靜脈　(D) 下腔靜脈。　(2008 二技)

(A) 33. 下列何者運送充氧血？(A) 臍靜脈　(B) 肺動脈　(C) 冠狀竇　(D) 右心房。　(2008 專高)

(D) 34. 臨床最常用來抽血的靜脈是：(A) 肱靜脈　(B) 尺靜脈　(C) 股靜脈　(D) 肘正中靜脈。　(2009 專普)

(C) 35. 下列何種類型的血管在人體內分布的總截面積最大？(A) 大動脈　(B) 大靜脈　(C) 微血管　(D) 小靜脈。　(09 '11 專普)

(A) 36. 有關利用血壓計測量到的心收縮壓之敘述，下列何者正確？(A) 血流受到壓迫後，第一次通過氣袖 (cuff) 所產生的輕拍聲時的壓力　(B) 最後一次聽到輕拍聲時的壓力　(C) 當血流呈現平靜時的壓力　(D) 心房收縮時的壓力。　(2010 專普)

(B) 37. 比較主動脈與肺動脈壓力的大小，下列何者正確？(A) 肺動脈壓大於主動脈壓　(B) 肺動脈壓小於主動脈壓　(C) 兩者相同　(D) 不一定，要看是收縮期或舒張期。　(2008 專普)

(D) 38. 下列內皮細胞衍生的因子中，何者不會使血管舒張？(A) 一氧化氮 (NO)　(B) 緩激肽 (bradykinin)　(C) 前列腺環素 (prostacyclin)　(D) 內皮因子－1(endothelin-1)。　(2012 專普)

（A）39. 造成動脈壓升高的原因，下列何者不正確？(A) 迷走神經 (vagus nerve) 活性增加 (B) 血比容 (hematocrit) 增加 (C) 抗利尿激素 (ADH) 分泌增加 (D) 腎素 (renin) 分泌增加。（2009 二技）

（C）40. 利用心縮壓與心舒壓數值，可計算平均動脈壓的近似值為何？(A) 心舒壓＋2/3（心縮壓－心舒壓） (B) 心縮壓＋2/3（心縮壓－心舒壓） (C) 心舒壓＋1/3（心縮壓－心舒壓） (D) 心縮壓＋1/3（心縮壓－心舒壓）。（2012 專普）

（C）41. 當微血管的膠體滲透壓為 32 mmHg，血液靜水壓為 30 mmHg，組織間液膠體滲透壓為 2 mmHg，組織間液靜水壓為 4 mmHg，其有效過濾壓為何？(A) 4 mmHg (B) 8 mmHg (C) –4 mmHg (D) –8 mmHg。（2011 二技）

（B）42. 下列何種情況可能會導致水腫 (edema)？(A) 微血管小動脈端收縮 (B) 微血管小靜脈端收縮 (C) 血漿蛋白質濃度增加 (D) 組織間液的靜水壓增加。（2013 二技）

三、動脈的循環路線

(一) 體循環（大循環）：血液由 LV 打出循環道全身後由 RA 回心

當 PO_2 下降、PCO_2 上升→易致體循環的動脈血管舒張反應

1. 升主動脈 —— 左、右冠狀動脈（供應心臟）

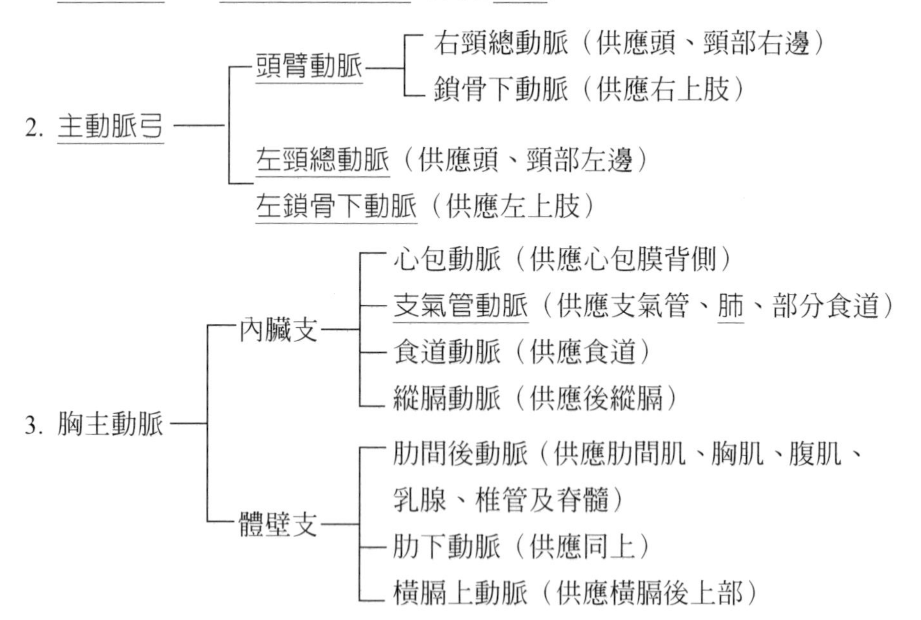

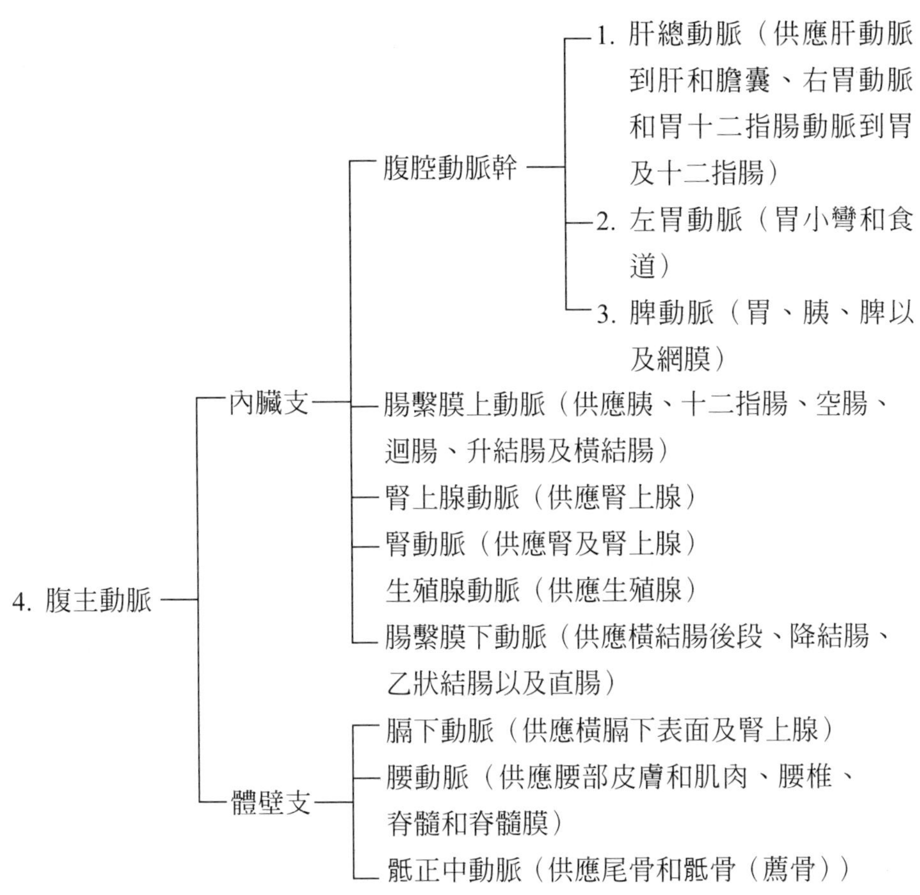

(二) 肺循環（小循環）：指血液由右心室將缺氧血送至肺臟氧合後回左心房

肺 V 為充氧血（含氧最高），而肺 A 為缺氧血，正常肺 A 壓為 25/8 mmHg，平均 15mmHg，約為主 A 壓的 1/6-1/7

(三) 肝之門脈循環：消化道的靜脈血回心臟前，流至肝臟的循環

1. 肝 A 是輸送血液提供肝臟所需，肝門靜脈輸送消化道的缺氧血及小腸的營養物至肝臟
2. 肝門靜脈來自胰臟頭部、胃幽門部、脾臟、乙狀結腸及膽囊之靜脈血
3. 腸繫膜下 V 注入脾 V（收集胃、胰、脾之血液）；腸繫膜上 V（收集胃、小腸及大腸之血液），與脾 V 會合後注入肝門 V，進入肝臟前，有左右胃 V 匯入→肝 V（出肝臟）→下腔 V

(四) 冠狀循環

1. 心肌收縮期時冠狀微血管血流減少，反之，舒張期時冠狀血流增加
2. 冠狀血流與心肌需氧量呈正比

3. 冠狀血流降低常造成動脈粥狀硬化，DM 會增加冠狀 A 硬化惡化

(A) 1. 哪一條靜脈會匯流入肝門靜脈 (hepatic portal vein)？(A) 脾靜脈 (B) 肝靜脈 (C) 腎靜脈 (D) 腰靜脈。(2014-1 專高)

(C) 2. 下列何者的靜脈血，不經由肝門靜脈進入肝臟？(A) 胰臟 (B) 闌尾 (C) 頸段食道 (D) 直腸。(2019-1 專高)

(A) 3. 下列何者不匯入肝門靜脈？(A) 右腎靜脈 (B) 脾靜脈 (C) 胃左靜脈 (D) 腸繫膜下靜脈。(2009 專普)

(C) 4. 下列何靜脈不直接匯流入肝門靜脈？(A) 左胃靜脈 (B) 腸繫膜上靜脈 (C) 肝靜脈 (D) 脾靜脈。(2012 專普)

(C) 5. 下列何者的靜脈血不匯入肝門靜脈？(A) 胃幽門部 (B) 胰臟的頭部 (C) 食道的上段 (D) 乙狀結腸。(2008 專高)

(C) 6. 下列何者直接與脾靜脈 (splenic vein) 匯流至肝門靜脈 (hepatic portal vein)？(A) 肝靜脈 (hepatic vein) (B) 中央靜脈 (central vein) (C) 上腸繫膜靜脈 (superior mesenteric vein) (D) 下腸繫膜靜脈 (inferior mesenteric vein)。(2011 二技)

(D) 7. 正常狀態下，來自脾臟的靜脈血會直接匯入下列哪一條血管？(A) 上腸繫膜靜脈 (superior mesenteric vein) (B) 下腔靜脈 (inferior vena cava) (C) 腎靜脈 (renal vein) (D) 肝門靜脈 (hepatic portal vein)。(2015 二技)

(D) 8. 有關冠狀循環的敘述，下列何者正確？(A) 冠狀動脈是主動脈弓上的主要分支 (B) 冠狀動脈主要供應腦部的血液 (C) 心臟之靜脈血大多回流入冠狀竇，再注入左心房 (D) 邊緣動脈主要將充氧血送到右心室壁。(2013 專高)

四、主要動脈及靜脈的循環

主要 A 及其分支

(一) 升主動脈：由 LV 發出的主 A 第一個分支，分為左右冠狀 A ，以供應心臟血循

(二) 主動脈弓：向左後方延伸，分三分支

1. 頭臂 A：供應右上肢及右頭頸部
2. 左頸總 A：供應左頭頸
3. 左鎖骨 A：供應左上肢，止於左第一肋間此為腋 A 之分界

(三) 降主動脈，分二

降胸主 A：

1. 體壁支：營養體壁及橫膈，分為肋間後 A、肋下 A、膈上 A

2. 內臟支：頤養胸腔的內臟，分為支氣管 A、縱膈 A、食道 A、心包膜 A

降腹主 A：

1. 體壁支：成對有膈下 A（供應橫膈下表面）、腰 A
2. 內臟支：成對：有腎上腺 A、腎 A、睪丸 A（卵巢 A）。另外，不成對有
   (1) 腹腔幹 A：肝總 A（供應肝臟）、左胃 A（供應食道和胃）、脾 A（供應脾、胰、胃）
   (2) 腸繫膜上 A：供應小腸（十二指腸、空腸、迴腸）、盲腸、升結腸、橫結腸（即橫結腸前 1/2 之消化道）
   (3) 腸繫膜下 A：供應橫結腸後 1/2 以下的消化道，如橫結腸、降結腸、乙狀結腸、直腸，其分支有左結腸下 A、左結腸上 A、直腸上 A
3. 腎上腺 A：供應腎上腺
4. 髂總 A：為腹主 A 最末端分支，又分為
   (1) 髂內 A：供應骨盆內臟器（如子宮、陰道）及臀部，其膀胱下 A 供應前列腺之血流
   (2) 髂外 A：供應下肢，為髂總 A 最終分支，通過鼠蹊韌帶進入大腿後，改稱為股 A →穿過內收大肌，形成膕 A

(四) 頭臂 A 分支

1. 右頸總 A：供應右側頭、頸部，分為二支
   (1) 內頸 A：供應顱腔，分支為眼 A 、大腦前 A 、大腦中 A 、後交通 A 、腦下腺上 A 、腦下腺下 A。基底 A 、左內頸 A 與右內頸 A 吻合形成一動脈環，稱威爾氏 A 環 (circle of Willis) 供應腦部血液，大腦中 A 供應大腦額葉、頂葉、顳葉外側。
   (2) 外頸 A：供應顱腔以外的頭頸部，其分支為枕 A 、後耳 A 、淺顳 A 、上頜 A 、顏面 A 、上甲狀腺 A 等
2. 右鎖骨下 A
   (1) 有一分支為右椎 A ，通過頸椎之橫突孔，經枕骨大孔進入腦部，於橋腦腹面和左椎 A 會合成為基底 A
   (2) 右鎖骨下 A 在第一肋間之外緣後轉為腋 A →進入上臂在大圓肌下緣處稱肱 A →在肘關節處分支為尺 A 及橈 A
3. 胸內 A：源自鎖骨下 A ，位於胸骨外側，又稱內乳 A ，常是 CABG 之採用血管
4. 臨床上 CVA 若是左半側癱瘓，可能是右大腦中 A 發生阻塞或破裂出血

主要 V 及其分支：

1. 體循環之主要 V：下列三條皆送回 RA，循環中的 V 被稱爲儲血庫
   (1) 上腔 V：收集頭、頸、上肢、部分胸腔之缺氧血，由來自下列 V 匯集注入上腔 V
      ① 左、右頭臂 V：收集上肢之缺氧血
      ② 奇 V 系統：收集胸腔及腹腔之缺氧血，包括奇 V（爲主要 V，接收所有後肋間 V）、半奇 V 及副半奇 V
   (2) 下腔 V：位肝臟右葉及尾葉之間，收集部分胸腔及腹腔的缺氧血，如腰 V、肝 V、腎 V 直接匯入下腔靜脈，另有
      ① 左生殖 V →左腎 V，右生殖 V →下腔 V
      ② 左腎上腺 V →左腎 V，右腎上腺 V →下腔 V
   (3) 冠狀竇：收集心臟支缺氧血
2. 頭頸部 V
   (1) 內頸 V：通過頸 V 孔，爲乙狀竇的延續，硬腦膜 V 竇最終注入此，而顱內缺氧血由內頸 V 回 RA
   (2) 外頸 V：收集顏面及頸部的缺氧血
3. 上肢 V
   (1) 淺層 V（皆注入腋 V）：頭臂 V（由鎖骨下 V 及內頸 V 匯集而來）、貴要 V（起自手背，沿前臂尺側及上臂內側上行）、肘正中 V（爲臨床常抽血的地方）
   (2) 深層 V：橈 V、尺 V →肱 V →腋 V →鎖骨下 V →上腔 V
4. 骨盆及下肢 V
   (1) 下肢淺層 V：大隱 V 為人體最長 V →股 V。小隱 V 則自足背 V 弓外側，沿小腿上行→膕 V
   (2) 下肢深層 V 及骨盆 V

（一） 頭頸部血循

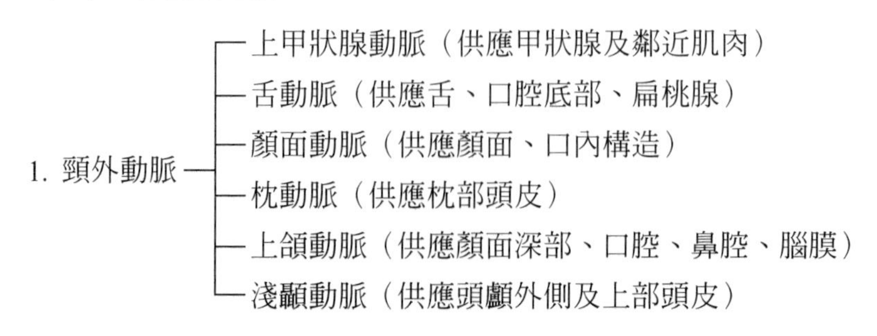

2. 頸內動脈
- 眼動脈（供應眼眶、眼球及肌肉、前額、鼻腔）
- 前大腦動脈（供應大腦前內側）
- 中大腦動脈（供應大腦外側及上部（頂葉））

（D）1. 下列何者不直接由主動脈弓發出？(A) 頭臂幹　(B) 左頸總動脈　(C) 左鎖骨下動脈　(D) 右鎖骨下動脈。（2011 專普）

（D）2. 頸部左側的頸總動脈直接源自下列何者？(A) 頭臂動脈幹　(B) 甲狀頸動脈幹　(C) 升主動脈　(D) 主動脈弓。（2020-2 專高）

（B）3. 眼球的血管是下列何者的分支？(A) 顏面動脈　(B) 頸內動脈　(C) 鎖骨下動脈　(D) 椎動脈。（2009 專高）

（B）4. 甲狀腺上動脈是下列何者的分支？(A) 內頸動脈　(B) 外頸動脈　(C) 鎖骨下動脈　(D) 腋動脈。（2009 二技）（2011 專普）

（C）5. 下列器官的主要養分來源，何者不是來自頸外動脈？(A) 臉部肌群　(B) 舌頭肌群　(C) 眼球　(D) 牙齒。（2019-1 專高）

（C）6. 下列何者穿過頸椎之橫突孔，上行進入顱腔？(A) 大腦前動脈　(B) 頸內動脈　(C) 椎動脈　(D) 後交通動脈。（2008 專普）

（D）7. 走在頸椎橫突孔內的動脈是下列何者的分支？(A) 基底動脈　(B) 頸內動脈　(C) 頸外動脈　(D) 鎖骨下動脈。（2009 專高）

（C）8. 下列有關椎動脈 (vertebral artery) 的敘述，何者錯誤？(A) 是鎖骨下動脈 (subclavian artery) 的分支　(B) 經由頸椎橫突孔 (transverse foramen) 上行　(C) 經破裂孔 (foramen lacerum) 進入顱腔　(D) 左、右椎動脈匯合形成基底動脈 (basilar artery)。（2012 二技）

（B）9. 椎動脈是下列何者的分支？(A) 頸內動脈　(B) 鎖骨下動脈　(C) 頸外動脈　(D) 淺顳動脈。（2010 專普）

（A）10. 基底動脈由下列何者匯集而成？(A) 左右椎動脈　(B) 左右頸內動脈　(C) 左右頸外動脈　(D) 左右大腦後動脈。（2010 專普）（2008 二技）

（C）11. 下列器官的主要養分來源，何者不是來自頸外動脈？(A) 臉部肌群　(B) 舌頭肌群　(C) 眼球　(D) 牙齒。（2019-1 專高）

（C）12. 威利氏環 (circle of Willis) 主要供應下列何者的血液？(A) 心臟　(B) 腦膜　(C) 腦　(D) 肺臟。（2009 專普）

（A）13. 下列何者直接提供威氏環 (circle of Willis) 的動脈血？(A) 頸內動脈　(B) 頸外動脈　(C) 椎動脈　(D) 大腦前動脈。（2011 專高）

（A）14. 下列何者通過頸靜脈孔？(A) 頸內靜脈　(B) 第七對腦神經　(C) 第八對腦神經　(D) 第十二對腦神經。（2012 專普）

(二) 胸部血循

(A) 1. 下列何者源自胸主動脈？(A) 肋下動脈 (B) 胸內動脈 (C) 橫膈下動脈 (D) 胸外側動脈。 (2015 專高)

(A) 2. 下列何者不是胸主動脈的分支？(A) 胸內動脈 (B) 橫膈上動脈 (C) 肋間後動脈 (D) 心包動脈。 (2012 專普)

(B) 3. 支氣管動脈是下列何者的分支？(A) 胸內動脈 (B) 胸主動脈 (C) 胸外側動脈 (D) 肺動脈。 (2012 專高)

(D) 4. 肋間後靜脈的血液主要經由下列何者回收注入上腔靜脈？(A) 鎖骨下靜脈 (B) 頸內靜脈 (C) 椎靜脈 (D) 奇靜脈。 (2010 專高)

(B) 5. 肺動脈壓約為：(A)2 mmHg (B)15 mmHg (C)40 mmHg (D)100 mmHg。 (2013 專高)

(D) 6. 正常情況下，有關靜脈直接回流的路徑敘述，何者正確？(A) 頭靜脈 (cephalic vein) 匯入內頸靜脈 (internal jugular vein) (B) 左側睪丸靜脈 (left testicular vein) 匯入下腔靜脈 (inferior vena cava) (C) 大隱靜脈 (great saphenous vein) 匯入膕靜脈 (popliteal vein) (D) 奇靜脈 (azygos vein) 匯入上腔靜脈 (superior vena cava)。 (2014 二技)

(三) 上肢血循

(B) 1. 鎖骨下動脈在通過第一肋骨後稱為：(A) 椎動脈 (B) 腋動脈 (C) 頸總動脈 (D) 胸主動脈。 (2010 專高)

(B) 2. 左鎖骨下動脈 (left subclavian artery) 源自：(A) 頭臂幹 (brachiocephalic trunk) (B) 主動脈弓 (aortic arch) (C) 升主動脈 (ascendingaorta) (D) 左頸總動脈 (left common carotid artery)。 (2008 專高)

(A) 3. 下列何者不是上肢的深層靜脈？(A) 肘正中靜脈 (B) 尺靜脈 (C) 腋靜脈 (D) 橈靜脈。 (2009 專普)

(A) 4. 頭靜脈匯集上肢靜脈血液後注入：(A) 腋靜脈 (B) 橈靜脈 (C) 貴要靜脈 (D) 尺靜脈。 (2010 專普)

(B) 5. 行走於前臂的內側，並與上臂深層的靜脈會合成腋靜脈的是那一條血管？(A) 頭靜脈 (cephalic vein) (B) 貴要靜脈 (basilic vein) (C) 肘正中靜脈 (median cubital vein) (D) 前臂正中靜脈 (median antebrachial vein) (2017-1 專高)

(A) 6. 下列何者直接與頭臂靜脈 (brachiocephalic vein) 匯流至上腔靜脈 (superior vena cava)？(A) 奇靜脈 (azygos vein) (B) 半奇靜脈 (hemiazygos vein) (C) 肝靜脈 (hepatic vein)(D) 肺靜脈 (pulmonary vein)。 (2008 二技)

(A) 7. 下列何者不是上肢的淺層靜脈？(A) 肱靜脈 (B) 頭靜脈 (C) 貴要靜脈 (D) 肘正中靜脈。 (2020-1 專高)

(四) 腹部血循

(B) 1. 下列何者不是腹主動脈的成對分支？(A) 生殖腺動脈 (gonadal artery)　(B) 中動脈 (median sacral artery)　(C) 橫膈下動脈 (inferiorphrenic artery)　(D) 腰動脈 (lumbar artery)。 (2008 專高)

(A) 2. 下列何者不是腹主動脈的分支？(A) 橫膈上動脈　(B) 腰動脈　(C) 睪丸動脈　(D) 腎上腺動脈。 (2009 專普)

(A) 3. 下列何者為起自腹主動脈 (abdominal aorta) 的成對分支？(A) 膈下動脈 (inferior phrenic artery)　(B) 腹腔動脈幹 (celiac trunk)　(C) 腸繫膜上動脈 (superior mesenteric artery)　(D) 腸繫膜下動脈 (inferior mesenteric artery)。(2012 二技)

(C) 4. 下列何者不是腹主動脈的直接分支？(A) 睪丸動脈　(B) 膈下動脈　(C) 肝總動脈　(D) 腎動脈。 (2013 專高)

(C) 5. 下列何者是腹腔動脈幹的分支？(A) 腸繫膜上動脈　(B) 中結腸動脈　(C) 脾動脈　(D) 左結腸動脈。 (2010 專高)

(C) 6. 下列何者的血液供應不源自腹腔動脈幹 (celiac trunk) 的分支？(A) 胃　(B) 十二指腸　(C) 迴腸　(D) 胰臟。 (2020-2 專高)

(A) 7. 下列何者不是肝小葉三合體的構造？(A) 中央靜脈　(B) 肝動脈　(C) 肝門靜脈　(D) 膽管。 (2016-1 專高)

(A) 8. 人體的哪兩種器官具有門靜脈 (portal vein) 的構造？(A) 腦下腺與肝臟　(B) 肝臟與心臟　(C) 心臟與腎臟　(D) 腎臟與腦下腺。 (2014 二技)

(A) 9. 肝臟的血液主要來自：(A) 肝動脈與肝門靜脈　(B) 肝門靜脈與肝靜脈　(C) 肝靜脈與腸繫膜上動脈　(D) 腸繫膜上動脈與肝動脈。 (2018-1 專高)

(A) 10. 脾動脈 (splenic artery) 是由下列哪條血管直接分支而來？(A) 腹腔動脈幹 (celiac trunk)　(B) 左胃動脈 (left gastric artery)　(C) 肝總動脈 (common hepatic artery)　(D) 上腸繫膜動脈 (superior mesenteric artery)。 (2008 二技)

(D) 11. 脾臟的血液主要來自下列何者的分支？(A) 橫膈下動脈　(B) 腸繫膜上動脈　(C) 腸繫膜下動脈　(D) 腹腔動脈幹。 (2019-2 專高)

(B) 12. 下列何者供應胃小彎的血液？(A) 下膈動脈　(B) 腹腔動脈幹　(C) 腸繫膜上動脈　(D) 腸繫膜下動脈。 (2017-2 專高)

(A) 13. 下列有關肝臟 (liver) 的敘述，何者正確？(A) 肝靜脈 (hepatic vein) 不會經由肝門 (porta hepatis) 進出肝臟　(B) 胚胎時期的臍靜脈出生後退化形成鐮狀韌帶 (falciform ligament)　(C) 肝門靜脈 (hepatic portal vein) 收集下腔靜脈的血液，並匯入肝臟　(D) 肝臟所需的氧氣主要來自肝門靜脈。 (2014 二技)

(B) 14. 胰動脈 (pancreatic artery) 是由下列哪一條血管直接分支而來？(A) 腹主動脈 (abdominal aorta)　(B) 脾動脈 (splenic artery)　(C) 肝總動脈 (common hepatic artery)　(D) 腹腔動脈幹 (celiac trunk)。 (2010 二技)

(A) 15. 腎動脈直接源自：(A) 腹主動脈　(B) 腹腔動脈幹　(C) 髂總動脈　(D) 髂外動脈。 (2009 專普)

(C) 16. 下列何者不供應腎上腺的血液？(A) 腎動脈 (B) 腎上腺動脈 (C) 生殖腺動脈 (D) 膈下動脈。 (2014-1 專高)

(A) 17. 下列何者不是腸繫膜上動脈的分支？(A) 左結腸動脈 (B) 中結腸動脈 (C) 右結腸動脈 (D) 迴腸結腸動脈。 (2011 專普)

(A) 18. 下列何者的血液不由腸繫膜下動脈供應？(A) 十二指腸 (B) 乙狀結腸 (C) 直腸 (D) 橫結腸。 (2010 專普)

(D) 19. 下列器官何者接受腸繫膜下動脈的血液供應？(A) 迴腸 (B) 盲腸 (C) 升結腸 (D) 乙狀結腸。 (2018-2 專高)

(B) 20. 下列何者供應闌尾的血液？(A) 腹腔動脈幹 (B) 腸繫膜上動脈 (C) 腸繫膜下動脈 (D) 髂內動脈。 (2018-1 專高)

(C) 21. 乙狀結腸的動脈血液主要來自：(A) 腹腔動脈幹 (B) 腸繫膜上動脈 (C) 腸繫膜下動脈 (D) 髂內動脈。 (2012 專普)

(B) 22. 下列何者供應直腸的血液？(A) 腹腔幹 (B) 腸繫膜下動脈 (C) 腸繫膜上動脈 (D) 髂外動脈。 (2008 專普)

(B) 23. 子宮的血液主要由下列何者供應？(A) 腸繫膜下動脈 (B) 髂內動脈 (C) 髂外動脈 (D) 卵巢動脈。 (2008 專普)

(A) 24. 正常情況下，卵巢動脈 (ovarian artery) 是下列哪一條血管的直接分支？(A) 腹主動脈 (abdominal aorta) (B) 腰動脈 (lumbar artery) (C) 下腸繫膜動脈 (inferior mesenteric artery) (D) 髂內動脈 (internal iliac artery)。 (2015 二技)

(A) 25. 卵巢動脈由下列何者直接分出？(A) 腹主動脈 (B) 髂內動脈 (C) 子宮動脈 (D) 腸繫膜下動脈。 (2016-2 專高)

(五) 下肢血循

(B) 1. 小隱靜脈收集小腿淺層靜脈血液並注入：(A) 股靜脈 (B) 膕靜脈 (C) 脛前靜脈 (D) 脛後靜脈。 (2011 專高)

(B) 2. 起自足背靜脈弓外側，沿小腿後側上行，並注入膕靜脈的淺層血管是：(A) 大隱靜脈 (B) 小隱靜脈 (C) 脛前靜脈 (D) 脛後靜脈。 (2010 專高)

肆 淋巴系統

1. 爲循環系統的一部分，亦是腸胃道吸收營養素的途徑，由淋巴、淋巴管、淋巴結、獨立的節狀組織（如迴腸壁的培氏斑 Peyer's patches）和特化的淋巴組織（如扁桃腺、胸腺、脾臟）等所組成。

2. 在成體以後，骨髓不產生淋巴球。
3. 功能有：
   (1) 收集體內組織間過量的水分及蛋白質成爲淋巴流回血液中。
   (2) 將消化吸收的脂質運至血流內。
   (3) 防衛：包括過濾及吞噬。負責破壞微生物及異物並擔任長期的防禦功能。
   (4) 造血：淋巴結能製造淋巴球、單核球、漿細胞。

一、淋巴與組織間液

1. 人體的淋巴約有 1-2L ，大概占體重的 1-3% ，而胸管的內每天的淋巴總流量爲 2,500-2,800 ml，其中一半來自肝臟和小腸。
2. 組成與血液相似，含數目不定的白血球（如單核球、巨噬細胞、淋巴球），但不含紅血球、血小板和大部分的蛋白質。
3. 淋巴及組織間液成分似血漿，不同於血漿的蛋白濃度較高，胸管內的淋巴蛋白質含量是大部分組織間液的兩倍，蛋白質含量最高的是肝臟。
4. 淋巴球分：B 細胞產生特殊抗體，而 T 細胞則攻擊特定異物；是人體免疫系統的根本。
5. 淋巴結內的巨噬細胞能吞噬微生物及其毒素，淋巴球則能執行特殊的防禦功能。

二、淋巴管

(一) 微淋巴管

微淋巴管乃淋巴管的起源，存在於細胞間隙，在構造上與微血管的異同爲：兩者皆爲內皮細胞外，不同是管徑大、通透性好、微淋巴管的一頭爲盲端（不與 A 或 V 相連接）、微淋巴管沿著微血管（幾乎遍及全身各處，但無血管組織、CNS 、脾臟、脊髓則不存在）。

(二) 淋巴管

淋巴管起始在腹腔腰椎，淋巴管與靜脈在構造上之異同：

1. 淋巴管壁較薄
2. 含較多瓣膜（爲防淋巴液逆流）— 此爲管壁內膜皺褶而成的半月瓣（似念珠狀）

3. 含淋巴結，沿著管子的不同間隔排列
4. 皮膚的淋巴管存於皮下組織中，與靜脈隨行（而內臟之淋巴管是與A隨行）
5. 淋巴管聚集形成胸管（體內最大淋巴管）及右淋巴管兩個主要管道

(三) 淋巴幫蒲

1. 淋巴的流量平均 125ml/h
2. 淋巴能向中央的方向流動，乃因瓣膜的作用
3. 推動淋巴流動的機轉：呼吸動作、骨骼肌收縮、A 脈動、身體姿勢的改變、淋巴管壁的收縮

三、淋巴結

(一) 外部構造

1. 呈小型豆狀，長約 1-25mm，散布於淋巴管沿線。能過濾微生物或異物，是特殊免疫反應第一站。
2. 淋巴結外包一層結締組織，這層被膜伸入結內成爲纖維中隔或小樑（可向中央延伸）。
3. 淋巴結凹陷處爲 一門 (hilum)，淋巴結外側部分爲皮質，含許多淋巴球聚成的淋巴小結，小結的中央是淋巴球分裂產生的生發中心。

(二) 內部構造

1. 基質：纖維囊小樑及門構成淋巴結的基質
2. 實質：淋巴結的實質分爲皮質 (cortex) 及髓質 (medulla) 兩部分
   (1) 皮質的淋巴小結爲緊密的淋巴組織團塊，其中央區域爲生發中心（淋巴細胞在此製造）
   (2) 髓質內，淋巴細胞排列成股，稱之爲髓索

(三) 淋巴結的淋巴之流動

1. 輸入淋巴管（數條由淋巴結的圖面上穿入纖維囊）→皮質竇（位於被膜下）→髓質竇（位髓索間）→輸出淋巴管
2. 輸出淋巴管較輸入淋巴管數目少

四、淋巴循環

組織液→微淋巴管→淋巴管→淋巴結→淋巴幹胸管（左淋巴管）、右淋巴管分別注入左右內頸 V 及鎖骨下 V 的交接處→左右頭臂 V →上腔 V → RA

1. 淋巴幹：有腰幹、腸幹（位小腸的淋巴組織微培氏班）、支氣管縱隔幹、鎖骨下幹、頸部淋巴幹
2. 胸管（左淋巴管）：起源於第 2 腰椎前面的膨大部分（乳糜池 cisterna chyli），爲淋巴系統的主要收集管
3. 右淋巴管：長約 1.25 公分，收集右邊頭、頸、胸、上肢之淋巴，右淋巴幹、右鎖骨下淋巴幹、右支氣管縱膈淋巴幹之淋巴→注入右淋巴幹
4. 增加淋巴流動速率之因素：微血管壓力增加、微血管通透力增加、細胞外液容量增加
5. 淋巴水腫之成因：
   (1) 因淋巴結感染而阻塞或淋巴管阻塞所致
   (2) 淋巴製造過剩或微血管的滲透性增加，而使組織間液形成
   (3) 微血管靜水壓增加，使組織間液形成較流出為快

五、淋巴器官

(一) 扁桃腺：埋在黏膜的淋巴組織團塊

咽扁桃腺	單一個	包埋在鼻咽的後壁中	感染後變大而呈腺體增殖樣
顎扁桃腺	成對	位口咽側壁（咽顎弓及舌顎弓間）	即一般扁桃腺切除的部位

(二) 脾臟

呈橢圓形，重 150gm，位左季肋，爲腹腔器官，在左腎及降結腸上方

1. 構造：爲身體最大淋巴組織，與淋巴結一樣，但無輸入淋巴管或淋巴竇。脾臟的實質組成是白髓（white pulp: 是周圍 A 排列的淋巴組織）及紅髓（red pulp: 由充滿血液的 V 竇及皮索組成）
2. 循環：由脾 A 流經小樑 A →中央小 A →刷狀血管→ V 竇→髓 V →小樑 V →脾 V
3. 功能：
   (1) 防衛或過濾血液：流經 V 竇時，其內皮細胞具吞噬作用，再將血中細菌加以破壞

(2) 造血、單核球、淋巴球及能製造抗體的漿細胞都可由脾臟形成，出生前有造血功能，出生後，會在嚴重溶血性貧血時才製造 RBC

(3) RBC 及血小板的破壞：具吞噬老弱 RBC 及血小板（Kupffer 細胞爲吞噬作用）

(4) 血液儲存所：脾的髓質及 V 竇接儲存相當量的血液，當人體出血或交感 N 受刺激，可將儲存血液供應出來，有如自我輸血作用

(三) 胸腺

1. 位於縱隔，是胸腔上部胸骨後面的兩片淋巴組織（上：甲狀腺下緣，下：第 4 肋間），胸腺比率在二歲時最大，到青春期是體積最大，後見由脂肪組織取代
2. 功能：
   (1) 出生前可製造淋巴球，出生後可分泌激素
   (2) 淋巴球的分化
      ① T 細胞：a. 骨髓內淋巴幹細胞衍生，半數移入胸腺，其分泌的激素作用成爲 T 細胞，可直接破壞抗原，屬細胞免疫，如器官移植的排斥；b.T4 淋巴球可分泌間白素 -2(interlukin-2)；c. 凸眼症唯一長效型甲狀腺刺激 (LATS) 抗體，沉積在眼球後窩使眼球突出，一般認爲與自體免疫有關，可用一些抑制 T 淋巴球生成之藥物改善凸眼症
      ② B 細胞：未進入胸腺的幹細胞，可能會在骨髓、胎兒的肝脾或胃腸道的淋巴組織，處理成 B 細胞；B 細胞在胸腺所分泌之激素影響下，分化爲漿細胞，製造抗體以對抗抗原，屬體液免疫，如預防注射所產生的主動免疫反應。

(D) 1. 下列何者不屬於淋巴器官？(A) 胸腺 (B) 扁桃腺 (C) 脾臟 (D) 肝臟。（2014 二技）

(A) 2. 有關淋巴循環的生理功能敘述，下列何者錯誤？(A) 主要回收組織液中的鉀離子 (B) 運輸脂肪 (C) 調節血漿和組織液之間的液體平衡 (D) 清除組織中紅血球跟細菌。（2021-2 專高）

(B) 3. 有關淋巴管構造與功能的敘述，何者不正確？(A) 胸管是體內最大的淋巴管 (B) 微淋巴管的通透性比微血管差 (C) 淋巴管的內壁與靜脈同樣具有瓣膜 (D) 右淋巴管可匯集身體右上部的淋巴液回流。（2011 二技）

(B) 4. B 淋巴球 (B lymphocyte) 主要分布在何處？(A) 腎上腺 (B) 淋巴結 (C) 胸腺

(D) 甲狀腺。(2012 專普)

(B) 5. 有關扁桃體的敘述，下列何者正確？(A) 屬於中央淋巴器官 (B) 位於食道與氣管交會處 (C) 富含自然殺手細胞 (natural killer cells) (D) 主要參與免疫細胞的生成與分化。(2018-2 專高)

(A) 6. 位於口咽側壁的淋巴組織稱為：(A) 顎扁桃體 (B) 咽扁桃體 (C) 舌扁桃體 (D) 腮腺。(2010 專高)

(B) 7. 位於鼻咽後上部的淋巴組織稱為：(A) 顎扁桃體 (B) 咽扁桃體 (C) 舌扁桃體 (D) 腮腺。(2009 專普)

(A) 8. 胸腺 (thymus) 位於人體的哪一個部位？(A) 縱膈 (mediastinum) (B) 心包腔 (pericardial cavity) (C) 胸膜腔 (pleural cavity) (D) 腹腔 (abdominal cavity)。(2012 二技)

(D) 9. 下列何者不是脾臟的功能？(A) 具有免疫的功能 (B) 靜脈竇能貯存血液 (C) 胚胎時期是造血器官 (D) 能幫助脂肪消化。(2011 專高)

(A) 10. 下列哪一個淋巴器官有紅髓與白髓的區分？(A) 脾臟 (B) 胸腺 (C) 扁桃腺 (D) 淋巴結。(2008 專普)

(C) 11. 關於脾臟的敘述，何者正確？(A) 位於右側季肋區，腎臟的上方 (B) 可以分泌含多種消化酶的消化液幫助消化，屬於消化器官 (C) 內有紅髓與白髓，具有儲血與免疫功能 (D) 脾靜脈會先匯入腎靜脈，才匯入下腔靜脈。(2015 專高)

(D) 12. 下列何者屬於特異性 (specific) 免疫反應？(A) 吞噬作用 (phagocytosis) (B) 補體 (complement) 的作用 (C) 發燒 (fever) 反應 (D) 抗體 (antibodies) 的產生。(2015 二技)

(B) 13. 下列何種結締組織細胞是由 B 淋巴球轉變而來？(A) 肥胖細胞 (mast cell) (B) 漿細胞 (plasma cell) (C) 巨噬細胞 (macrophage) (D) 纖維母細胞 (fibroblast)。(2010 二技)

(B) 14. 施打流行性感冒疫苗屬於下列何者？(A) 先天免疫 (innate immunity) (B) 自動免疫 (active immunity) (C) 被動免疫 (passive immunity) (D) 細胞性免疫 (cellular immunity)。(2012 二技)

第七單元 神經系統

壹 神經組織

一、神經解剖概論

1. 神經組織是由神經細胞和神經膠細胞組成。
2. 神經系統的結構和功能單位是神經細胞，亦稱為神經元。
3. 神經系統之功能為感覺、整合、反應，主要分成兩大類：

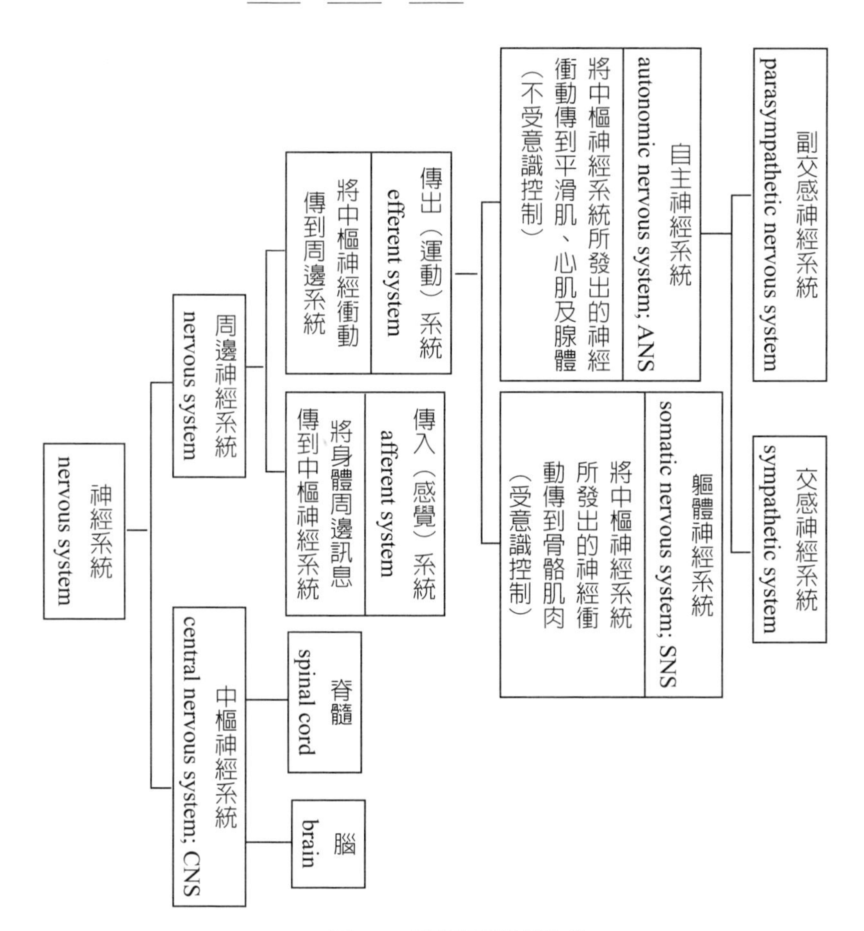

圖7-1　神經系統的組成

4. 神經系統主要含有兩類細胞：神經細胞（或神經元）及神經膠細胞。而人類腦中神經細胞數目約爲 10^{11} 個，神經膠細胞約爲神經細胞的10-50倍之多。

(一) 神經細胞（神經元）是功能上與結構上的細胞單位，形態上包含細胞本體、樹突和軸突。

1. 細胞本體：所包含的細胞質爲核外質，含許多胞器。
   (1) 細胞核：最大胞器，具有明顯的核仁。
   (2) 微小管：外徑 25 nm，負責快速運輸蛋白質分子與小顆粒。
   (3) 神經細絲：大多聚集成束，寬度爲 7.5-10 nm。
   (4) 肌動蛋白：外徑約爲 5 nm。
   (5) 尼氏體：在神經細胞中所見到的嗜鹼性物質，若利用電子顯微鏡觀察，尼氏體是由規律排列的似顆粒性內質網所組成，其功能爲蛋白質的製造。
   (6) 其他：高爾基體、平滑內質網、粒線體和溶酶體等膜性胞器。
2. 樹突：其細胞質與核外質相似，樹突上有大量小突起，稱爲樹突棘，它參與突觸接合。
3. 軸突：其細胞質叫做軸突漿（包含有神經細絲、微小管、散布的粒線體及平滑內質網）
   (1) 軸突通常被髓鞘所包圍，一段段的髓鞘間有不連續的區域稱爲蘭氏結（行跳躍式傳導）。
   (2) 周邊神經系統的髓鞘是由許旺細胞所構成，而中樞神經系統的髓鞘是由寡樹突神經膠細胞所構成。
   (3) 軸突及其側枝的末端分支多形成終結，或稱突觸結，突觸結內含有突觸囊泡 。

(二) 神經細胞之構造分類

1. 多極神經元：具有單一個軸突及幾個樹突，存於腦及脊髓的神經元多屬於此類。
2. 雙極神經元：具有一個軸突及一個樹突，存在眼睛的網膜、內耳及嗅覺區裡。其軸突與樹突前段融合，但仍分出具有軸突功能的中央分支及具有樹突功能的周圍分支，稱爲僞單極神經元，如脊髓背神經根裡的脊細胞。
3. 單極神經元：由細胞體延伸出單一的突起，多存在於無脊椎動物的神經系統中。

(三) 神經膠細胞

1. 神經膠細胞之功能：具支持、造成神經髓鞘、清除垃圾、緩衝鉀離子濃度、

造成血腦障壁 (BBB-- 葡萄糖、O_2、CO_2 可通過）、發育中神經細胞移轉的指引。並不是與神經衝動的興奮、抑制、傳導有關。

2. 神經膠細胞之分類：
   (1) 星形神經膠細胞：具有神經膠纖維，由神經膠纖維酸性蛋白構成。會伸出突起貼到微血管上，即是所謂的足板，造成血腦障壁。當腦或脊髓受傷，接近受傷處的星形細胞會肥大，數目也變多，此變化稱神經膠樣變性，此時具吞噬的性質，與疤的形成有關。
   (2) 寡樹突神經膠細胞：細胞核呈小且有球的形狀，且有緻密的染色質。可支持 N 元及環繞在 CNS 的 N 元軸突，細胞質會形成神經纖維髓鞘。
   (3) 微小神經膠細胞：細胞最小，來自單核球。若中樞神經系統受傷或發炎時，受傷部位會大量出現小神經膠細胞，具吞噬作用，與免疫有關。
   (4) 室管膜細胞：可協助 N 組織與 CSF 間化學性物質交換

3. N 纖維分三類

分類		特性
A	Aα	負責本體感覺，支配骨骼肌運動，傳導速度最快
	Aβ	負責傳導觸覺、壓覺
	Aγ	負責至肌梭的運動
	Aδ	傳導痛覺（快痛）、溫覺、觸覺
B	–	組成自主神經節前纖維
C	背根神經	負責反射動作，傳導慢性痛覺、溫覺、部分壓覺，組成交感節後纖維。其傳導易受局部麻醉劑抑制，傳導速度慢，低於每秒 2 公尺
	交感神經	

（D）1. 下列何者具協調身體內各器官活動之功能？(A) 骨骼系統　(B) 肌肉系統　(C) 循環系統　(D) 神經系統。（2009 專普）

（C）2. 有關腦部代謝之敘述，下列何者正確？(A) 腦部為低代謝率器官　(B) 可進行有效的無氧代謝　(C) 葡萄糖為腦部能量的主要來源　(D) 葡萄糖無法通過血腦障壁。（2017-1 專高）

（C）3. 依突起數目多寡分類，背根神經元屬於下列何種類型？(A) 多極神經元　(B) 雙極神經元　(C) 偽單極神經元　(D) 無軸突神經元。（2013 專高）

（C）4. 下列何種構造不會出現在中樞神經系統？(A) 神經核　(B) 神經元　(C) 神經節　(D) 星狀膠細胞。（2012 專高）

（C）5. 下列何者在神經系統中負責支持、保護的功能？(A) 神經細胞　(B) 上皮細胞　(C) 神經膠細胞　(D) 結締組織細胞。（2010 專普）

(D) 6. 依外形，運動神經元屬於：(A) 單極性神經元 (B) 偽單極性神經元 (C) 雙極性神經元 (D) 多極性神經元。 (2010 專普)

(C) 7. 關於跳躍式傳導 (saltatory conduction) 的特性，下列何者錯誤？(A) 發生於有髓鞘的神經纖維 (B) 傳導速度較快 (C) 需消耗較多的能量 (D) 動作電位沿著蘭氏結產生。 (2015 專高)

(C) 8. 下列何者並非神經纖維髓鞘之主要功能？(A) 組成白質 (B) 跳躍式傳導 (C) 提供 ATP 予神經纖維 (D) 包覆 A 型神經纖維。 (2016-1 專高)

(B) 9. 下列何者形成中樞神經系統神經纖維的髓鞘？(A) 許旺氏細胞 (B) 寡突膠細胞 (C) 微小膠細胞 (D) 星狀膠細胞。 (2012 專普)

(A) 10. 下列何種神經膠細胞 (neuroglia) 具有協助神經組織與腦脊髓液間物質交換的功能？(A) 室管膜細胞 (ependymal cell) (B) 星狀膠細胞 (astrocyte) (C) 寡樹突膠細胞 (oligodendrocyte) (D) 神經膜細胞 (neurolemocyte)。 (2010 二技)

(C) 11. 下列何者之細胞膜纏繞在神經纖維外形成髓鞘？(A) 星狀膠細胞 (B) 微小膠細胞 (C) 寡突膠細胞 (D) 室管膜細胞。 (2010 專普)

(C) 12. 下列何種神經纖維不具有髓鞘？(A)Aα 型纖維 (B)B 型纖維 (C)C 型纖維 (D)Aγ 型纖維。 (2012 專高)

(A) 13. 位於中樞神經系統血管旁的膠細胞，最可能是下列何者？(A) 星狀膠細胞 (B) 微小膠細胞 (C) 寡樹突膠細胞 (D) 許旺氏細胞。 (2011 專普)

(B) 14. 下列何者具有引導周邊神經再生的功能？(A) 衛星細胞 (B) 許旺氏細胞 (C) 星狀膠細胞 (D) 寡樹突膠細胞。 (2012 專高)

(C) 15. 出生後，骨骼肌 (skeletal muscle) 受損傷或死亡，下列哪一種細胞可進行修補？(A) 肌母細胞 (myoblast) (B) 纖維芽母細胞 (fibroblast) (C) 衛星細胞 (satellite cell) (D) 賽氏細胞 (Sertoli cell)。 (2020-1 專高)

(A) 16. 下列何者參與形成血腦障壁？(A) 星形膠細胞 (B) 寡突膠細胞 (C) 許旺氏細胞 (D) 室管膜細胞。 (2018-2 專高)

(A) 17. 下列何者不是星狀細胞 (astrocytes) 的功能？(A) 吞噬外來或壞死組織 (B) 形成腦血管障蔽 (C) 參與腦的發育 (D) 調節鉀離子濃度。 (2020-1 專高)

(A) 18. 下列哪一種神經膠細胞 (neuroglia cells) 可幫助調節腦脊髓液 (cerebrospinal fluid) 的生成與流動？(A) 室管膜細胞 (ependymal cell) (B) 星狀細胞 (astrocyte) (C) 微膠細胞 (microglia) (D) 寡突細胞 (oligodendrocyte)。 (2021-2 專高)

(A) 19. 下列何者並非星狀膠細胞的功能？(A) 分泌腦脊髓液 (B) 形成血腦障壁 (C) 當中樞神經損傷時，形成疤痕組織 (D) 回收神經末梢釋出之神經傳遞物質。 (2016-2 專高)

(B) 20. 下列何者可通過血腦屏障 (blood brain barrier)？ ①氧 ②蛋白質 ③葡萄糖 ④二氧化碳。(A) ①②③ (B) ①③④ (C) ①②④ (D) ②③④。 (2010 專高)

(C) 21. 光學顯微鏡所觀察到的尼氏體是：(A) 高爾基氏體 (B) 粒線體 (C) 顆粒性內質網 (D) 核糖體。 (2008 專普)

(B) 22. 神經細胞受傷後，下列何種胞器常會發生「溶解」現象？(A) 高爾基氏體 (B) 尼氏體 (C) 粒線體 (D) 核糖體。 (2018-1 專高)

(B) 23. 下列何者與神經衝動的跳躍傳導最不相關？(A)A 型神經纖維 (B)C 型神經纖維 (C) 蘭氏結 (D) 髓鞘。 (2009 專普)

(B) 24. 有關寡突膠細胞 (oligodendrocyte) 之特性，下列何者錯誤？(A) 與中樞神經系統白質的形成有關 (B) 一個寡突膠細胞只形成一個軸突之髓鞘 (C) 具有抑制神經元軸突再生的作用 (D) 只分布於中樞神經系統。 (2017-2 專高)

(C) 25. 包圍周邊神經軸突的髓鞘 (myelin sheath)，主要組成為何？(A) 神經元所分泌的囊泡 (secretory vesicles) (B) 神經元細胞體的外突 (external process) (C) 許旺細胞 (Schwann cells) (D) 微膠細胞 (microglia)。 (2019-2 專高)

(A) 26. 下列何者形成周圍神經的髓鞘？(A) 許旺氏細胞 (B) 寡突膠細胞 (C) 微小膠細胞 (D) 星狀膠細胞。 (2009 專普)

(C) 27. 下列何者與腦組織受傷後，疤的形成最有關係？(A) 寡樹突膠細胞 (B) 微小膠細胞 (C) 星狀膠細胞 (D) 許旺氏細胞。 (2011 專高)

二、細胞膜電位

(一) 突觸

是指神經元和另一個細胞的交接處，為軸突的末梢：

1. 中樞 N：N 元與 N 元之間。
2. 周邊 N：N 元與運動細胞（肌肉或腺體）之間。
3. 一個突觸的延擱約 0.5 毫秒，突觸小泡集中於軸突終末。
4. 突觸的構造分類

	電性突觸	化學性突觸
存在部位	肌肉細胞之間隙接合 (gap junction)	多數 N 細胞之突觸裂隙
傳遞方式	電流（離子流動）方式	化學傳遞物質
傳遞方向	單或雙向（速度快）傳遞	單向傳遞
特徵	1. 沒有突觸延遲或較短 2. 相連結的細胞產生同步，如心肌、內臟肌細胞	有突觸延遲（且較電性突觸長），如可產生興奮性或抑制性突觸後電位

5. 當 N 衝動抵達 N 末梢，會使電位控制鈣通道開啟→ Ca^{++} 入細胞內
   ⇨ 使 N 傳遞物質利用胞吐方式釋出
6. 依 N 傳遞物質作用不同分類之電位：

(1) 興奮性突觸後電位 (EPSP)—興奮性 N 傳遞物質（如 Ach, 麩胺酸）與突觸後細胞膜上接受器→ Na^+ 通透性增加，造成靜止膜電位去極化（接近閾値，易興奮但不足以產生 AP)，屬漸進電位。

(2) 抑制性突觸後電位 (IPSP) — 抑制性 N 傳遞物質（如 GABA）與突觸後細胞對 Na^+ 通透性降低，對 K^+ 及 Cl^- 通透性增加 ⇨ 造成靜止膜電位過極化降低興奮。

7. 低於閾値刺激爲閾下刺激，不引發 N 衝動但經累積後會引發 N 衝動，此爲加成作用。

(1) 空間加成 — 膜電位幅度隨刺激強度而改變，如刺激神經 A 後，再同時刺激神經 A 及 B，會使膜電位變化加大。

(2) 時間加成 —對同一神經連續刺激，使電位能累積到一個 AP。

(二) 靜止膜電位

1. 靜止時，細胞膜成極化（內負外正）現象，靜止膜電位 (resting menebrane potential, RMP) 爲 -90～-60mV 之間，心室肌細胞爲 -80mV。

2. 形成 RMP 之原因

(1) 細胞膜內外離子分布濃度差 —RMP 時細胞外 Na^+ 多，細胞內為 K^+ 多。

(2) 細胞膜對各離子的選擇性通透 —K^+ 通透性大於 Na^+⇨ 故 K^+ 流出細胞外速率 >Na^+。

(3) Na-K Pump— 利用 ATP 打出 3 個 Na+ 打入 2 個 K+ 使細胞多一個負電荷造成 -20～-5mV。

（三） 動作電位(action potential, AP)

1. 多數 AP 自軸突產生而傳至 N 末梢，一般只有 N 細胞及肌肉細胞具產生 AP 的能力，而骨骼肌細胞的 AP 較短

2. 去極化 —Na^+ 通透性大增→流入細胞内

⇨AP 依全或無定律產生

3. 再極化 —K^+ 通道打開→流出細胞外

Na 通道關閉→停止 Na^+ 流入細胞內

⇨ 漸回到 RMP，趨於爲 K 平衡電位

4. 超級化或稱過極化 —— 細胞外的 K^+ 多於細胞內的 Na^+

⇨ 藉 Na^+-K^+ pump 將 Na^+ 打出細胞外，K^+ 打入細胞內

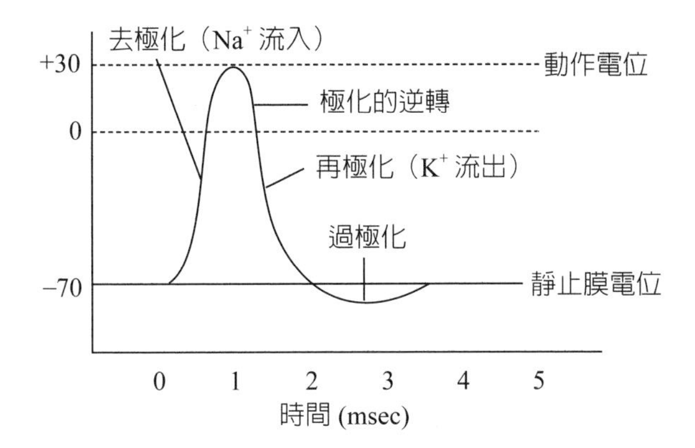

2. 影響 N 衝動因素
   (1)N 纖維大小：直徑大速度快
   (2) 有無髓鞘：有髓鞘（A,B 型 N 纖維）傳導快，消耗熱量少
   (3) 蘭氏結距離：距離大傳導快（有髓鞘的蘭氏結可採跳躍式傳導較快）
3. 不反應期：太接近是無法產生有效的 N 衝動
   (1) 絕對不反應期：一 AP 的早期 Na^+ 通道被去活化，故此期對任何刺激皆無反應
   (2) 相對不反應期：出現再極化末期，此時 K^+ 持續流出細胞外，若刺激超過較閾值強的則會產生另一 AP

（C）1.　細胞膜電位形成原因不包括下列何者？(A) 鈉鉀幫浦的貢獻　(B) 各種離子在細胞內外液之濃度差　(C) 細胞內外滲透壓差　(D) 細胞膜對分布於細胞內外之各主要離子之選擇性通透。（2008 專普）

（D）2.　下列有關靜止膜電位之敘述，何者錯誤？(A) 為細胞處於一種極化的狀態　(B) 為細胞內負電較多而細胞外正電較多的現象　(C) 鈉－鉀幫浦有助於建立靜止膜電位　(D) 一般神經細胞之靜止膜電位為＋ 50 mV。（2012 專普）

（A）3.　有關靜止膜電位 (resting membrane potential) 之敘述，下列何者正確？(A) 細胞外鉀離子濃度增加，靜止膜電位減小　(B) 細胞外鉀離子濃度減少，靜止膜電位減小　(C) 細胞內鉀離子濃度增加，靜止膜電位減小　(D) 細胞內鉀離子濃度增加，靜止膜電位不變。（2021-2 專高）

（C）4.　當動作電位發生時，細胞膜電位如何變化？(A) 過極化　(B) 極化　(C) 先去極化然後再極化　(D) 先再極化然後去極化。（2009 專普）

（B）5.　當動作電位傳遞到軸突末梢時，引發何種離子通道開啟，導致神經傳遞物質的釋出？(A) 電位控制的鈉通道 (voltage-gated Na+ channels)　(B) 電位控制的鈣通道 (voltage-gated Ca2+ channels)　(C) 電位控制的鉀通道 (voltage-gated K+

channels) (D) 鉀的滲漏通道 (K+ leak channels)。 (2014 二技)

(C) 6. 當神經動作電位處於再極化 (repolarization) 階段時，膜電位會趨於哪一種離子的平衡電位 (equilibrium potential)？(A) 鈣離子 (B) 鈉離子 (C) 鉀離子 (D) 氯離子。 (2013 二技)

(D) 7. 下列何種情況會使神經元產生去極化 (depolarization) 現象？(A) 鈉離子流出細胞外 (B) 鉀離子流出細胞外 (C) 氯離子流入細胞內 (D) 鈉離子流入細胞內。 (2018-1 專高)

(D) 8. 有關鈉鉀幫浦之正常生理運作，下列敘述何者正確？(A) 鈉鉀幫浦是種次級主動運輸 (B) 鈉鉀幫浦從細胞內打出二個鈉離子到細胞外 (C) 鈉鉀幫浦從細胞內打出二個鉀離子到細胞外 (D) 鈉鉀幫浦的淨反應是讓細胞內多出一個負電荷。 (2014-1 專高)

(B) 9. 當神經細胞膜電位等於閾值 (threshold) 時，下列何種離子之通透性增加最多？(A) 鉀離子 (B) 鈉離子 (C) 氯離子 (D) 鈣離子。 (2011 二技)

(D) 10. 神經細胞動作電位的過極化 (hyperpolarization) 是由下列何種離子流動持續增加所造成？(A) 鈉離子流入細胞 (B) 鈉離子流出細胞 (C) 鉀離子流入細胞 (D) 鉀離子流出細胞。 (2008 二技)

(AC) 11. 有關神經元動作電位 (action potential) 之敘述，下列何者錯誤？(A) 動作電位傳遞 (propagation) 與流經胞膜鈉離子孔道之離子流 (local ionic flux) 無關 (B) 鈉離子孔道負責動作電位之啟動 (initiation of action potential) (C) 閾值 (threshold) 電位是指流入胞內鈉離子量恰與流出胞外鉀離子量相等時的膜電位 (D) 絕對不反應期 (absolute refractory period) 與鈉離子孔道的不活化 (inactivation) 有關。 (2012 二技)

(B) 12. 下列哪種細胞，在一般情況下具有最短之動作電位？(A) 心室肌細胞 (B) 骨骼肌細胞 (C) 心臟節律細胞 (D) 平滑肌細胞。 (2009 專普)

(D) 13. 大部分的動作電位都是在神經細胞的何處產生？(A) 樹突 (B) 髓鞘 (C) 突觸 (D) 軸突丘。 (2009 專高)

(A) 14. 感覺刺激越強，則傳入神經元之動作電位的最常見變化為何？(A) 頻率越高 (B) 傳導速率越快 (C) 峰值越大 (D) 時間寬度越窄。 (2012 專高)

(D) 15. 動作電位具有下列何種特性？(A) 空間加成性 (B) 時間加成性 (C) 刺激強度愈大，引發之動作電位振幅愈大 (D) 遵循全有全無律。 (2009 專普)

(A) 16. 神經動作電位的傳遞速度與下列何者成正比關係？(A) 軸突直徑 (B) 樹突數目 (C) 不反應期長度 (D) 靜止膜電位大小。 (2009 專高)

(A) 17. 下列何者為神經動作電位相對不反應期 (relative refractory period) 間的變化？(A) 鉀離子持續流出細胞外 (B) 鈉離子持續流入細胞內 (C) 發生在去極化階段當中 (D) 鈉離子通道無法對任何刺激產生反應。 (2009 二技)

(C) 18. 某神經纖維的絕對不反應期為 5 毫秒，此神經纖維理論上最快每秒鐘可產生幾次動作電位？(A)20 次 (B)50 次 (C)200 次 (D)500 次。 (2011 專普)

(A) 19. 關於突觸電位 (synaptic potential) 的特性，下列何者錯誤？(A) 刺激需達到閾值方可發生　(B) 不遵守全或無定律　(C) 可產生加成作用　(D) 無不反應期。（2012 專高）

(B) 20. 有關神經突觸之性質，下列何者錯誤？(A) 神經傳導物質是由胞吐作用釋放出來　(B) 電性突觸會有短暫時間的突觸延遲　(C) 化學性突觸的特徵是具有突觸隙裂　(D) 人體神經與肌肉間之訊息傳遞是屬於化學性突觸。（2012 專高）

(B) 21. 下列何者不屬於突觸後電位之性質？(A) 膜電位過極化　(B) 全有全無律　(C) 加成作用　(D) 離子通道開啟。（2011 專普）

(C) 22. 有關電性突觸之性質，下列何者錯誤？(A) 常見於肌肉細胞　(B) 不需要神經傳導物質　(C) 可產生抑制性突觸後電位　(D) 為雙向性傳導。（2009 專高）

(D) 23. 有關突觸後膜電位 (postsynaptic membrane potential) 的特性，下列敘述何者正確？(A) 具有閾值 (threshold)　(B) 具有不反應期 (refractory period)　(C) 不會產生過極化作用 (hyperpolarization)　(D) 膜電位幅度 (amplitude) 會隨刺激強度而改變。（2010 二技）

(D) 24. 氣味物質與嗅覺感受器結合後，會導致嗅細胞的膜電位產生下列何者反應？(A) 動作電位　(B) 過極化　(C) 再極化　(D) 去極化。（2009 專普）

(A) 25. 有關抑制性突觸之性質，下列何者錯誤？(A) 全有全無律　(B) 膜電位過極化　(C) 化學性突觸　(D) 降低神經興奮性。（2008 專高）

(C) 26. 正常情況下，下列哪一類細胞具有產生動作電位的能力？(A) 血管內皮細胞　(B) 肝臟細胞　(C) 骨骼肌細胞　(D) 白血球細胞。（2011 專普）

(C) 27. 下列何者是肌細胞在初期收縮時的主要能量來源？(A) 葡萄糖　(B) 胺基酸　(C) 磷酸肌酸　(D) 脂肪酸。（2019-1 專高）

三、細胞間化學

1. N 傳遞物質的敏感度與突觸後細胞膜接受器有關
2. 一個化學訊息可能在不同組織引發不同的生理反應，當 N 被切除後敏感性增加稱之促過敏現象 (supersensitivity)

(一) 鹼性N傳遞物質——以Ach為主

1. 分泌部位：運動皮質的大型細胞 (pyramidal cell) 、基底核、支配骨骼肌的運動 N 元、ANS 的節前 N 元、PSNS 的節後 N 元
2. 作用：興奮作用，但在某些 PSNS 是抑制性（如迷走 N 對心肌是抑制效果）
3. 重症肌無力 (myasthenia hravis, MG) 是 Ach 接受體受自體免疫抗體攻擊，而致 Ach 無法與接受器接合，治療用乙醯膽鹼酶抑制劑可增加 N-M-J 處的

Ach 量。另外，阿茲海默症個案的腦部 Ach 神經元有退化；當被毒蛇咬傷後，因蛇毒會與 Ach 接受器結合→ N 衝動無法傳到肌肉而無法呼吸

(二) 胺基酸N傳遞物質

1. 麩胺酸：是 CNS 常見興奮性傳遞物質，在大腦皮質突觸前 N 末梢及感覺 N 末梢所分泌
2. γ 胺基丁酸（簡稱 GABA）：是 CNS 常見抑制性傳遞物質，在脊髓、小腦、基底核、皮質內分泌
3. 甘胺酸：多為抑制性，在脊髓的突觸內分泌

(三) 單胺酸N傳遞物質

1. 兒茶酚胺類 (Catecholamine)：
   (1) 多巴胺 (dopamine, DA)：由基底核紋狀體黑質分泌，是抑制性作用，與行為及運動姿態調整有關，DA 減少會致巴金森氏症 (Parkinson disease)，以 L-dopa 治療
   (2) 正腎上腺素 (norepinephrine, NE)：興奮性與抑制性作用皆有，在大部分 SNS 節後 N 元、腦幹或下視丘 N 元的細胞本體
   (3) 腎上腺素 (epinephrine, Epi)
2. 血清胺 (serotonin, 5-HT)：在腦中央縫核之 N 元所分泌，由色胺酸 (tryptophen) 合成。在脊髓可抑制痛覺傳導，在腦有輔助情緒控制，故憂鬱症可考慮增加血清胺改善

■臨床上有多種藥物可刺激或增加腦中血清素活性來用於治療憂鬱症，包括：
1. 血清素的前驅物或作用物質的總量增加（例如 L-tryptophan, 鋰鹽，L-dopa, trazodone 及 buspirone）
2. 增加血清素的釋放（例如 3,4-methylenedioxy-methamphetamine）
3. 減少血清素再回收（例如血清素再回收抑制劑 SSRIs、三環類抗憂鬱劑 TCA）
4. 減少血清素代謝（例如單胺氧化酶抑制劑 MAOI）等等

(四) N胜肽類

1. 腦啡肽 (enkephalin) 亦稱為腦素：興奮另一系統來**抑制痛覺**傳遞，由脊髓、腦幹、丘腦、下丘腦的 N 末梢

2. 腦內啡 (β-endorphin)
3. 代諾啡 (dynorphin)

（五） 可溶性氣體傳遞物質

如一氧化碳一氧化氮之脂性分子，可促成第二傳訊者。

（六） P物質(sunstance P)

在脊髓背角、基底核及下視丘內分泌，為興奮性，當受刺激時 P 物質被分泌會增加痛覺。

(B) 1. 下列何種神經傳導物質為色胺酸 (tryptophan) 之衍生物？(A) 多巴胺 (B) 血清素 (C) 乙醯膽鹼 (D) 正腎上腺素。 (2013 專高)

(D) 2. 下列何者不是常見的神經傳導物質 (neurotransmitter)？(A) 多巴胺 (Dopamine) (B) 甘氨酸 (glycine) (C) 血清素 (serotonin) (D) 胰島素 (insulin)。 (2020-1 專高)

(D) 3. 乙醯膽鹼 (acetylcholine; ACh) 對下列哪一種肌肉具有抑制效應？(A) 支氣管平滑肌 (B) 腓腸肌 (C) 睫狀肌 (D) 心肌。 (2010 二技)

(C) 4. 神經傳遞物質是經何種機制由軸突釋出？(A) 擴散作用 (B) 主動運輸 (C) 胞吐作用 (D) 被動運輸。 (2009 專普)

(C) 5. 下列有關化學性突觸 (chemical synapse) 的敘述，何者錯誤？(A) 突觸前神經元釋放神經傳遞物，將訊息傳遞給突觸後神經元 (B) 依神經傳遞物的作用不同，可分為興奮性及抑制性突觸 (C) 突觸後神經元產生過極化，稱為興奮性突觸後電位 (EPSP) (D) 興奮性突觸後電位 (EPSP) 的變化屬於漸進電位 (graded potential)。 (2015 二技)

(D) 6. 下列何者最不可能是化學性突觸？(A) 軸突－細胞體之間 (B) 軸突－軸突之間 (C) 軸突－樹突之間 (D) 肌肉細胞之間。 (2010 專高)

(B) 7. 藥物濫用所造成的藥物依賴性，與下列哪種神經傳導物質系統最有關？(A) 乙醯膽鹼系統 (B) 多巴胺系統 (C) 神經胜肽 Y 系統 (D) 物質 P 系統。 (2008 專高)

(C) 8. 下列分泌何種物質的腦部神經元退化與阿滋海默症 (Alzheimer disease) 之關係最為密切？(A) 腎上腺素 (B) 多巴胺 (C) 乙醯膽鹼 (D)P 物質。 (2014-1 專高)

(B) 9. 下列何種疾病，最可能見到腦部乙醯膽鹼神經元的退化？(A) 憂鬱症 (B) 阿茲海默症 (C) 精神分裂症 (D) 失語症。 (2009 專高)

(B) 10. 治療憂鬱症的藥物主要針對下列哪種神經傳導物質的功用？(A) 乙醯膽鹼 (B) 血清張力素 (C) 神經胜肽 Y (D) 麩胺酸。 (2011 專高)

（B）11. 治療重症肌無力可使用乙醯膽鹼酯酶抑制劑 (acetylcholinesterase inhibitor) 減輕症狀，其作用機轉為何？(A) 增加乙醯膽鹼 (acetylcholine) 接受器數量 (B) 增加神經肌肉接合處 (neuromuscular junction) 之乙醯膽鹼濃度 (C) 促進神經釋放乙醯膽鹼 (D) 直接刺激肌肉收縮。（2010 專普）

（B）12. 造成重症肌無力 (myasthenia gravis) 的主要原因為何？(A) 無法分泌乙醯膽鹼 (acetylcholine) (B) 受到自體免疫 (autoimmune) 抗體攻擊 (C) 蕈毒接受器 (muscarinic receptor) 被破壞 (D) 終板電位 (end plate potential) 幅度增加。（2013 二技）

（B）13. 重症肌無力 (Myasthenia gravis) 肇因於何種神經傳導物質的受器受損，導致神經訊號無法傳遞至肌肉？(A) 腎上腺素 (epinephrine) (B) 乙醯膽鹼 (acetylcholine) (C) 血清素 (serotonin) (D) 麩胺酸 (glutamate)。（2019-1 專高）

（B）14. 重症肌無力症 (myasthenia gravis) 的特徵是肌肉軟弱無力，下列何者是主要原因？(A) 運動神經釋出乙醯膽鹼少於正常量 (B) 乙醯膽鹼受器被自體抗體阻斷 (C) 乙醯膽鹼與其受器的親和力降低 (D) 乙醯膽鹼酯酶活性過強。（2014-1 專高）

貳 腦及腦神經

一、概論

腦又可區分爲幾個主要部分：大腦、小腦、間腦、腦幹。

(一) 大腦：分成左右兩個大腦半球，2-4 毫米左右的灰質所組成，稱之爲大腦皮質。

1. 白質：位在皮質底下，主由具髓鞘的軸突所組成，共有三種神經纖維：
   (1) 聯絡纖維：在同側大腦半球內不同腦回間的連結並傳導衝動。
   (2) 連合纖維：將衝動由一大腦半球的腦回傳導到另一大腦半球的腦回。三個主要的連合纖維分別是胼胝體、前連合及後連合
   (3) 投射纖維：連接大腦與其他腦區域或脊髓，即上行徑或下行徑
2. 腦葉：分成四個腦葉：額葉、頂葉、顳葉及枕葉
   (1) 中央溝分隔額葉及頂葉
   (2) 側腦溝分隔額葉與顳葉
   (3) 頂枕溝將頂葉與枕葉分開

(4) 縱裂將大腦分成兩個半球

(5) 橫裂分隔大腦與小腦

3. 基底核：又名基底神經節或大腦核，包括紋狀體（最大，又分尾狀核及豆狀核）、帶狀核及杏仁核，亦有學者將黑質、紅核及視丘下核列爲基底核的構造。主要功能有：

(1) 控制骨骼肌的潛意識運動，例如走路時手臂的擺動。

(2) 調節身體特定運動所需之肌肉緊張度。

(3) 當基底核受到損傷或退化時，會引起不正常的軀體運動，如當黑質或紋狀體內之多巴胺含量減少時，會導致巴金森氏病，出現靜止性震顫、肌肉僵硬、動作緩慢、面具臉……

4. 邊緣系統：功能有嗅覺、情緒、情感、防禦、性行為與學習記憶。組成包括邊緣葉（由大腦的扣帶回及海馬旁回所組成）、海馬、杏仁核、下視丘之乳頭體、視丘之前核等

5. 大腦皮質功能區

(1) 感覺區：一般感覺區（頂葉 1, 2, 3 區）、體感覺聯絡區（5, 7 區）、主要視覺區（枕葉 17 區）、視覺聯絡區（枕葉 18, 19）、主要聽覺區（顳葉之橫腦迴 41 ,42 區）、聽覺聯絡區（22 區）、主要味覺區（43 區）

(2) 運動區：主要運動區（額葉前中央回 4 區 —— 錐狀細胞 (pyramidal cell) 是大腦皮質主要的輸出 N 元）、前運動區（6 區）、額視野區（8 區 - 控制眼球共軛）、語言區、大腦對側支配

語言區：分二

① 語言的發生與表達 — 在額葉的布洛卡氏區（Broca's area, 44, 45 區）
→運動性失語症 (motor aphasis)

② 語言的理解與接受 — 在顳葉的沃爾尼克氏區（Wernicke's area, 22 區）
→接受性失語症 (sensory aphasia)

(3) 聯絡區：聯絡感覺及運動區

(二) 小腦：主要功能是維持平衡與協調的運動有關，位於後顱腔，位於橋腦與延腦的後方，大腦枕葉的下方，兩側的部分爲小腦半球。小腦以三個小腦腳附著於腦幹，包括：

1. 上小腦腳：由球狀核、栓狀核和齒狀核的輸出纖維所組成，主連接小腦與中腦

2. 中小腦腳：是由源自橋腦核的纖維組成，主要是連接小腦與橋腦。

3. 下小腦腳：由輸入小腦的纖維所組成，主要連絡小腦、延髓與脊髓。
   小腦天幕則位在大腦枕葉與小腦之間，將大腦與小腦區分開來。
   小腦鐮是後腦宿的一個小硬膜皺褶，位在兩個小腦半球之間。

(三) 間腦：丘腦（最大，又稱視丘，是個感覺的轉換站）、丘腦下部、上丘腦及下丘腦（下視丘）

1. 視丘之神經核將身體各部傳來的感覺轉傳到大腦皮質，例如：
   (1) 內側膝狀核：接受左、右兩內耳的柯蒂氏器傳來之對側訊息，其傳出的纖維終止於顳葉的聽覺區。主要司聽覺。
   (2) 外側膝狀核：視徑中的纖維大部分終止於此，此核又傳出神經纖維投射到大腦皮質的視覺區，主司視覺。
   (3) 腹側後神經核：爲皮膚、肌肉和身體內部感覺訊息的意識認知，由身體對側投射出，會因來自不同身體部位，而投射於此核的不同部位，此現象稱地形學的神經投射。
   (4) 腹外側神經核：司隨意運動。
   (5) 腹側前神經核：司隨意運動及清醒狀態的維持

2. 下視丘介於第三腦室和丘腦下部間，負責 ANS 和內分泌腺的整合控制中心。
   功能：
   (1) 調控自主神經的功能 —BP 、HR 、GI 運動、瞳孔大小，後部爲交感神經中樞，前部爲副交感神經中樞
   (2) 調節體溫：前部含散熱中樞，後部爲產熱中樞
   (3) 調節飲食：飽食中樞位於腹內側，若受到刺激則會降低食慾；飢餓中樞位外側部
   (4) 調節水分的平衡：含有滲透壓接受器，當血液的容積降低或體液濃度升高→刺激接受器傳達訊息給視上核，使其分泌抗利尿素，並由垂體後葉釋放出來→腎臟保留較多的水分。同時也刺激下視丘的口渴中樞引起口渴，導致水分的攝取
   (5) 調控內分泌的功能：分泌釋放因子而影響腦下垂體前葉的分泌，視上核及室旁核內的神經細胞會製造合成抗利尿素及催產素，再經由軸突送到腦下垂體後葉貯存及分泌。
   (6) 調節睡眠、甦醒中樞：有睡眠中樞及甦醒中樞而影響睡醒週期。
   (7) 影響情緒反應與行為：前核爲邊緣系統的一部分，因而影響情緒等行爲

(四) 腦幹：中腦、橋腦、延腦三部分所組成

1. 中腦 (N3-4)：下丘是做聽覺神經徑轉運站→投射到丘腦負責聽覺的內側膝狀體或大腦皮質區。上丘與眼球的隨意運動和視覺或其他形式的刺激引起眼球與頭部的運動有關
2. 橋腦 (N5-8)：其基
底部如同一個神經轉運站，提供大腦皮質與對側小腦皮質間的聯繫
3. 延腦 (N9-12)：薄束與楔狀束由脊髓向上延伸入延腦背側區的薄核與楔狀核，並將精細觸覺及意識性本體感覺的訊息轉傳到對側丘腦，最後到達大腦的感覺皮質
   ⇨ 重要功能：心臟中樞、血管運動中樞、呼吸中樞，因此延腦可稱爲「生命中樞」。

(五) 腦脊髓液 (CSF)：主要由側腦室（最大的來源）、第三腦室及第四腦室的脈絡叢產生，每日產量約 500 毫升，充滿於腦室、脊髓中央管及蜘蛛膜下腔約只占 140 毫升。

1. 循環路徑
2. 成分：類似血漿，但蛋白質及膽固醇濃度較血漿中爲低；而 Na^+, Cl^-, H^+, Mg^{2+} 較血漿爲高；Ca^{2+}, K^+ 則較血漿中低
3. 功能爲：作爲腦與脊髓的保護層、供給腦及脊髓的營養、清除腦及脊髓的代謝產物
4. 腦內之靜脈血，經靜脈竇流入內頸靜脈：
   (1) 上矢狀竇：沿大腦鐮的上緣，而與橫竇相通，大腦上靜脈則會注入上矢狀竇
   (2) 下矢狀竇：沿大腦鐮的自由端（即下端）延伸，並接受大腦半球中央部分來的靜脈血
   (3) 直竇：下矢狀竇開口於直竇，其位於大腦鐮與小腦天幕的接連處，與橫竇匯合之後注入頸靜脈
   (4) 橫竇：橫列在小腦天幕與枕骨相連處的凹溝內，橫竇到顳骨的岩部便延伸成乙狀竇，最後在頸靜脈孔注入頸靜脈
   (5) 海綿竇：位於蝶骨的兩側，左右各一個，每一個海綿竇都會接受眼靜脈和大腦中淺靜脈來的血液

(B) 1. 下列何者連接左、右大腦半球？(A) 內囊 (internal capsule) (B) 胼胝體 (corpus callosum) (C) 鉤束 (uncinate fasciculus) (D) 穹窿 (fornix)。 (2008 專高)

(D) 2. 下列何者是主要連結左右大腦半球的構造？(A) 內囊 (B) 穹窿 (C) 大腦腳 (D) 胼胝體。 (2016-2 專高)

(C) 3. 下列何者負責將訊息傳到對側大腦半球？(A) 紋狀體 (B) 海馬體 (C) 胼胝體 (D) 乳頭體。 (2016-1 專高)

(A) 4. 一般感覺區位於大腦何處？(A) 頂葉 (B) 顳葉 (C) 額葉 (D) 枕葉。 (2010 專普)

(C) 5. 有關大腦皮質的敘述，下列何者正確？(A) 每個大腦半球的皮質可分成七葉 (B) 大腦皮質細胞主要分為三層 (C) 大腦皮質主要輸出神經元是錐狀細胞 (pyramidal cells) (D) 投射到大腦皮質的神經纖維主要來自小腦。 (2012 專高)

(D) 6. 下列何種構造可隔開大腦的枕葉與小腦？(A) 大腦鐮 (falx cerebri) (B) 小腦鐮 (falx cerebelli) (C) 鞍隔 (diaphragma sellae) (D) 小腦天幕 (tentorium cerebelli)。 (2011 二技)

(B) 7. 下列何者能控制眼球的共軛運動 (conjugate movement)？(A) 顳葉 (B) 額葉 (C) 枕葉 (D) 頂葉。 (2011 專普)

(C) 8. 下列何者不屬於基底神經核 (basal nuclei) 的構造？(A) 殼核 (putamen) (B) 蒼白球 (globus pallidus) (C) 楔狀核 (nucleus cuneatus) (D) 尾狀核 (caudate nucleus)。 (2010 專普)(2011 二技)

(B) 9. 黑質 (substantia nigra) 主要位於腦部的哪一個區域內？(A) 大腦 (cerebrum) (B) 中腦 (midbrain) (C) 橋腦 (pons) (D) 延腦 (medulla oblongata)。 (2014 二技)

(B) 10. 下列哪一腦區具有四疊體 (corpora quadrigemina) 的結構？(A) 間腦 (diencephalon) (B) 中腦 (midbrain) (C) 橋腦 (pons) (D) 延腦 (medulla oblongata)。 (2013 二技)(2015 二技)

(B) 11. 從網狀結構 (reticular formation) 傳送到前半腦部的訊息，主要與下列何種功能有關？(A) 運動控制 (B) 意識和醒覺 (C) 呼吸和心跳速率控制 (D) 攻擊行為。 (2015 專高)

(D) 12. 嗅覺以外的感覺訊號，先經過下列何者後進入大腦皮質？(A) 延腦 (B) 橋腦 (C) 中腦 (D) 丘腦。 (2015 專高)

(B) 13. 引發呼吸的節律中樞位於：(A) 脊髓 (B) 延髓 (C) 橋腦 (D) 中腦。 (2012 專普)

(B) 14. 中樞神經系統中，下列何者與控制運動協調的關係最密切？(A) 視叉上核 (suprachiasmatic nuclei) (B) 基底核 (basal nuclei) (C) 上視核 (supraoptic nuclei) (D) 視丘 (thalamus)。 (2015 二技)

(D) 15. 第三腦室與第四腦室之間的連接構造為何？(A) 室管膜 (ependyma) (B) 側腦

室 (lateral ventricles)　(C) 脈絡叢 (choroid plexus)　(D) 大腦導水管 (cerebral aqueduct)。（2009 二技）

（C）16. 下列哪個腦區與記憶功能最為相關？(A) 黑質　(B) 紅核　(C) 海馬　(D) 腦垂體。（2011 專普）

（B）17. 下列何者受損會導致短期記憶無法形成新的長期記憶，但不影響過去的長期記憶？(A) 橋腦 (pons)　(B) 海馬 (hip-pocampus)　(C) 顳葉 (temporal lobe)　(D) 枕葉 (occipital lobe)。（2009 二技）

（A）18. 下列何者的訊息不經由視丘轉送至大腦？(A) 嗅神經　(B) 視神經　(C) 三叉神經　(D) 平衡聽神經。（2013 專高）

（C）19. 大腦主要的聽覺皮質位於下列哪一腦葉？(A) 額葉 (frontal lobe)　(B) 頂葉 (parietal lobe)　(C) 顳葉 (temporal lobe)　(D) 枕葉 (occipital lobe)。（2010 二技）

（C）20. 主要視覺區位於：(A) 額葉　(B) 頂葉　(C) 枕葉　(D) 顳葉。（2008 專普）

（D）21. 大腦皮質的初級視覺區是位於：(A) 額葉　(B) 頂葉　(C) 顳葉　(D) 枕葉。（2017-2 專高）

（C）22. 位於禽距裂 (calcarine fissure) 上、下兩側的大腦皮質與下列何種感覺最有關？(A) 味覺　(B) 聽覺　(C) 視覺　(D) 本體覺。（2019-1 專高）

（C）23. 下列何者不是中腦的構造？(A) 滑車神經核　(B) 動眼神經核　(C) 顏面神經核　(D)Edinger-Westphal 核。（2009 專普）

（B）24. 位於左右視丘之間的腦室為下列何者？(A) 側腦室　(B) 第三腦室　(C) 第四腦室　(D) 中央管。（2012 專普）

（D）25. 下列何者不屬於周邊神經系統？(A) 腦神經　(B) 運動神經　(C) 感覺神經　(D) 下視丘。（2010 專普）

（B）26. 飲食與體溫調節中樞位在下列哪個腦區？(A) 視丘　(B) 下視丘　(C) 松果體　(D) 腦下垂體。（2008 專普）

（B）27. 飲食中樞位在下列哪個腦區？(A) 視丘　(B) 下視丘　(C) 松果體　(D) 腦下垂體。（2010 專高）

（C）28. 下視丘之神經核中，何者與晝夜節律有關？(A) 視上核　(B) 後核　(C) 視交叉上核　(D) 視旁核。（2011 專高）

（D）29. 下視丘與晝夜節律有關的部位為：(A) 室旁核　(B) 視上核　(C) 前核　(D) 視交叉上核。（2012 專普）

（D）30. 下列何處是控制人體生物時鐘之最主要部位？(A) 延腦　(B) 橋腦　(C) 視丘　(D) 下視丘。（2014-1 專高）

（B）31. 林先生腦內某部位發生中風後，出現飢餓、多食、肥胖等症狀。下列何者是林先生最可能發生病變的部位？(A) 視丘　(B) 下視丘　(C) 基底核　(D) 小腦。（2016-1 專高）

（D）32. 下列何者不需經過視丘即可直接傳遞到大腦？(A) 視覺　(B) 聽覺　(C) 觸覺　(D) 嗅覺。（2012 專高）

(B) 33. 與聽覺反射有關之神經核位於何處？(A) 視丘 (B) 中腦 (C) 橋腦 (D) 延腦。 (2008 專高)

(C) 34. 管視覺功能的腦葉為：(A) 額葉 (B) 頂葉 (C) 枕葉 (D) 顳葉。 (2012 專普)

(A) 35. 與語言表達有關的孛羅卡氏區 (Broca's area) 位於：(A) 額葉 (B) 頂葉 (C) 枕葉 (D) 顳葉。 (2010 專普)

(D) 36. 控制呼吸與心跳的反射中樞位在：(A) 間腦 (B) 中腦 (C) 小腦 (D) 延腦。 (2010 專普)

(A) 37. 下列何者因參與嗅覺訊息被稱為嗅腦，且與情緒控制有關所以也稱為情緒腦？(A) 邊緣系統 (limbic system) (B) 基底神經節 (basal ganglia) (C) 網狀致活系統 (reticular activating system) (D) 延腦 (medulla oblongata)。 (2014 二技)

(A) 38. 下列何者與情緒性活動及個體防禦、生殖等有關？(A) 邊緣系統 (B) 基底核 (C) 視丘 (D) 紋狀體。 (2009 專高)

(C) 39. 參與情緒調節的主要構造，不包括下列何者？(A) 海馬 (hippocampus) (B) 杏仁核 (amygdala) (C) 基底核 (basal ganglia) (D) 下視丘 (hypothalamus)。 (2010 二技)

(D) 40. 下列哪個構造與情緒有關？(A) 大腦腳 (B) 小腦腳 (C) 胼胝體 (D) 邊緣系統。 (2010 專普)

(B) 41. 下列那個腦區受損會造成表達性的失語症？(A) 阿爾柏特氏區 (Albert's area)(B) 布洛卡氏區 (Broca's area) (C) 史特爾氏區 (Stryer's area) (D) 沃爾尼克氏區 (Wernicke's area) (2020-2 專高)

(B) 42. 下列哪個腦區受損會造成表達性的失語症？(A) 阿爾柏特氏區 (Albert's area) (B) 孛羅卡氏區 (Broca's area) (C) 史特爾氏區 (Stryer's area) (D) 沃爾尼克氏區 (Wernicke's area)。 (2012 專普)

(C) 43. 布洛卡氏區 (Broca's area) 與下列何種運動的調控有關？(A) 跑步 (B) 扭腰 (C) 說話 (D) 閉眼。 (2008 二技)

(C) 44. 下列哪一腦區病變最可能造成表達性失語症 (expressive aphasia)？(A) 顳葉 (temporal lobe) 的布洛卡區 (Broca's area) (B) 顳葉 (temporal lobe) 的渥尼克區 (Wernicke's area) (C) 額葉 (frontal lobe) 的布洛卡區 (Broca's area) (D) 額葉 (frontal lobe) 的渥尼克區 (Wernicke's area)。 (2020-1 專高)

(C) 45. 下列何者損傷會導致感覺性之失語症 (receptive aphasia)？(A) 言語運動區 (Broca's area) (B) 前運動區 (C) 沃爾尼克區 (Wernicke's area) (D) 輔助運動區。 (2010 專高)

(D) 46. 與語言理解有關的沃爾尼克氏區 (Wernicke's area) 位於：(A) 額葉 (B) 頂葉 (C) 枕葉 (D) 顳葉。 (2009 專普)

(B) 47. 中腦 Edinger-Westphal 神經核發出之神經纖維與下列何者伴行？(A) 視神經

(B) 動眼神經　(C) 滑車神經　(D) 顏面神經。　(2008 專高)

(C) 48. 運動失調 (ataxia) 主要是因為腦部哪一區域受損？(A) 橋腦 (pons)　(B) 下視丘 (hypothalamus)　(C) 小腦 (cerebellum)　(D) 前額葉皮質 (prefrontal cortex)　(2020-2 專高)

(A) 49. 下列哪一腦區受損將使人失去害怕的感覺？(A) 杏仁核 (Amygdala)　(B) 布洛卡區 (Broca's area)　(C) 渥尼克區 (Wernicke's area)　(D) 尾狀核 (Caudate nucleus)　(2018-2 專高)

(B) 50. 有關腦脊髓液之敘述，下列何者錯誤？(A) 由腦室之脈絡叢生成　(B) 中樞神經系統內之腦脊髓液量約在 250～350 毫升 (C) 第四腦室有三個孔道讓腦脊髓液流入蜘蛛網膜下腔　(D) 經由蜘蛛網膜滲透入腦硬膜竇內。　(2009 專普)

(B) 51. 室間孔連通下列何者？(A) 左、右側腦室　(B) 側腦室與第 3 腦室　(C) 第 3 與第 4 腦室　(D) 第 4 腦室與脊髓中央管。　(2017-1 專高)

(A) 52. 上矢狀竇位於下列何處？(A) 硬腦膜　(B) 蜘蛛膜　(C) 蜘蛛膜下腔　(D) 軟腦膜。　(2015 專高)

(B) 53. 大腦腦室 (ventricles) 內壁的何種組織分泌腦脊髓液 (cerebrospinal fluid)？(A) 硬腦膜 (dura mater)　(B) 脈絡叢膜組織 (choroid plexuses)　(C) 蛛網膜 (arachnoid mater)　(D) 軟腦膜 (pia mater)。　(2012 二技)

(A) 54. 腦脊髓液是由何處產生？(A) 腦室的脈絡叢　(B) 大腦導水管　(C) 脊髓中央管 (D) 蛛網膜下腔。　(2019-2 專高)

(D) 55. 腦部的腦脊髓液，由何處流入脊髓蜘蛛膜下腔？(A) 側腦室　(B) 第三腦室 (C) 中腦導水管　(D) 第四腦室。　(2010 專普)

(C) 56. 正常情況下，下列哪一區充滿腦脊髓液 (cerebrospinal fluid)？(A) 硬膜下腔 (subdural space)　(B) 硬膜 (dura mater) 與蜘蛛膜 (arachnoid) 之間 (C) 蜘蛛膜 (arachnoid) 與軟膜 (pia mater) 之間　(D) 軟膜 (pia mater) 與腦之間。　(2015 二技)

(C) 57. 蛛網膜下腔 (subarachnoid space) 是蛛網膜與下列何者之間的構造？(A) 硬膜 (dura mater)　(B) 蛛網膜絨毛 (arachnoid villi)　(C) 軟膜 (pia mater) (D) 上矢狀竇 (superior sagittal sinus)。　(2010 二技)

(A) 58. 有關腦脊髓液的敘述，下列何者正確？(A) 由脈絡叢過濾血液而產生的 (B) 其成分與細胞內液相似　(C) 其流動方向是：第四腦室→第三腦室→側腦室　(D) 一般成人的腦脊髓液約為 500 毫升。　(2012 專普)

(D) 59. 正常情況下，腦脊髓液 (cerebrospinal fluid) 存在於下列何部位？(A) 硬腦膜上腔 (epidural space)　(B) 上矢狀竇 (superior sagittal sinus)　(C) 橫竇 (transverse sinus)　(D) 蜘蛛膜下腔 (subarachnoid space)。　(2012 二技)

(C) 60. 有關大腦運動中樞及其下行路徑 (descending pathway) 之敘述，下列何者正確？(A) 大腦運動中樞調控的所有下行路徑都是以大腦皮質為起點　(B) 支配肌肉運動下行路徑的唯一來源是運動皮質區 (motor cortex area)　(C) 基底核 (basal nuclei) 在運動控制上扮演極重要之抑制性 (inhibitory) 角色　(D) 不同區域的感覺運動皮質具有不同的功能，且彼此之間並無互動。　(2012 二技)

二、腦神經

腦神經對數	名稱	主要作用	起源處	離開顱腔的通道
I	嗅神經 (olfactory nerve)	感覺：嗅覺	嗅球	篩骨篩板
II	視神經 (optic nerve)	感覺：視覺	丘腦	視神經孔
III	動眼神經 (oculomotor nerve)	運動：上、下、內直肌、下斜肌、提上眼瞼肌 副交感：瞳孔括約肌及睫狀肌	中腦	眶上裂
IV	滑車神經 (trochlear nerve)	運動：上斜肌	中腦	眶上裂
V	三叉神經 (trigeminal nerve) 1. 眼支 (ophthalmic branch)	感覺：角膜、鼻黏膜、臉部皮膚、頭皮	橋腦腹面	眶上裂
	2. 上頷支 (maxillary branch)	感覺：臉部皮膚、口顎、上唇、上頷齒		圓孔
	3. 下頷支 (mandibular branch)	感覺：舌前 2/3 一般感覺、下頷齒、下頷皮膚 運動：咀嚼肌		卵圓孔
VI	外旋神經	運動：外直肌	橋腦下緣	眶上裂
VII	顏面神經 (facial nerve)	感覺：舌前 2/3 的味覺 運動：顏面表情肌 副交感：淚腺；舌下腺；頷下腺	橋腦下緣	莖突孔突孔
VIII	前庭耳蝸神經 (vestibulocochlear nerve) 1. 前庭支 (vestibular branch) 2. 耳蝸支 (cochlear branch)	感覺：平衡 感覺：聽覺	橋腦與延腦間	內耳道
IX	舌咽神經 (glossopharyngeal nerve)	感覺：舌後 1/3 一般感覺及味覺 運動：莖突咽肌 副交感：耳下腺	延腦	類靜脈孔

腦神經對數	名稱	主要作用	起源處	離開顱腔的通道
X	迷走神經 (vagus nerve)	感覺：咽、喉、胸、腹腔器官 運動：咽、喉、胸、腹腔器官 副交感：胸、腹腔器官	延腦	頸靜脈孔
XI	副神經 (accessory nerve) 1. 延腦根 (cranial root) 2. 脊髓根 (spinal root)	感覺及運動：併入迷走神經，支配咽、喉部 運動：斜方肌、胸鎖乳突肌	延腦 脊髓	頸靜脈孔 枕骨大孔 頸靜脈孔
XII	舌下神經 (hypoglossal nerve)	運動：舌部肌肉	延腦	舌下神經管

（C）1. 下列何者是以手電筒照射眼睛引起瞳孔反射的傳入神經？(A) 顏面神經　(B) 滑車神經　(C) 視神經　(D) 動眼神經。（2018-2 專高）

（D）2. 動眼神經的節後副交感神經纖維支配：(A) 下斜肌　(B) 內直肌　(C) 瞳孔舒張肌　(D) 睫狀肌。（2009 專普）

（A）3. 下列何者含有副交感神經纖維？(A) 動眼神經　(B) 滑車神經　(C) 三叉神經　(D) 外展神經。（2010 專普）

（B）4. 下列對於滑車神經 (trochlear nerve) 的敘述，何者錯誤？(A) 主要含運動神經纖維　(B) 支配眼球外直肌　(C) 它經由眶上裂進入眼眶內　(D) 單側受損，會出現複視及斜視。（2019-2 專高）

（D）5. 下列何者支配提上眼瞼肌？(A) 顏面神經　(B) 外旋神經　(C) 三叉神經　(D) 動眼神經。（2009 專高）

（C）6. 下列何者不受動眼神經之支配？(A) 提上眼瞼肌　(B) 上直肌　(C) 上斜肌　(D) 下直肌。（2010 專普）

（C）7. 下列何者不是感覺神經核？(A) 楔狀核　(B) 孤獨核　(C) 疑核　(D) 三叉神經脊髓核。（2008 專普）

（C）8. 三叉神經的感覺神經細胞本體位於：(A) 膝狀神經節　(B) 睫狀神經節　(C) 半月狀神經節　(D) 翼顎神經節。（2009 專普）

（B）9. 三叉神經由下列何者表面鑽出？(A) 延腦　(B) 橋腦　(C) 中腦　(D) 丘腦。（2017-1 專高）

（C）10. 下列何者位於延髓 (medulla oblongata)？(A) 乳頭體 (mammillary body)　(B) 四疊體 (corpora quadrigemina)　(C) 錐體 (pyramid)　(D) 松果體 (pineal body)（2021-2 專高）

(C) 11. 下列何者由橋腦處進入腦幹？(A) 動眼神經 (B) 滑車神經 (C) 三叉神經 (D) 舌咽神經。(2009 專高)

(D) 12. 下列何者支配咀嚼肌？(A) 迷走神經 (B) 舌咽神經 (C) 顏面神經 (D) 三叉神經。(2011 專普)

(D) 13. 下列何者損傷會造成內斜視？(A) 視神經 (B) 動眼神經 (C) 滑車神經 (D) 外旋神經。(2010 專高)

(D) 14. 車禍導致右眼向外側移動困難並出現複視，最可能傷到下列何者？(A) 視神經 (B) 動眼神經 (C) 三叉神經 (D) 外展神經。(2016-2 專高)

(B) 15. 牙齒的痛覺神經是：(A) 面神經 (B) 三叉神經 (C) 舌咽神經 (D) 迷走神經。(2010 專高)

(C) 16. 若某人臉部肌肉收縮困難導致表情僵硬，最可能受損的神經是下列何者？(A) 三叉神經 (B) 外展神經 (C) 顏面神經 (D) 迷走神經。(2012 專普)

(A) 17. 拔牙前，醫生進行局部麻醉以阻斷下列何者之傳導來減少疼痛？(A) 三叉神經 (B) 顏面神經 (C) 舌咽神經 (D) 舌下神經。(2020-2 專高)

(B) 18. 下列何種神經損傷可導致舌尖部位的味覺喪失？(A) 三叉神經 (trigeminal nerve) (B) 顏面神經 (facial nerve) (C) 舌咽神經 (glossopharyngeal nerve) (D) 舌下神經 (hypoglossal nerve)。(2012 二技)

(C) 19. 頸動脈體偵測血液中 O_2 含量的變化，其訊息經由下列何者送至延髓？(A) 三叉神經 (B) 舌下神經 (C) 舌咽神經 (D) 副神經。(2012 專高)

(C) 20. 下列何者支配舌後 1/3 的味覺？(A) 三叉神經 (B) 顏面神經 (C) 舌咽神經 (D) 舌下神經。(2010 專普)

(C) 21. 下列何者所含之副交感神經纖維與腮腺之分泌有關？(A) 三叉神經 (B) 顏面神經 (C) 舌咽神經 (D) 迷走神經。(2008 專高)

(B) 22. 咽部的肌肉主要由下列何者支配？(A) 舌咽神經 (B) 迷走神經 (C) 副神經 (D) 舌下神經。(2010 專普)

(D) 23. 下列何者支配會厭部位的味覺？(A) 三叉神經 (B) 顏面神經 (C) 舌咽神經 (D) 迷走神經。(2012 專普)

(B) 24. 支配喉部發音相關肌群主要的是：(A) 舌咽神經 (B) 迷走神經 (C) 副神經 (D) 舌下神經。(2008 專高)

(A) 25. 下列哪兩條腦神經負責調控唾液腺的分泌？(A) 顏面神經及舌咽神經 (B) 三叉神經及顏面神經 (C) 舌咽神經及迷走神經 (D) 迷走神經及三叉神經。(2013 二技)

(C) 26. 下列神經，何者不參與味覺的傳導？(A) 迷走神經 (B) 顏面神經 (C) 舌下神經 (D) 舌咽神經。(2012 專普)

(A) 27. 下列哪一構造發生腫瘤時，經常會壓迫到顏面神經？(A) 耳下腺 (B) 頷下腺 (C) 舌下腺 (D) 顎扁桃腺。(2017-1 專高)

(A) 28. 下列何者支配耳下腺 (parotid gland) 的分泌？(A) 耳神經節 (B) 翼顎神經節 (C) 睫狀神經節 (D) 下頷下神經節。(2018-1 專高)

(C) 29. 下列何者是迷走神經興奮時的身體反應？(A) 心跳速率增加 (B) 呼吸速率增加 (C) 腸胃蠕動增加 (D) 眼睛瞳孔放大。 (2014-1 專高)

(A) 30. 切斷迷走神經最可能會造成下列何種反應？(A) 心跳加快 (B) 胃液分泌增加 (C) 瞳孔擴大 (D) 排尿反射喪失。 (2016-2 專高)

(C) 31. 當迷走神經興奮時，對心臟的影響下列何者正確？(A) 心跳速率變慢、電位衝動傳導速度變快 (B) 心跳速率變快、電位衝動傳導速度變慢 (C) 心跳速率與電位衝動傳導速度皆變慢 (D) 心跳速率與電位衝動傳導速度皆不變。 (2018-1 專高)

(C) 32. 下列哪一條腦神經損傷會造成聲帶麻痺，嚴重時會導致發聲困難？(A) 顏面神經 (facial nerve) (B) 舌咽神經 (glossopha-ryngeal nerve) (C) 迷走神經 (vagus nerve) (D) 舌下神經 (hypoglossal nerve)。 (2014 二技)

(C) 33. 舌頭的外在肌，主要由下列何者支配？(A) 迷走神經 (B) 舌咽神經 (C) 舌下神經 (D) 副神經。 (08 專普、專普)

(D) 34. 患者無力將頭轉向，且肩部下垂、不能聳肩。此病人可能那一腦神經受損？(A) 滑車神經 (B) 三叉神經 (C) 迷走神經 (D) 副神經。 (2016-1 專高)

三、腦波 (EEG)

1. β 波 (13Hz)：低電壓，頻率最高、最快，又叫忙碌波，會出現在：大腦從事於心智活動或接受感官的刺激、睡眠中快速動眼期 (REM) 、閉眼休息突然睜眼
2. α 波 (8-13Hz)：高電壓，又叫鬆懈波，會出現在：鬆懈下眼睛閉著但醒著、不注意時
3. θ 波 (4-7Hz)：低電壓，又叫欲睡波，出現在當睡意降臨時
4. δ 波 (<4Hz)：發生在沉睡時

(A) 1. 下列何種腦波頻率最快？(A)β (B)δ (C)α (D)θ。 (2013 專高)

(C) 2. 成年人最會出現 α 波的時機是在何時？(A) 慢波睡眠期 (B) 快速動眼睡眠期 (C) 閉眼而放鬆的清醒狀態 (D) 開眼或集中精神的清醒狀態。(2014-1 專高)

(A) 3. 在正常情況，閉眼而放鬆的清醒狀態下，記錄到的腦波主要是：(A)α 波 (B)β 波 (C)θ 波 (D)δ 波。 (2008 專高)

(A) 4. 成人在清醒、心情放鬆、閉目養神時，主要偵測到的腦波為何？(A)α 波 (B)β 波 (C)δ 波 (D)θ 波。 (2013 二技)

(D) 5. 以腦波圖 (electroencephalogram) 檢測一位清醒、有意識的成人，觀察到大量的 δ 波，顯示此人較可能處於下列何種情境？(A) 注意力集中 (focused)

(B) 心情放鬆 (relaxed) (C) 嚴重精神損害 (severe emotional distress) (D) 腦部受損 (brain trauma) (2019-2 專高)

(D) 6. 有關正常快速動眼睡眠的特徵，下列何者錯誤？(A) 四肢之活動絕少 (B) 血壓上升或不規則 (C) 男性可能出現陰莖勃起現象 (D) 腦波呈現慢波。 (2012 專高)

(B) 7. 從清醒到深睡期的腦波變化為何？(A) 強度變大而頻率變快 (B) 強度變大而頻率變慢 (C) 強度變小而頻率變快 (D) 強度變小而頻率變慢。 (2008 專高)

(C) 8. 下列何種生理現象，通常不會發生於快速動眼睡眠期 (REM sleep)？(A) 作夢 (B) 眼球快速運動 (C) 全身骨骼肌之張力增加 (D) 腦波呈現類似清醒時之波形。 (2011 二技)

四、神經系統病變

(A) 1. 下列何者是由腦幹受損後所失去的反射？(A) 瞳孔反射 (B) 肘反射 (C) 膝反射 (D) 踝反射。 (2011 二技)

(C) 2. 多巴胺系統的過度活化，可能會導致下列何種疾病？(A) 帕金森氏症 (B) 憂鬱症 (C) 精神分裂症 (D) 失語症。 (2010 專高)

(C) 3. 下列何處之神經元退化與漢丁頓氏舞蹈症 (Huntington's chorea) 患者無法控制肢體動作有關？(A) 脊髓 (B) 邊緣系統 (C) 基底核 (D) 小腦。 (2013 專高)

(D) 4. 下列何者不是小腦病變的主要病徵？(A) 運動失調 (ataxia) (B) 意向性顫抖 (intention tremor) (C) 姿態不穩 (unstable posture) (D) 休息性顫抖 (resting tremor)。 (2011 二技)

(B) 5. 雙側海馬受損的患者會產生下列何種症狀？(A) 失語症 (B) 失憶症 (C) 舞蹈症 (D) 帕金森氏症。 (2010 專高)

(D) 6. 某患者頭部受傷之後產生體感覺異常現象，下列何者最可能是其受損的腦葉？(A) 顳葉 (B) 額葉 (C) 枕葉 (D) 頂葉。 (2015 專高)

(B) 7. 下列何種神經傳遞物質之缺乏與帕金森氏症 (Parkinson's disease) 的關係最密切？(A) 腎上腺素 (B) 多巴胺 (C) 麩胺酸 (D)P 物質。 (2014-1 專高)

(B) 8. 中腦黑質神經元多巴胺釋放不足時，可能會導致：(A) 精神分裂症 (B) 帕金森氏症 (C) 舞蹈症 (D) 嗜睡症。 (2009 專普)

(C) 9. 下列何種症狀，主要肇因於黑質 (substantia nigra) 神經元退化？(A) 意向性震顫 (intention tremor) (B) 黃疸 (jaundice) (C) 動作遲緩 (bradykinesia) (D) 幻覺 (hallucination) (2018-2 專高)

(D) 10. 下列何者損傷會導致亨丁頓氏舞蹈症 (Huntington's chorea)？(A) 海馬迴

(B) 乳頭體　(C) 韁核 (habenular nucleus)　(D) 尾核 (caudate nucleus)。
（2010 專高）

（B）11. 某人腦部受傷前，很害怕看恐怖影片，但受傷之後，不再懼怕看恐怖影片。請問造成他這項改變最可能的受損部位是：(A) 尾核 (caudate nucleus)　(B) 杏仁體 (amygdaloid body)　(C) 紅核 (red nucleus)　(D) 黑質 (substantia nigra)。（2015 專高）

參 脊髓與脊神經

一、脊髓概論

(一) 脊髓：是圓柱狀的構造，位在脊椎骨中的椎管（又稱脊管）內

1. 大腦的灰質在表面、白質在內，而脊髓的白質在表面、灰質在內
2. 傳入（感覺）N 由脊神經的背根進入脊髓，傳出（運動）N 則經由脊神經的腹根離開脊髓
3. 脊椎韌帶：脊椎同時也受一些韌帶的保護，如齒狀韌帶和前縱韌帶

(二) 反射弧包括下列結構：接受器官（皮膚、肌肉）→傳入的感覺神經→反射中樞（在脊髓或腦幹）→傳出的運動神經→反應器官（肌肉）

二、脊神經

通過椎間孔，神經叢除 T2-T12 的胸脊神經叢外，其他有四個神經叢為

1. 頸神經叢 (C1-4)：主要是膈 N(C3-5)
2. 臂神經叢 (C5-T1)：最大分支為橈 N，支配肱三頭肌，受損致腕關節垂落症；若正中 N 受壓迫致腕隧道症候群
3. 胸神經叢
4. 腰神經叢：最大分支為股 N
5. 薦神經叢：最大分支為坐骨 N，穿過大坐骨切跡、梨狀肌下孔→走道大腿後方

三、脊髓之主要上行徑及下行徑

(一) 上行徑

1. 前脊髓丘腦徑 (anterior spinothalamic)：起端為脊髓一邊的灰質後角，但交叉至腦的對側；止端到視丘——衝動最後傳至大腦皮質。將觸覺及壓力的感覺由身體的一邊傳至對側的丘腦，最後感覺抵達大腦皮質。
2. 外側脊髓丘腦徑 (lateral spinothalamic)：起端為脊髓一邊的灰質後角，但交叉至腦的對側；止端到視丘—衝動最後傳至大腦皮質。將痛及溫度的感覺由身體的一邊傳至對側的丘腦，最後感覺抵達大腦皮質。
3. 薄束及楔狀束 (fasciculus gracilis and fasciculus cuneatus)：起端為由末梢來的輸入神經元的軸突在脊髓的一邊進到後柱，並上升至同側的腦；止端到延腦的薄索核及楔狀核；衝動最後傳至大腦皮質。將觸覺由身體的一邊傳至同側的延腦、兩點的識別（區別皮膚上被碰觸的兩點，縱使這兩點的距離非常接近）、實體感覺（確認物體的大小、形狀及構造的能力）、重量的識別（評估物體重量的能力）、本體感受作用（知道身體各部位的精後半請見排版檔，確位置以及他們的運動方向）、振動感，最後感覺可抵達大腦皮質。
4. 後脊髓小腦徑 (posterior spinocerebellar)：起端：在脊髓一邊的灰質後角，並上升至腦的同側；止端到小腦。將下意識的本體感受作用的感覺，由身體的一邊傳至同側的小腦。
5. 前脊髓小腦徑 (anterior spinocerebellar)：起端：在脊髓一邊的灰質後角；含交叉及未交叉的纖維；止端：小腦。將下意識的本體感受作用的感覺，由身體的兩邊傳至小腦。

(二) 下行徑

1. 外側皮質脊髓徑 (lateral corticospinal)：起端為在腦一邊的大腦皮質，但在延腦基部交叉至脊髓的對側；止端到灰質前角。將運動衝動由大腦皮質的一側傳至對側的灰質前角，最後衝動抵達身體對側的骨骼肌而協調精確、不連續的動作。
2. 前皮質脊髓徑 (anterior corticospinal)：起端：在腦一邊的大腦皮質，在延腦不交叉，但在脊髓交叉；止端到灰質前角。將運動衝動由大腦皮質的一側傳至對側的灰質前角，最後衝動抵達身體對側的骨骼肌而協調精確、不連續 的動作。

3. 紅核脊髓徑 (rubrospinal)：起端：在腦一邊的中腦（同上紅核），但交叉至脊髓的對側；止端：灰質前角。將運動衝動由中腦的一側傳至身體對側的骨骼肌，負責肌肉的張力及姿勢。
4. 四疊板脊髓徑 (tectospinal)：起端：在腦一邊的中腦，但交叉至脊髓的對側；止端到灰質前角。將運動衝動由中腦的一側傳至身體對側的骨骼肌，而控制由聽覺、視覺及皮膚刺激所產生的頭部動作。

四、身體反射弧的綜合表

	部位	傳入N（感覺）	傳出N（運動）
表淺反射 (superficial reflexes)	1. 角膜 (corneal)	1. 第五對腦神經 (V)	1. 第七對腦神經 (VII)
	2. 鼻 (nasal)（噴嚏，sneeze）	2. 第五對腦神經 (V)	2. 第五、七、九、十對腦神經 (V 、VII 、IX 、X) 及負責呼氣的脊神經
	3. 咽喉 (pharyngeal and uvular)	3. 第九對腦神經 (IX)	3. 第十對腦神經 (X)
	4. 上腹 (upper abdominal)	4. 第 7～10 對胸神經	4. 第 7～10 對胸神經
	5. 下腹 (lower abdominal)	5. 第 10～12 對胸神經	5. 第 10～12 對胸神經
	6. 提睪 (cremasteric)	6. 股神經	6. 生殖股神經
	7. 足底 (plantar)	7. 脛神經	7. 脛神經
	8. 肛門 (anal)	8. 會陰神經	8. 會陰神經
深腱反射 (deep reflexes)	1. 下頜 (jaw)	1. 第五對腦神經 (V)	1. 第五對腦神經 (V)
	2. 二頭肌 (biceps)	2. 肌皮神經	2. 肌皮神經
	3. 三頭肌 (triceps)	3. 橈神經	3. 橈神經
	4. 橈 (periosteoradial)	4. 橈神經	4. 橈神經
	5. 膝 (patellar)	5. 股神經	5. 股神經
	6. 足踝 (achilles)	6. 脛神經	6. 脛神經
內臟反射 (visceral reflexes)	1. 光 (light)	1. 第二對腦神經 (II)	1. 第三對腦神經 (III)
	2. 調節 (accommodation)	2. 第二對腦神經 (II)	2. 第三對腦神經 (III)
	3. 睫狀體肌 (ciliospinal)	3. 第二對腦神經 (II)	3. 頭部交感神經
	4. 眼球心臟 (oculocardiac)	4. 第五對腦神經 (V)	4. 第十對腦神經 (X)
	5. 頸動脈竇 (carotid sinus)	5. 第九對腦神經 (IX)	5. 第十對腦神經 (X)
	6. 球海綿體 (bulbocavernosus)	6. 會陰神經	6. 會陰自主神經叢
	7. 膀胱直腸 (bladder and rectal)	7. 會陰神經	7. 會陰神經及自主神經叢

(A) 1. 平均而言，成人脊髓末端與下列何者等高？(A) 第 1、第 2 椎之間 (B) 第 2、第 3 腰椎之間 (C) 第 3、第 4 腰椎之間 (D) 第 4、第 5 腰椎之間。 (2015 專高)

(B) 2. 從脊髓圓錐 (conus medullaris) 向下延伸，下列何者連結尾骨，可用來幫忙固定脊髓？(A) 馬尾 (cauda equina) (B) 終絲 (filum terminale) (C) 脊髓根 (spinal root) (D) 神經束膜 (perineuriun) (2020-2 專高)

(A) 3. 傳遞軀體感覺之神經纖維由下列何者進入脊髓？(A) 背根 (B) 腹根 (C) 灰交通支 (D) 白交通支。 (2011 專高)

(C) 4. 下列何者與反射弧無關？(A) 脊髓 (B) 接受器 (C) 大腦 (D) 動作器。 (2009 專普)

(D) 5. 當肌肉被過度拉長時，會引發何種反射作用以避免肌肉受傷？(A) 縮回反射 (B) 交互伸肌反射 (C) 肌腱器反射 (D) 牽張反射。 (2011 專高)

(C) 6. 下列關於牽張反射 (stretch reflex) 之敘述，何者正確？(A) 負責調節此反射的中間神經元位於腦幹 (B) 肌梭至脊髓之傳入神經為 Ib 纖維 (C) 此反射由中樞傳至肌肉的神經為 α 運動神經元 (D) 此反射之動器 (effector) 位於肌肉中的肌梭 (muscle spindle) (2020-1 專高)

(B) 7. 下列何者不屬於單突觸反射弧的功能單位？(A) 接受器 (B) 中間神經元 (C) 作用器 (D) 運動神經元。 (2009 專高)

(A) 8. 下列何者通過椎間孔？(A) 脊神經 (B) 視神經 (C) 嗅神經 (D) 顏面神經。 (2010 專普)

(D) 9. 下列何者由薄束 (gracile fasciculus) 傳送？(A) 疼痛覺 (B) 溫覺 (C) 視覺 (D) 精細觸覺。 (2009 專普)

(A) 10. 有關脊髓頸膨大 (cervical enlargement) 之敘述，下列何者錯誤？(A) 由 C3～T1 脊髓節段組成 (B) 該段脊髓內含有較多的運動神經細胞 (C) 其脊髓神經組成臂神經叢 (D) 主要負責支配上肢之運動與感覺。 (14 專高)

(A) 11. 將脊髓固定於椎管的骨壁上之齒狀韌帶 (denticulate ligament) 是由何者構成？(A) 軟膜 (pia mater) (B) 硬膜 (dura mater) 的臟層 (C) 蜘蛛膜 (arachnoid mater) (D) 硬膜 (dura mater) 的壁層。 (2009 二技)

(B) 12. 下列何者是肩胛上神經 (suprascapular nerve) 控制的肌肉？(A) 小圓肌 (teres minor) (B) 棘下肌 (infraspinatus) (C) 大圓肌 (teres major) (D) 提肩胛肌 (levator scapulae)。 (2011 二技)

(B) 13. 橈神經受損時，下列何者不受影響？(A) 上臂背面肌群 (B) 上臂前面肌群 (C) 前臂背面淺層肌群 (D) 前臂背面深層肌群。 (2012 專普)

(A) 14. 腕隧道症候群中受壓迫的神經是：(A) 正中神經 (B) 橈神經 (C) 尺神經 (D) 肌皮神經。 (2012 專高)

(C) 15. 有關白質與灰質的敘述，下列何者正確？(A) 大腦與脊髓的灰質都在表面 (B) 大腦與脊髓的白質都在表面 (C) 大腦的灰質在表面、白質在內，而脊髓的白質在表面、灰質在內 (D) 大腦的白質在表面、灰質在內，而脊髓的灰質

在表面、白質在內。（2012 專普）

（A）16. 控制軀體肌肉的運動神經元主要聚集於脊髓的哪個部分？(A) 前角　(B) 後角　(C) 外側角　(D) 灰質連合。（2013 專高）

（B）17. 腳踩到釘子引起疼痛。關於此痛覺傳遞途徑的敘述，何者錯誤？(A) 此痛覺傳入之神經纖維由背根進入脊髓　(B) 其初級傳入神經屬於多極神經元　(C)P 物質 (substance P) 是其神經傳入脊髓後角，與後角神經元突觸連接的神經傳遞物質之一　(D) 其傳導途徑經過對側之丘腦。（2016-2 專高）

（B）18. 在針刺手指誘發縮手之反射弧中，下列何者為反射中樞？(A) 視丘　(B) 脊髓　(C) 大腦　(D) 腦幹。（2010 專普）

（B）19. 人體唯一的單突觸反射是：(A) 屈肌反射　(B) 伸張反射　(C) 感壓反射　(D) 足底反射。（2010 專普）

（C）20. 大部分皮質脊髓徑的神經纖維於下列何處交叉？(A) 中腦　(B) 橋腦　(C) 延腦　(D) 脊髓。（2008 專普）（2009 專高）

（B）21. 有關外側皮質脊髓束 (lateral corticospinal tract) 的敘述，下列何者正確？(A) 由中央溝後回傳出　(B) 可控制精巧性隨意運動　(C) 在脊髓交叉到對側　(D) 可傳導痛覺與溫度覺。（2010 二技）

（B）22. 下列何者位於延腦的錐體 (pyramids)？(A) 紅核脊髓徑 (rubrospinal tract)　(B) 皮質脊髓徑 (corticospinal tract)　(C) 四疊體脊髓徑 (tectospinal tract)　(D) 前庭脊髓徑 (vestibulospinal tract)（2019-1 專高）

（A）23. 關於外側皮質脊髓路徑 (lateral corticospinal tract) 之敘述，下列何者錯誤？(A) 在脊髓交叉　(B) 控制靈巧精細的動作　(C) 屬於錐體路徑　(D) 由大腦皮質出發。（2016-1 專高）

（C）24. 延髓的錐體內含：(A) 薄束 (gracile fasciculus)　(B) 楔狀束 (cuneate fasciculus)　(C) 皮質脊髓徑 (corticospinal tract)　(D) 脊髓丘腦徑 (spinothalamic tract)。（2017-2 專高）

（B）25. 下列有關脊髓背索 (dorsal funiculus) 之敘述，何者正確？(A) 內含運動神經纖維　(B) 內含感覺神經纖維　(C) 神經纖維為混合性　(D) 具有神經細胞。（2010 專普）

（A）26. 下列哪一條神經是屬於頸神經叢 (cervical plexus) 的分支？(A) 膈神經 (phrenic nerve)　(B) 胸背神經 (thoracodorsal nerve)　(C) 肩胛上神經 (suprascapular nerve)　(D) 肩胛背神經 (dorsal scapular nerve)。（2014 二技）

（A）27. 下列何者不屬於臂神經叢 (brachial plexus) 的分支？(A) 膈神經 (phrenic nerve)　(B) 正中神經 (median nerve)　(C) 腋神經 (axillary nerve)　(D) 肌皮神經 (musculocutaneous nerve)。（2009 二技）

（C）28. 膝反射是透過下列何者傳導？(A) 頸神經叢　(B) 臂神經叢　(C) 腰神經叢　(D) 薦神經叢。（2015 專高）

（D）29. 坐骨神經 (sciatic nerve) 會通過下列何種構造而延伸至下肢？(A) 髂骨窩 (iliac fossa)　(B) 小坐骨切 (lesser sciatic notch)　(C) 閉孔 (obturator foramen)

(D) 大坐骨切 (greater sciatic notch)。 （2011 二技）

（D）30. 坐骨神經 (sciatic nerve) 是由下列何神經叢所發出？(A) 頸神經叢 (cervical plexus) (B) 臂神經叢 (brachial plexus) (C) 腰神經叢 (lumbar plexus) (D) 薦神經叢 (sacral plexus)。 （2012 二技）

（B）31. 股神經 (femoral nerve) 是屬於何種神經叢 (plexus)？(A) 薦神經叢 (sacral plexus) (B) 腰神經叢 (lumbar plexus) (C) 臂神經叢 (brachial plexus) (D) 尾神經叢 (coccygeal plexus)。 （2010 二技）

五、脊髓臨床病變或案例

（C）1. 腰椎穿刺時主要是由下列何處抽取腦脊髓液？(A) 硬膜上腔 (B) 硬膜下腔 (C) 蛛網膜下腔 (D) 脊髓中央管。 （2012 專高）

（B）2. 下列何部位是臨床上常用以抽取腦脊髓液檢查的位置？(A) 第一與第二腰椎之間 (B) 第三與第四腰椎之間 (C) 第三腦室 (D) 大腦導水管。（2011 專普）

（B）3. 一般無痛分娩 (painless labor) 的麻醉劑會施打於脊椎的哪一處？(A) 脊髓 (spinal cord) 內 (B) 硬膜上腔 (epidural space) (C) 硬膜下腔 (subdural space) (D) 蜘蛛膜下腔 (subarachnoid space)。 （2013 二技）

（B）4. 媽媽切菜時不慎切到手，食指流血劇烈疼痛，其產生痛覺的傳導路徑，下列何者錯誤？(A) 經由 Aδ 型與 C 型神經纖維傳導 (B) 初級感覺神經傳入脊髓前角 (C) 次級感覺神經於脊髓交叉 (D) 其傳導係經由外側脊髓視丘路徑。 （2012 專高）

（B）5. 手被刺傷的痛覺是由大腦何處掌管？(A) 額葉 (B) 頂葉 (C) 枕葉 (D) 顳葉。 （2014-1 專高）

（A）6. 下列何者損傷會導致垂腕 (wrist drop)？(A) 橈神經 (B) 正中神經 (C) 肌皮神經 (D) 尺神經。 （2013 專高）

肆 感覺、運動及整合系統

（C）1. 下列何者屬於本體感覺的接受器？(A) 裸露神經末梢 (B) 路氏小體 (C) 肌梭 (D) 頸動脈竇。 （2008 專普）

（C）2. 觸覺的敏感度通常與其接受器的何種性質成反比關係？(A) 接受器數目 (B) 適應速度 (C) 反應區大小 (D) 接受器種類。 （2011 專高）

（A）3. 關於體運動系統 (somatic motor system)，下列何者錯誤？(A) 具有神經節 (B) 具有運動終板 (C) 只有支配骨骼肌 (D) 始於大腦運動皮質。 （2013 專高）

（A）4.　控制骨骼肌梭外纖維 (extrafusal fiber) 的下運動神經元，是位於脊髓灰質腹角的：(A) α 運動神經元　(B) β 運動神經元　(C) γ 運動神經元　(D) δ 運動神經元。（2008 專普）

（A）5.　下列何者為錐體徑路？(A) 皮質脊髓徑　(B) 前庭脊髓徑　(C) 網狀脊髓徑　(D) 紅核脊髓徑。（2008 專高）

（A）6.　下列何者屬於慢適應接受器 (slowly adapting receptors)？(A) 傷害接受器 (nociceptors)　(B) 嗅覺接受器 (olfactory receptors)　(C) 巴齊尼氏小體 (Pacinian corpuscles)　(D) 梅斯納氏小體 (Meissner's corpuscles)。（2010 二技）

（D）7.　轉移痛與下列何者最相關？(A) 肢體痛　(B) 偏頭痛　(C) 截肢痛　(D) 內臟痛。（2009 專高）

伍 自主神經系統

一、自主神經系統的構造

神經系統中，能控制平滑肌、心肌和腺體活動的部分，稱爲自主神經系統。在功能上此系統不受意識的影響，因此稱為「自主」。

（一） 自主神經系統的傳出路徑由兩個神經元所構成

比較	起始-終末	位置		軸突
節前 N 元	CNS →自主神經節	脊髓或腦內	T12-L3 灰質側角（胸腰）	有髓鞘
節後 N 元	自主 N 節→內臟動作器	自主 N 節內	3,7,9,10 對腦 N 及 S2-4（顱薦）	無髓鞘

二、交感神經及副交感神經之比較

(一) 交感神經與副交感神經之構造及特徵比較

	SNS	PSNS
來源	T_1～L_3，胸要 N 分系	腦 N3,7,9,10 及 S2～4 顱薦分系
N節位置	靠近脊柱、兩旁，形成交感 N 鏈	靠近內臟器官
節前N	短（Ach）	長（Ach）
節後N	長（NE）	短（Ach）
功能	戰或逃，應付壓力及緊急狀況	睡眠休息，維持功能減少消耗

(二) 交感神經與副交感神經對作用器官的影響

1. 交感神經

(1) 眼睛的虹鞏：在光線不足的狀況下，刺激瞳孔放射狀，使瞳孔變大。

(2) 眼睛的睫狀肌：沒有支配。

(3) 汗腺：促進大量的汗水分泌。

(4) 腎上腺：促進腎上腺素和正腎上腺素分泌進入血液中。

(5) 毛囊的豎毛肌：促進豎毛肌收縮，進而使毛髮豎立，並產生雞皮疙瘩。

(6) 心肌：增加心跳速率，促進心臟收縮。

(7) 心臟的冠狀血管：促使冠狀血管擴張。

(8) 膀胱：促使膀胱壁的平滑肌舒鬆。

(9) 尿道：收縮尿道括約肌抑制排尿。

(10) 肺臟：促進支氣管的擴張，同時和緩地收縮血管。

(11)消化道（胃、小腸、大腸）：減緩消化系統腺體和肌肉的活性、促進括約肌的收縮、促使消化道血管的收縮。

(12) 胰臟：促進升醣素的分泌；抑制胰島素的分泌。

(13) 肝臟：經由腎上腺素的作用，增加血中葡萄糖的濃度。

(14) 膽囊：抑制膽囊的活性，使膽囊舒鬆以減少膽汁的排出。

(15) 陰莖：導致射精。

(16) 陰道和陰蒂：導致陰道收縮。

(17) 血管：促進大部分血管收縮，使血壓上升；當腦、心臟、肌肉等需要血液時，促進內臟和皮膚的血管收縮，將血液導入上述的組織器官中；運動時擴張供應肌肉的血管。

(18) 血液的灌流：促進血液灌流。

(19) 細胞的代謝作用：增加代謝作用速率。

(20) 脂肪組織：促進脂肪分解。

(21) 心智狀態：增加警覺性。

2. 副交感神經

(1) 眼睛的虹鞏：在強光的照射下，刺激瞳孔環狀肌，使瞳孔縮小。

(2) 眼睛的睫狀肌刺激睫狀肌收縮，降低水晶體與睫狀肌間懸韌帶 (suspensory ligament) 的張力，使水晶體成凸狀，微調已存在視網膜上的影像。

(3) 心肌：降低心跳速率，減緩和維持心臟的收縮。
(4) 心臟的冠狀血管：促使冠狀血管收縮。
(5) 膀胱：促使膀胱壁的平滑肌收縮。
(6) 尿道：放鬆尿道括約肌促進排尿。
(7) 肺臟：促進支氣管的收縮。
(8) 消化道（胃、小腸、大腸）：促進消化器官的蠕動和腺體的分泌；促使括約肌的舒鬆。
(9) 胰臟：抑制**升醣素**的分泌、促進**胰液**的分泌、促進胰島素的分泌。
(10) 膽囊：促進膽囊的活性，使膽囊收縮以利膽汁的排出。
(11) 陰莖：導致勃起。
(12) 陰道和陰蒂：導致陰蒂勃起。
(13) 沒有支配：汗腺、腎上腺、毛囊的豎毛肌、肺臟、血管、血液灌流、細胞代謝、脂肪組織及心智狀態。

(D) 1. 下列何種接受器之作用不需透過 G－蛋白 (G-protein) 產生？(A) 蕈毒鹼類膽鹼接受器　(B) β 型腎上腺素性接受器　(C) α 型腎上腺素性接受器　(D) 尼古丁類膽鹼接受器。（2014-1 專高）

(C) 2. 內臟的活動大多是：(A) 意識控制　(B) 脊髓控制　(C) 自主反射　(D) 小腦控制。（2009 專普）

(A) 3. 下列自主神經傳導物質接受器之作用，何者會引起皮膚及腹腔內臟的血管收縮？(A) α 型腎上腺素性接受器　(B) β 型腎上腺素性接受器 (C) 尼古丁型膽鹼性接受器　(D) 蕈毒型膽鹼性接受器。（2017-1 專高）

(A) 4. 自主神經系統的白交通支內含下列何者？(A) 交感節前纖維　(B) 交感節後纖維　(C) 副交感節前纖維　(D) 副交感節後纖維。（2018-2 專高）

(D) 5. 下列何者並不屬於自主神經系統之神經節？(A) 睫狀神經節　(B) 腹腔神經節 (C) 上腸繫膜神經節　(D) 背根神經節。（2017-1 專高）

(B) 6. 下列何者不屬於交感神經的起源？(A) 第一胸脊髓　(B) 第二薦脊髓　(C) 第二腰脊髓　(D) 第一腰脊髓。（2016-2 專高）

(B) 7. 交感節前神經元的細胞體位於：(A) 腦幹　(B) 脊髓　(C) 背根神經節　(D) 交感神經鏈神經節。（2016-1 專高）

(B) 8. 交感神經作用引發戰鬥或逃跑反應 (fight or flight response)，會導致下列哪一個組織的血管舒張？(A) 皮膚　(B) 骨骼肌　(C) 消化道　(D) 腎臟。（2014 二技）

(D) 9. 當交感神經興奮時，活化心肌細胞膜上的 β 腎上腺素受體，下列敘述何者正確？(A) 心肌細胞內 cAMP 的濃度增加，鈣離子的濃度減少　(B) 心肌細胞內

cAMP 的濃度減少，鈣離子的濃度增加 (C) 心肌細胞內 cAMP 與鈣離子的濃度皆減少 (D) 心肌細胞內 cAMP 與鈣離子的濃度皆增加。 (2015 專高)

(A) 10. 下列何者是交感神經節？(A) 腹腔神經節 (B) 翼顎神經節 (C) 睫狀神經節 (D) 背根神經節。 (2008 專普)

(C) 11. 交感神經節前神經纖維末梢所釋放的神經傳遞物質是什麼？(A) 正腎上腺素 (B) 麩胺酸 (C) 乙醯膽鹼 (D) 神經胜肽。 (2011 專高)

(C) 12. 下列何者是交感神經興奮的作用？(A) 陰莖勃起 (B) 豎毛肌舒張 (C) 睫狀肌放鬆 (D) 瞳孔括約肌收縮。 (2013 二技)

(C) 13. 下列何者為交感神經的作用？(A) 促進小腸分泌 (B) 減少心搏量 (C) 促進汗腺分泌 (D) 使瞳孔縮小。 (2015 二技)

(B) 14. 下列何種構造不具接受交感神經與副交感神經兩者共同支配的特性？(A) 心臟 (B) 豎毛肌 (C) 支氣管 (D) 膀胱。 (2014-1 專高)

(B) 15. 有關交感神經作用的敘述，下列何者錯誤？(A) 支氣管平滑肌舒張 (B) 皮膚小動脈舒張 (C) 腸胃道運動力減少 (D) 睫狀肌放鬆。 (2008 二技)

(C) 16. 交感神經活化時對心臟的影響是：(A) 心跳速率減慢及收縮力減少 (B) 心跳速率加快及收縮力減少 (C) 心跳速率加快及收縮力增加 (D) 心跳速率減慢及收縮力增加。 (2016-1 專高)

(B) 17. 下列何者屬於交感神經節 (sympathetic ganglion)？(A) 睫狀神經節 (ciliary ganglion) (B) 腹腔神經節 (celiac ganglion) (C) 耳神經節 (otic ganglion) (D) 頷下神經節 (submandibular ganglion)。 (2015 二技)

(C) 18. 下列何者發出「節前交感神經纖維」？(A) 整個脊髓的灰質 (B)C_1～T_{12} 脊髓 (C)T_1～L_2 脊髓 (D)T_1～L_5 脊髓。 (2011 專普)

(B) 19. 交感神經中的大內臟神經 (greater splanchnic nerve) 其節前神經纖維來自下列何者？(A) 頸段脊髓 (B) 胸段脊髓 (C) 腰段脊髓 (D) 薦段脊髓。 (2020-2 專高)

(D) 20. 下列何者是椎旁神經節 (paravertebral ganglion)？(A) 上腸繫膜神經節 (B) 下腸繫膜神經節 (C) 腹腔神經節 (D) 交感神經節。 (2010 專高)

(B) 21. 腎上腺髓質細胞分泌的激素，與下列何者分泌的物質相同？(A) 心臟交感神經的節前神經細胞 (B) 心臟交感神經的節後神經細胞 (C) 心臟副交感神經的節前神經細胞 (D) 心臟副交感神經的節後神經細胞。 (2009 專高)

(A) 22. 下列何者屬於交感神經之反應？(A) 豎毛肌收縮 (B) 胃酸分泌增加 (C) 支氣管收縮 (D) 心臟收縮力降低。 (2010 專高)

(D) 23. 交感神經作用在何種接受器 (receptors)，會造成心臟收縮力增強以及心跳加快？(A) 尼古丁類接受器 (B) 蕈毒類接受器 (C) 腎上腺性 α_1 接受器 (D) 腎上腺性 β_1 接受器。 (2014 二技)

(C) 24. 下列何者為心臟收縮最主要的能量來源？(A) 葡萄糖 (B) 蛋白質 (C) 脂肪酸 (D) 核酸。 (2020-2 專高)

(C) 25. 副交感神經分泌何種神經傳導物質，會刺激淚腺大量分泌淚液？(A) 正腎上腺

素　(B) 多巴胺　(C) 乙醯膽鹼　(D) 腎上腺素。（2018-1 專高）

（B）26. 下列何者所含之副交感神經纖維與下頜腺之分泌有關？(A) 三叉神經　(B) 顏面神經　(C) 舌咽神經　(D) 舌下神經。（2010 專高）

（B）27. 下列何者為副交感神經節？(A) 上頸神經節 (superior cervical ganglion)　(B) 翼顎神經節 (pterygopalatine ganglion)　(C) 前庭神經節 (vestibular ganglion)　(D) 背根神經節 (dorsal root ganglion)（2020-1 專高）

（B）28. 下列何者為副交感神經興奮時產生之作用？(A) 增加心跳率　(B) 降低心跳率　(C) 增加傳導速率　(D) 增加收縮強度。（2011 專普）

（C）29. 副交感神經的節後纖維末梢，主要釋放的神經傳遞物為何？(A) 正腎上腺素 (norepinephrine)　(B) 腎上腺素 (epinephrine)　(C) 乙醯膽鹼 (acetylcholine)(D) 多巴胺 (dopamine)。（2008 二技）

（A）30. 腮腺的副交感神經支配來自：(A) 耳神經節　(B) 翼顎神經節　(C) 下頷神經節　(D) 膝狀神經節。（2011 專普）

（D）31. 下列何者屬於副交感神經之反應？(A) 瞳孔放大　(B) 血管收縮　(C) 胃腸蠕動降低　(D) 心跳速率下降。（2011 專高）

第八單元 呼吸系統

壹 呼吸解剖概論

一、分類

1. 依解剖位置分：上呼吸道（在胸腔外）爲鼻、咽、喉；下呼吸道爲氣管、支氣管、肺。
2. 依功能分：呼吸區（呼吸細支氣管、肺泡）及傳導區。

二、呼吸的基本過程

1. 肺換氣作用 (pulmonary ventilation)：爲空氣進出肺的作用。
2. 外呼吸 (external ventilation)：爲肺與血液間的氣體交換。
3. 內呼吸 (internal ventilation)：爲血液與細胞之間的氣體交換。

三、呼吸器官

(一) 鼻

1. 外鼻部分硬骨（二鼻骨、額骨的鼻突所構成）及軟骨（圍成二鼻孔）兩部。外鼻部富含皮脂腺，若因阻塞或感染進入顱內靜脈竇此爲顏面的危險三角區。
2. 內鼻部與外鼻部合併——後：以兩鼻孔與咽部相通；外：篩骨、上頜骨、下鼻甲所形成；頂部：篩骨的篩版與顱腔相隔（此爲嗅 N 通過）；底部：顎骨及上頜骨之顎突與口腔相通。
3. 鼻中膈：由篩骨垂直板、犁骨、犁骨軟骨及鼻中軟骨所形成，此處易受傷致鼻出血。
4. 外界空氣進入之通道：
   (1) 前鼻孔：從外界進入鼻腔的開口
   (2) 鼻前庭：由鼻翼所圍成
   (3) 上、中、下鼻道：上頜竇開口於中鼻道，鼻淚管的開口在下鼻道

(4) 後鼻孔 — 乃鼻腔進入鼻咽的開口

5. 鼻黏膜分爲二：

呼吸部	偽複層纖毛柱狀上皮細胞	含很多杯狀細胞及黏液腺	豐富血液供應，故呈紅色
嗅覺部	為鼻腔底部，為上鼻甲的黏膜及鼻中膈上部		豐富淋巴液及嗅 N 纖維

6. 鼻功能：對吸進的空氣加溫、溼潤及過濾；接受嗅覺刺激；說話聲音共鳴箱

7. 神經與血管：神經多是嗅神經及三叉神經的上頷分支，血管主要是上頷動脈，在鼻孔與顏面動脈分支會合的鼻前庭附近，是容易鼻出血的位置。

(二)咽（喉嚨）：爲脊椎前，長 13cm，爲骨骼肌所構成管狀構造，內襯黏膜，不與顱腔相通，但與鼻腔、口腔、中耳及喉相通

1. 功能 — 當作空氣及食物的通道；發聲的共鳴箱

2. 分類爲三

(1) 鼻咽 (nasopharynx)：由鼻孔後到軟顎平面，後壁含咽扁桃腺（又稱腺增殖體），有 2 鼻孔及 2 耳咽管（歐氏管，可平衡骨膜兩邊的氣壓）共四開口。在嬰兒期較爲發達，10 歲後退化。鼻咽內壁具纖毛上皮細胞，可過濾空氣。耳咽管皺襞後方之凹陷稱咽隱窩，是鼻咽癌的好發部位。

(2) 口咽 (oropharynx)：內壁含複層扁平上皮細胞，在中間由軟顎到舌骨間，有顎扁桃體（位顎咽弓及顎舌弓間）及舌扁桃體（位舌底基部）共兩對扁桃體，另有一通往口腔的開口稱咽門。

(3) 喉咽 (laryngopharynx)：內壁爲複層扁平上皮細胞。由舌骨到食道、氣管處，有二開口爲（前）氣管及（後）食道。

3. 神經與血管：多由喉神經叢所支配（含第 Ⅸ、Ⅹ、Ⅸ 對腦神經）。動脈主要是喉上行動脈及上頷動脈的分支等。

(三)喉（又稱音箱）：位頸中間約 C4-6 高度，連接咽及氣管的通道，爲複層纖毛柱狀上皮

1. 喉壁軟骨：爲 9 塊軟骨構成支架，較大是單一的，三對的是較小（前者：甲狀軟骨、會厭軟骨、環狀軟骨；後者：杓狀軟骨、小角狀軟骨、楔狀軟骨）

(1) 甲狀軟骨（1 塊）：最大，爲透明軟骨，位喉前壁，頸向前突出部分稱爲喉結（亞當蘋果）。甲狀軟骨：不成對，最大的軟骨，其折角形成甲狀角，男性約爲 90 度，女性約爲 120 度。

(2) 會厭軟骨（1 塊）：爲喉部上面的大葉形軟骨，爲彈性軟骨。吞嚥時，蓋住氣管，並關閉聲門，避免食物進入氣管。會厭軟骨：吞嚥時，它在喉之入口上方摺疊，向後蓋住喉頭入口，以防食物進入喉管，食物因而順勢進入食道。

(3) 環狀軟骨（戒環軟骨）（1 塊）：爲喉下壁之軟骨，位置最低，附在氣管第一軟骨環上（約 C6 高度），下緣與氣管的 C 型軟骨相接。

(4) 杓狀軟骨（2 塊）：呈錐體形，其基底位環狀軟骨後上緣，爲真聲帶之終止點，它與聲帶及喉肌相連，可帶動聲帶的震動。杓狀軟骨（成對）與小角狀軟骨位環狀軟骨的後上方，提供組織使發出聲音之最重要軟骨。

(5) 小角狀軟骨（2 塊）：小而黃色彈性軟骨，位於杓狀軟骨之頂端

(6) 楔狀軟骨（2 塊）：位於會厭軟骨底部皺襞上，僅靠杓狀軟骨

2. 神經與血管：喉神經是迷走神經的分支，支配的血管是喉動脈（甲狀動脈的分支）

3. 聲音產生：構成眞聲帶是彈性結締組織

(1) 位於甲狀軟骨及杓狀軟骨間的喉內襯黏膜形成兩條水平皺褶，爲假聲帶（前庭皺摺）及真聲帶（聲帶皺褶）。喉分三部分：喉前庭（位假聲帶上）、喉室（位眞、假聲帶間）、聲門（左右真聲帶間的空隙，爲喉部最窄部位）。

(2) 聲音特性：音調（由聲帶長度及張力決定）、音量（由空氣壓力大小決定）、音品（由口咽鼻腔副鼻竇的形狀大小決定）

4. 喉部異常：喉炎 (laryngitis) 是喉部發炎或刺激所致；聲帶皺褶發炎，是聲帶皺襞收縮受干擾或腫大無法自由震動，會失聲或嘶啞

(四) 副鼻竇：鼻腔周圍骨骼內的空腔，由黏膜覆蓋，共有四對（額竇、蝶竇、上頜竇、篩竇）

1. 上頜竇是其中最大的一對，位於上頜骨內，因鼻黏膜與副鼻竇黏膜連接，於感冒或過敏時易腫脹而阻塞不通，有的發展成慢性鼻竇炎。

2. 副鼻竇與鼻淚管皆開口於內鼻部，當空氣在副鼻竇迴轉時會產生共鳴作用，有鼻竇炎時則鼻音混濁；鼻淚管是將眼睛多餘的淚水疏通，並流入鼻腔。

(五) 氣管：提供氣體進出肺部通道，位縱膈腔，始於環狀軟骨，在食道前方（缺口朝向食道），長 12cm 直徑約 2.5cm。由喉部延伸至胸骨角或第 5 胸椎處分成左、右主支氣管，分叉處稱爲隆凸，此處黏膜最敏感，可引發咳嗽反射將異物排出呼吸道。

1. 氣管壁：完全無硬骨，是由平滑肌、彈性纖維及 16-20 塊 C 形透明軟骨構成
2. 內襯黏膜：由偽複層柱狀上皮、杯狀細胞及基底細胞所構成，故抗灰塵之保護作用

(六) 支氣管：氣管在胸骨角（約 T5 處）分左右支氣管，右支氣管易異物阻塞（因較短、直、寬）

1. 與氣管略同，具偽複層柱狀上皮，但軟骨環較不完整及平滑肌漸多，最終的終末細支氣管是不具氣體交換功用
2. 腎上腺素、交感 N 興奮、作用於血管的腸多胜肽（腸激多胜肽）➪ 使支氣管擴張

(七) 各級氣管構造之比較

	氣管	主支氣管	小支氣管	終末細支氣管	呼吸細支氣管	肺泡管
上皮組織	偽複層纖毛柱狀上皮	同前	單層纖毛柱狀上皮	單層纖毛立方上皮	單層立方上皮（無纖毛）	單層扁平上皮
杯狀細胞	+	+	+→–	–	–	–
基底膜	明顯	明顯→不明顯	不明顯	不明顯	不明顯	不明顯
固有層	+	+	+→–	–	–	–
黏膜下腺	+	+→–	–	–	–	–
平滑肌	+（平弧形）	+（螺旋狀）	+（螺旋狀）	+	+	+→–
軟骨	+（C型環）	+（不完整環狀）	+→–（塊狀軟骨）	–	–	–
肺泡	–	–	–	–	+	+
管腔直徑	18～25mm	13mm	1～3mm	0.5～1mm	0.3～0.5mm	0.1～0.3mm

註：「+」表示有；「–」無；「+ → +–」表示愈來愈少

(八) 肺部：由鎖骨上 2-4cm（肺尖，在第一肋骨上方）至橫膈膜（肺底）間，兩肺之間爲縱膈腔

1. 每一肺臟有胸膜（爲漿液性膜囊）保護，故兩肺間不相通。右肺三葉（斜裂、水平裂（橫過第 4 肋軟骨）隔開）、左肺二葉（斜裂隔開），右肺較寬，右

肺較左肺短（因肝臟），左肺壓跡而較深（因心臟），肺葉小舌位於左肺；肺小葉單位含淋巴管、肺泡管、小動脈

2. 肺泡管、肺泡囊及肺泡是呼吸時進行氣體交換的部位
3. 肺根：由支氣管、肺 A、肺 V、外圍的結締組織所構成
4. 肺門：每一肺的縱膈（內側）表面的垂直裂縫，爲主支氣管、肺血管、淋巴管、神經進出肺
5. 供應肺營養的血管：支氣管 A
6. 組織構造：可分泌黏液及吸附灰塵，肺泡有巨噬細胞（或稱灰塵細胞）可呑噬肺泡內灰塵顆粒及碎片，但空氣汙染會使呑噬細胞受損。肺順應性 ($\Delta V/\Delta P$) 是指單位壓力改變時，所引起的肺容積改變
7. 肺泡：微血管（呼吸）膜：肺有 3 億個肺泡，肺泡壁有兩種細胞組成
   (1) 第一型肺泡細胞：構成肺泡壁的單層鱗狀上皮，形成呼吸膜以進行氣體交換
   (2) 第二型肺泡細胞：又稱中膈細胞，可分泌表面張力素 (surfactant)，爲磷脂質與蛋白質的混合物，作用爲降低肺泡表面張力、增加肺的順應性及擴張力、防肺泡萎縮、降低呼吸作功
   ⇨ 拉普拉斯定律 (Laplace's law) $P=2T/r$（P 壓力，r 肺泡半徑，T 表面張力）：即肺泡越小所承受壓力越大
8. 肺與氣管的神經支配
   (1) 支配肺及氣管的神經是分布在肺根部前方和後方的肺神經叢，其中包括來自第十對腦神經（迷走神經）的副交感神經纖維及來自交感神經幹的交感神經纖維
   (2) 副交感神經元的節後細胞位於肺神經叢，交感神經元的節後細胞位於交感神經幹的副脊交感神經節
   (3) 胸膜壁層的神經是源自肋間神經和膈神經

(B) 1. 有關肺臟的敘述，下列何者錯誤？(A) 左肺分成兩葉，右肺分成三葉　(B) 左肺尖突入頸部，右肺尖則否　(C) 表面皆覆蓋著胸膜　(D) 底面皆貼於橫膈之上。（2009 專普）

(B) 2. 有關肺臟的敘述，下列何者錯誤？(A) 肺分成左右二肺　(B) 肺內有 30 億的肺泡　(C) 表面活性劑由第二型肺泡上皮細胞所分泌　(D) 肺泡通氣量約 4 L/min。（2009 專高）

(B) 3. 有關肺臟的敘述，下列何者錯誤？(A) 左肺分成兩葉，右肺分成三葉　(B) 左

肺尖突入頸部，右肺尖則否 (C) 表面皆覆蓋著胸膜 (D) 底面皆貼於橫膈之上。 (2009 專普)

(C) 4. 有關左肺的敘述，下列何者錯誤？(A) 其肺尖突入頸部 (B) 其底面靠在橫膈之上 (C) 表面有斜裂和水平裂 (D) 僅分成上、下兩葉。 (2010 專普)

(B) 5. 依解剖位置，下列何者位於最下方？(A) 甲狀軟骨 (B) 環狀軟骨 (C) 會厭軟骨 (D) 杓狀軟骨。 (2008 專普)

(C) 6. 下列有關肺部的敘述，何者正確？(A) 斜裂將右肺區分為上下二葉 (B) 水平裂將左肺區分為上下二葉 (C) 右主支氣管較左主支氣管短、寬且較垂直，因此異物較易掉入右主支氣管 (D) 肺門位於肺的肋面，有支氣管、血管、神經通過。 (2019-2 專高)

(A) 7. 會厭軟骨 (epiglottic cartilage) 的柄部端附著於下列何處？(A) 甲狀軟骨 (thyroid cartilage) (B) 環狀軟骨 (cricoid cartilage) (C) 杓狀軟骨 (arytenoid cartilage) (D) 楔狀軟骨 (cuneiform cartilage)。 (2008 二技)

(D) 8. 聲帶延伸於甲狀軟骨與下列何者之間？(A) 會厭軟骨 (epiglottis) (B) 小角狀軟骨 (corniculate cartilage) (C) 環狀軟骨 (cricoid cartilage) (D) 杓狀軟骨 (arytenoid cartilage)。 (2013 專高)

(D) 9. 下列何者位於環狀軟骨上方，能調節聲帶之緊張度？(A) 甲狀軟骨 (thyroid cartilage) (B) 小角軟骨 (corniculate cartilage) (C) 楔狀軟骨 (cuneiform cartilage) (D) 杓狀軟骨 (arytenoid cartilage)。 (2017-1 專高)

(D) 10. 聲帶位於：(A) 鼻咽 (B) 口咽 (C) 喉咽 (D) 喉部。 (2009 專普)

(B) 11. 構成真聲帶 (true vocal cord) 之結構主要是下列何種結締組織？(A) 疏鬆結締組織 (loose connective tissue) (B) 彈性結締組織 (elastic connective tissue) (C) 緻密結締組織 (dense connective tissue) (D) 網狀結締組織 (reticular connective tissue)。 (12 二技)

(B) 12. 真聲帶的黏膜皺襞附著於下列何者之間？(A) 甲狀軟骨與環狀軟骨 (B) 甲狀軟骨與杓狀軟骨 (C) 會厭軟骨與環狀軟骨 (D) 會厭軟骨與杓狀軟骨。 (2015 專高)

(D) 13. 下列何者是真聲帶 (true vocal cords) 的終止點？(A) 甲狀軟骨 (thyroid cartilage) (B) 會厭軟骨 (epiglottic cartilage) (C) 環狀軟骨 (cricoid cartilage) (D) 杓狀軟骨 (arytenoid cartilage)。 (2012 二技)

(C) 14. 有關中鼻道的敘述，下列何者正確？(A) 介於上鼻甲與中鼻甲之間 (B) 蝶竇開口於此 (C) 上頜竇開口於此 (D) 鼻淚管開口於此。 (2009 專高)

(D) 15. 鼻淚管開口於鼻腔的：(A) 蝶篩隱窩 (B) 上鼻道 (C) 中鼻道 (D) 下鼻道。 (2011 專普)

(D) 16. 有關下鼻道 (inferior nasal meatus) 的敘述，下列何者正確？(A) 介於下鼻甲與中鼻甲之間 (B) 蝶竇開口於此 (C) 上頜竇開口於此 (D) 鼻淚管開口於此。 (2012 專高)

(A) 17. 有關咽部的敘述，下列何者錯誤？(A) 無黏膜內襯 (B) 不與顱腔連通

(C) 與鼻腔、口腔相通　(D) 與喉部、中耳相通。（2009 專高）

（D）18. 有關喉部 (larynx) 軟骨的敘述，何者正確？(A) 喉結 (laryngeal prominence) 是環狀軟骨 (cricoid cartilage) 前上緣突出的構造　(B) 杓狀軟骨 (arytenoid cartilage) 的基部座落於甲狀軟骨 (thyroid cartilage) 的後上緣　(C) 真聲帶 (true vocal cord) 的兩端分別附著於杓狀軟骨與環狀軟骨　(D) 會厭軟骨 (epiglottis) 的柄部附著於甲狀軟骨 (thyroid cartilage) 的內壁。（2014 二技）

（B）19. 下列何者不參與鼻腔側壁的形成？(A) 篩骨　(B) 顴骨　(C) 上頷骨　(D) 下鼻甲。（08 專普、專高）

（D）20. 下列有關氣管 (trachea) 的敘述，何者正確？(A) 上端緊接喉部的甲狀軟骨 (thyroid cartilage)　(B) 在第 4 或第 5 頸椎高度，分出左、右主支氣管 (main bronchi)　(C) 由缺口朝向前的 C 形透明軟骨環與平滑肌組成　(D) 黏膜層的內襯上皮屬於偽複層柱狀纖毛上皮。（15 二技）

（D）21. 下列有關氣管的敘述，何者正確？(A) 位於食道的後方　(B) 約在第二胸椎的高度分支成左右主支氣管　(C) 具有彈性軟骨組成之 C 型軟骨環　(D) 內襯上皮為偽複層纖毛柱狀上皮。（2017-2 專高）

（A）22. 有關氣管的敘述，下列何者錯誤？(A) 延伸於喉部的後方　(B) 延伸於食道的前方　(C) 延伸於頸部　(D) 延伸於胸部。（2010 專普）

（D）23. 關於氣管 (trachea) 的敘述，下列何者正確？(A) 上皮是具有纖毛的單層柱狀上皮 (ciliated simple columnar epithelium)　(B) 軟骨組織是外型呈 C 型的彈性軟骨 (elastic cartilage)　(C) 氣管軟骨的後方有屬於骨骼肌的氣管肌 (trachealis) 連結　(D) 氣管的血液供應部分來自支氣管動脈 (bronchial arteries)。（2018-2 專高）

（D）24. 下列何者的內襯上皮具有纖毛？(A) 尿道　(B) 輸精管　(C) 十二指腸　(D) 主支氣管。（2019-1 專高）

（A）25. 氣管位於下列哪一個體腔中？(A) 縱膈腔　(B) 胸膜腔　(C) 顱腔　(D) 脊髓腔。（2009 專普）

（A）26. 左、右主支氣管 (primary bronchi) 的比較，下列何項特徵為右大於左？(A) 管徑寬度　(B) 長度　(C) 與體幹中線所夾的角度　(D) 管壁厚度。（2012 二技）

（A）27. 有關支氣管樹的敘述，下列何者正確？(A) 右側的主支氣管管徑較左側粗 (B) 左右肺各有 3 條二級支氣管　(C) 左肺的節支氣管有 9 條，右肺有 10 條 (D) 節支氣管即相當於二級支氣管。（2011 專普）

（C）28. 有關氣管的敘述，下列何者錯誤？(A) 其內襯上皮具有纖毛　(B) 位於頸部、胸部　(C) 位於食道後方　(D) 管壁中的 C 形軟骨缺口朝後。（2009 專高）

（A）29. 下列何者無軟骨支撐？(A) 細支氣管　(B) 三級支氣管　(C) 次級支氣管 (D) 主支氣管。（2014-1 專高）

（B）30. 下列何者無軟骨結構？(A) 肺葉支氣管 (lobar bronchus)　(B) 細支氣管 (bronchiole)　(C) 肺節支氣管 (segmental bronchus)　(D) 主支氣管 (primary bronchus)。 (2017-1 專高)

(B) 31. 肺臟內的支氣管 (bronchi) 分支為細支氣管 (bronchioles) 時，下列何種組織會消失？(A) 彈性纖維 (B) 軟骨 (C) 平滑肌 (D) 上皮。 (2014 二技)

(D) 32. 下列支氣管樹的分支當中，何者位於最末梢？(A) 終末細支氣管 (B) 呼吸性細支氣管 (C) 肺泡管 (D) 肺泡囊。 (2008 專普)

(D) 33. 下列何者是肺小葉中主要的呼吸管道？(A) 主支氣管 (B) 次級支氣管 (C) 三級支氣管 (D) 細支氣管。 (2015 專高)

(B) 34. 下列哪一個部分是最接近肺泡囊的構造？(A) 肺葉支氣管 (B) 呼吸性細支氣管 (C) 肺節支氣管 (D) 終末細支氣管。 (2016-1 專高)

(C) 35. 肺臟內的哪一構造，只具有傳送氣體的導管功用，但是不具備氣體交換的功能？(A) 肺泡囊 (alveolar sac) (B) 肺泡管 (alveolar duct) (C) 終末細支氣管 (terminal bronchiole) (D) 呼吸性細支氣管 (respiratory bronchiole)。 (2021-2 專高)

(B) 36. 由肺外部往肺內部的方向，下列何種組合分別是通行於肺門 (pulmonary hilum) 及其接續的呼吸管道？(A) 氣管 (trachea)；主支氣管 (main bronchus) (B) 主支氣管 (main bronchus)；次級支氣管 (secondary bronchus) (C) 次級支氣管 (secondary bronchus)；三級支氣管 (tertiary bronchus) (D) 三級支氣管 (tertiary bronchus)；細支氣管 (bronchioles)。 (2015 二技)

(A) 37. 下列構造中，何者並不經由肺門進出肺臟？(A) 膈神經 (B) 支氣管 (C) 肺動脈 (D) 肺靜脈。 (2012 專普)

(D) 38. 下列何者是肺小葉中主要的呼吸管道？(A) 主支氣管 (B) 次級支氣管 (C) 三級支氣管 (D) 細支氣管。 (2015 專高)

(B) 39. 肺葉小舌 (lingula) 位於下列何處？(A) 左肺下葉 (B) 左肺上葉 (C) 右肺中葉 (D) 右肺下葉。 (2013 二技)

(B) 40. 早產兒引起之呼吸困難是因哪一種細胞發育不全所造成的？(A) 第一型肺泡細胞 (type I alveolar cell) (B) 第二型肺泡細胞 (type II alveolar cell) (C) 肺泡巨噬細胞 (alveolar macrophage) (D) 肥大細胞 (mast cell)。 (2018-1 專高)

(C) 41. 有關表面張力劑之敘述，下列何者錯誤？(A) 表面張力劑內含脂質及蛋白質二種成分 (B) 深呼吸可促進第二型肺泡上皮細胞分泌表面活性劑 (C)Laplace 定律可用 P ＝ r/2T 表示之 (P 是壓力，r 是肺泡半徑，T 是表面張力) (D) 表面活性劑可穩定大小不同的肺泡。 (2015 專高)

(A) 42. 將左邊肺臟分成上葉及下葉的構造為何？(A) 斜裂 (oblique fissure) (B) 水平裂 (horizontal fissure) (C) 心切 (cardiac notch) (D) 心壓 (cardiac impression)。 (2009 二技)

(B) 43. 肺泡壁彈性消失時，肺內氣體的容積或容量呈現何現象？(A) 肺餘容積變小 (B) 肺餘容積變大 (C) 功能肺餘量變小 (D) 肺總量變小。 (2009 專普)

(B) 44. 有關肺內之防護機制的敘述，下列何者錯誤？(A) 空氣汙染會使肺泡吞噬細胞

受損　(B) 纖維性囊腫 (cystic fibrosis) 是因鈉離子通道出了問題　(C) 呼吸道黏液可吸附灰塵　(D) 呼吸道上的腺體可分泌黏液。（2009 專高）

（A）45. 下列有關參與呼吸通氣 (ventilation) 之敘述何者錯誤？(A) 肋間肌 (external intercostal muscle) 、橫膈肌 (diaphragm) 及肺臟內肌肉均有參與　(B) 鼻腔或口腔內的氣壓等於大氣壓 (atmospheric pressure)　(C) 肋膜腔內壓 (intrapleural pressure) 及肺泡壓 (alveolar pressure) 決定肺臟氣體充填程度　(D) 肺泡壓與大氣壓之間的差異決定呼吸通氣量大小和流向。（2012 二技）

（D）46. 下列何種構造的分支不能進行氣體交換？(A) 肺泡囊　(B) 肺泡管　(C) 呼吸性細支氣管　(D) 終末細支氣管。（2010 專高）

（A）47. 呼吸系統的解剖死腔 (anatomical dead space) 中，不包括下列何者？(A) 肺泡　(B) 氣管　(C) 支氣管　(D) 鼻咽。（2014 二技）

（A）48. 肺順應性是指(ΔV為容積改變；ΔP為壓力改變；Flow為氣流大小）下列何者？(A) $\Delta V/\Delta P$　(B) $\Delta P/\Delta V$　(C) ΔP/Flow　(D)Flow/ΔP。（2011 專高）

（D）49. 下列何者不是第一型肺泡細胞的功能？(A) 形成呼吸膜　(B) 容許呼吸氣體之擴散　(C) 構成肺泡壁的單層鱗狀上皮　(D) 吞噬灰塵顆粒。（2015 專高）

（D）50. 負責氣體交換之呼吸道細胞為下列哪一種？(A) 嗜中性球 (neutrophil)　(B) 第二型肺泡細胞 (type II alveolar cell)　(C) 巨噬細胞 (macrophage)　(D) 第一型肺泡細胞 (type I alveolar cell)。（2019-1 專高）

（A）51. 下列何者會增加肺的擴張能力？(A) 肺泡表面張力 (surface tension) 降低　(B) 表面張力素 (surfactant) 分泌不足　(C) 肺水腫 (pulmonary edema)　(D) 肺纖維化 (pulmonary fibrosis)。（2010 二技）

（A）52. 下列何者可產生表面活性劑 (surfactant)？(A) 第二型肺泡細胞　(B) 結締組織　(C) 氣管的上皮細胞　(D) 黏膜細胞。（2019-2 專高）

（C）53. 肺內何種細胞可製造磷脂類的表面活性劑？(A) 肺泡巨噬細胞　(B) 淋巴細胞　(C) 第二型肺泡上皮細胞　(D) 第一型肺泡上皮細胞。（2010 專普）

（B）54. 下列何者為肺臟所分泌的表面活性素 (surfactant) 對呼吸系統產生的影響？(A) 降低氣道阻力　(B) 降低肺泡的表面張力 (surface tension)　(C) 降低纖毛的擺動力　(D) 降低肺臟的順應性 (compliance)。（2015 二技）

（C）55. 肺部的哪一種細胞，主要負責分泌表面張力劑 (surfactant) ，可以降低肺泡內的表面張力，避免肺泡塌陷？(A) 微血管內皮細胞 (endothelial cell)　(B) 第一型肺泡細胞 (type I alveolar cell) (C) 第二型肺泡細胞 (type II alveolar cell) (D) 肺泡內巨噬細胞 (alveolar macrophage)。（2019-1 專高）

貳 呼吸生理——呼吸作用及控制

一、肺換氣作用

1. 吸氣：當肺內壓>大氣壓時（>760mmHg或1 atm）此時靜脈回流至心臟增加。
   ⇨ 橫膈收縮（下降）、外肋間肌收縮（胸廓向外上方拉）→肺（胸）內壓下降、腹內壓上升→↑肺容積（符合波以耳定律——氣體體積及壓力成反比）
2. 肋膜內壓：位於肺和胸壁間的壓力（低於一大氣壓力），才可維持肺膨脹（吸氣），僅在咳嗽時會變暫時正壓，靜止時 -5mmHg ，吸氣時降低 (-6~-8mmHg)。(咳嗽是藉由呼氣肌—腹肌、肋間內肌收縮，使肋骨下移及橫膈膜向上頂，增加胸部內壓，使空氣向體外流出。)
3. 用吸氣是主動過程，用力時需外肋間肌、斜角肌、胸鎖乳突肌、橫膈膜收縮來完成，正常平靜呼氣是一被動過程，靠橫膈膜放鬆及肺回彈
4. 一秒強迫呼出氣體 (FEV1)一主要是檢測呼吸系統的呼吸道阻力

二、呼吸氣體交換

(一) 外呼吸 (external ventilation)：爲肺與血液間的氣體交換

1. 肺泡一微血管厚度只有 0.5μm ，肺泡內 O_2 容積占 14.3% ，PO_2 = 105mmHg；PCO_2 占 5.6%，PCO_2 = 40mmHg
2. 肺動脈（缺氧血）：PO_2 = 40mmHg，PCO_2 = 45mmHg；肺靜脈（含氧血）：PO_2 = 105mmHg，PCO_2 = 40mmHg
3. 微血管隨時可以進行氣體交換，因微血管太窄，使 RBC 以最大限度暴露於可利用的氧
4. 影響外呼吸速率因素
   (1) 海拔高度 — 越高則氧分壓越少，能擴張到血中的氧減少，使呼吸效率降低→刺激 RBC 生成，故有 RBC 增多
   (2) 功能表面積 — 面積越少減少→↓外呼吸的效率
   (3) 微量呼吸 —服用某些要（如 Morphine）→↓呼吸的效率
   (4) 在海平面一大氣壓爲 760 mmHg ，依道耳呑定律 (Dalton's law) ，氮氣分壓 (PN_2) = 760×78%=593 mmHg ，PO_2 為 159 mmHg ，PCO_2 為 0.3 mmHg

(5) 海面上，肺泡各氣體中以氮氣最多，當壓力急驟減低時→體液中的氮氣會形成氣泡稱減壓病 (decompression sickness)

(6) 在深海高壓下，氮氣（空氣中約含 4/5）會造成不等程度的昏迷 (narcosis) 狀態

(二) 內呼吸 (internal ventilation)－為血液與細胞之間的氣體交換

三、呼吸氣體輸送：是由血液執行

(一) 氧：運輸經由溶於血漿 (1.5-3%)、與血液的血紅素結合成氧合血紅素 (97-98.5%) 二種形式，在正常休息狀態，充氧血約含氧 20ml/dl。影響氧血紅素解離曲線：

1. 氧分壓 (PaO_2)：PaO_2 與血氧飽和度成 S 型關係，肺泡 O_2 的多寡與大氣氧分壓、肺泡通氣、組織細胞耗氧量有關
   (1) 肺泡微血管當 PO_2 愈大→與 Hb 結合的氧越多（故在肺微血管很多氧）
   (2) 組織微血管內 PO_2 降低，Hb 結合的氧結合降低→氧 - 血紅素解離曲線右移
   (3) 登山、貧血、高海拔之 Hb 結合的氧結合降低→氧 - 血紅素解離曲線右移
2. 高海拔地區的人因長期處缺氧狀態，故其體內調適如下
   (1) 周邊化學接受器受刺激→通氣量增加
   (2) 腎臟之紅血球生成素分泌增加（J-G 細胞分泌）
   (3) 微血管密度、粒線體數目、肌紅蛋白皆增加
   (4) 2,3-DPG（2,3- 雙磷酸甘油）增加或向右移
3. 血液 pH 值：酸性環境（或高 PCO_2）→與 Hb 結合的氧降低 ⇨ 氧 - 血紅素解離曲線右移
4. 溫度上升（因細胞活動大產過多酸及熱 ⇨ 氧 - 血紅素解離曲線右移
5. 2,3-DPG（2,3- 雙磷酸甘油）產量增加 ⇨ 氧 - 血紅素解離曲線右移 (2,3-DPG 是葡萄糖醣解的中間產物)，當組織氧降低，輸陳血皆會增加 2,3-DPG；胎兒血紅素會增加氧的親和力大於成人血紅素。
6. 通氣量不平衡→ PO_2 降低，當組織缺氧→肺部缺氧的血管會收縮→使通氣量及灌流量達平衡而獲改善

(二) 二氧化碳：運輸經由溶於血漿內 (7-10%)、與血紅素結合 (23%)、形成重碳酸離子 ($HCO3^-$)(70%) 三種形式。正常體細胞約產生二氧化碳 200ml/

分，即肺每分鐘排出二氧化碳的量；而正常休息情況下，缺氧血含有4ml/dl 的二氧化碳。

(三) 一氧化碳：無色、無味氣體，它與 Hb 結合是氧的 200 倍。1%(PCO_2 = 0.5mmHg) 的一氧化碳可與半數的 Hb 結合，當 CO 中毒時可供純氧 (PO_2 = 600mmHg) 來處理

四、呼吸控制

(一) 神經控制：呼吸的基本節律受到延腦及橋腦等神經的控制，分三個功能區

1. 延腦節律區：負責控制呼吸基本節律，正常靜止下吸氣（2秒）< 呼氣（3秒）。
   ⇨ 舌咽 N 及迷走 N 延伸到延腦，可將周邊化學接受器、壓力接受器、肺的牽張接受器所接收的訊息傳到呼吸中樞。
   -- 分兩區：背側呼吸神經元又稱吸氣中樞，前側呼吸神經元又稱呼氣中樞。（交互抑制）
2. 呼吸調節區：位於橋腦上方不斷傳遞衝動到吸氣區，這些衝動之主作用是在肺充滿過量空氣前，停止吸氣的作用
3. 吸氣痙攣區：位於橋腦下方，將送至衝動至吸氣區活化之，並延長吸氣→抑制呼氣。此作用是僅用在呼吸調節區不活化時

(二) 呼吸中樞活動的調節

1. 大腦皮質的影響：呼吸中樞與大腦皮質間有神經連結，故可隨意改變呼吸型態（如潛水閉氣），但當 PCO_2 增加某程度會刺激吸氣區→重新開啟吸氣
2. 赫鮑二氏反射或膨脹反射：呼吸道的支氣管及細支氣管壁含有牽張感受器。當肺部過度膨脹時，會刺激牽張感受器之神經衝動→迷走神經到吸氣區抑制吸氣（保護作用）
3. 化學的刺激：主要是氫 (H^+)，其次是氧及二氧化碳。可分爲二區域
   (1) 中樞的化學感受器：位於延腦 — 對缺氧敏感
   (2) 周邊的化學感受器：頸動脈體 (N9) 及主動脈體 (N10)— 對血中 CO_2 敏感
   ⇨ 當血液 CO_2 高於 40 mmHg，或 O_2 低於 70 mmHg，會刺激呼吸中樞，使呼吸速率增加，容易造成過度換氣的現象
4. 其他的影響
   (1) 增加體溫：發燒會使呼吸加速

(2) 咽喉部刺激：咽喉刺激會反射性呼吸減慢，甚至引發咳嗽

(3) 劇烈疼痛：突然劇痛會使呼吸暫停，但長期疼痛使呼吸速率增加

(4) 血壓上升：突 BP ↑ 會刺激壓力接受器→反射性地降低呼吸速率

(5) 肛門括約肌的伸張：可刺激呼吸（在緊急情況下可使用）

（C）1. 血液與組織之間氣體及物質的交換，主要在哪一部位進行？(A) 主動脈 (B) 肺動脈 (C) 微血管 (D) 肺靜脈。（2010 專普）

（D）2. 有關肺循環及肺內氣體交換之敘述，下列何者錯誤？(A) 肺動脈血為缺氧血 (B) 肺動脈內二氧化碳分壓約為 45 mmHg(PaCO2 ＝ 45 mmHg) (C) 肺泡氧分壓約為 110 mmHg (D) 經過肺泡換氣後，肺動脈內氧分壓約為 100 mmHg。（2011 專普）

（D）3. 健康的成年人在靜止時，每分鐘的呼吸次數約為多少次？(A)120 (B)70 (C)36 (D)12。（2011 專普）

（D）4. 下列何種呼吸過程，橫膈肌、外肋間肌與內肋間肌均呈現舒張狀態？(A) 用力吸氣 (B) 用力呼氣 (C) 平靜吸氣 (D) 平靜呼氣。（2008 二技）

（D）5. 有關吸氣過程中的變化，下列敘述何者正確？(A) 橫膈 (diaphragm) 鬆弛 (B) 胸腔 (thoracic cavity) 體積縮小 (C) 胸膜內壓 (intrapleural pressure) 高於肺內壓 (D) 肺內壓 (intrapulmonary pressure) 低於大氣壓。（2010 二技）

（C）6. 在休息時，負責呼吸的主要肌肉除了橫膈之外，還有：(A) 腹直肌 (B) 腹橫肌 (C) 肋間肌 (D) 錐狀肌。（2012 專普）

（C）7. 吸氣時的肺臟擴張會刺激牽張接受器 (stretch receptor)，其神經衝動經由迷走神經傳至延髓與橋腦，因而抑制吸氣並轉為呼氣。此作用稱為：(A) 呼吸自主調控 (respiration autoregulation) (B) 法蘭克－史達林呼吸律 (Frank-Starling law of respiration) (C) 赫－鮑二氏膨脹反射 (Hering-Breuer's inflation reflex) (D) 拉普拉斯反射 (Laplace's reflex)。（2011 專普）

（B）8. 主動脈體透過下列何者傳遞血液中 O_2 含量變化的訊息？(A) 三叉神經 (B) 迷走神經 (C) 舌咽神經 (D) 副神經。（2018-1 專高）

（A）9. 若血液中氫離子濃度增加，主要受刺激的接受器與生理反應為何？(A) 周邊化學接受器興奮，換氣量增加 (B) 中樞化學接受器興奮，換氣量增加 (C) 中樞化學接受器興奮，換氣量減少 (D) 周邊與中樞化學接受器興奮，換氣量減少。（2013 二技）

（D）10. 當吸氣體積增大時，下列何種感覺神經受器最可能會受到刺激而興奮起來？(A) 快適應受器 (B) 肺部 C 纖維 (C)J 受器 (D) 肺伸張受器。（2014-1 專高）

（D）11. 有關肋膜內壓 (intrapleural pressure) 的敘述，何者不正確？(A) 是位於肺和胸壁之間的壓力 (B) 正常是低於大氣壓力 (C) 是維持肺膨脹的重要因素 (D) 吸氣時肋膜內壓升高。（2011 二技）

（D）12. 下列哪一因素可使血紅素氧飽和度與氧分壓之解離曲線向右挪移？(A)2,3-

diphosphoglycerate(2,3-DPG) 減少 (B) 血液 pH 偏鹼 (C) 溫度下降 (D)PCO_2 上升。 (2009 專普)

(A) 13. 下列何種因素可促使氧合血紅素解離曲線向左挪移？(A)pH 偏鹼 (B) 增加 DPG(2,3-diphosphoglycerate) (C) 體溫上升 (D)Pco_2 上升。 (2015 專高)

(A) 14. 下列何者最不容易使氧合血紅素解離曲線 (oxygen-hemoglobin dissociation curve) 右移？(A) 血液中 pH 值增加 (B) 血液中氫離子濃度增加 (C) 核心體溫上升 (D) 血液中二氧化碳濃度增加。 (2019-1 專高)

(A) 15. 增加 2, 3－雙磷酸甘油，會使血紅素氧飽和百分比曲線有何變化？(A) 向右挪移 (B) 向左挪移 (C) 偏酸使曲線向左移 (D) 體溫下降使曲線向右移。 (2010 專普)

(A) 16. 從氧合解離曲線來看，正常血液流過骨骼肌細胞時，每 100 mL 血液會有多少 mL 的氧解離並釋放進入肌細胞內？(A)5 (B)10 (C)15 (D)20。 (2012 專高)

(B) 17. 氧合解離曲線發生移動時會引起所謂波爾效應 (Bohr effect) ，這在正常成人生理作用上有何重要意義？(A) 向左移動促使更多的氧釋出 (B) 向右移動促使更多的氧釋出 (C) 向左移動不利於氧的結合 (D) 向右移動不利於氧的釋出。 (2018-1 專高)

(D) 18. 氧－血紅素解離曲線 (oxygen-hemoglobin dissociation curve) 可用來說明下列何者之關係？(A) 血紅素含量與分壓 CO_2 (B) 血紅素含量與分壓 O_2 (C) 血紅素飽和度與分壓 (D) 血紅素飽和度與分壓。 (2015 二技)

(A) 19. 血氧飽和百分比與氧分壓作圖呈現何種圖形？(A)S 字形 (B)T 字形 (C)M 字形 (D)C 字形。 (2010 專普)

(D) 20. 下列何者是血液中運送二氧化碳的最主要方式？(A) 直接擴散 (B) 直接溶解於血液中 (C) 與血紅素結合 (D) 轉換成碳酸氫根離子。 (2020-1 專高)

(D) 21. 二氧化碳在血液中運送的各種形式，其中比例最高的形式是下列何者？(A) 氣態二氧化碳 (B) 溶於血漿中之二氧化碳 (C) 碳醯胺基血紅素 (carbaminohemoglobin) (D) 碳酸氫根離子 (HCO_3^-)。 (2021-2 專高)

(B) 22. 下列哪一種狀況，血液中的血紅素與氧氣的親合力 (affinity) 較高？(A) 登高山 (B) 貯存於血庫 (C) 發高燒 (D) 酸中毒。 (2009 二技)

(B) 23. 胎兒的血紅素與氧之親和力，與成人的相比較，其結果為何？(A) 兩者差不多 (B) 前者高 (C) 後者高 (D) 無法比較。 (2009 專高)

(D) 24. 一氧化碳與血紅素的親和力約為氧的多少倍？(A)0.21 (B)2.1 (C)21 (D)210。 (2016-2 專高)

(D) 25. 有關血紅素 (hemoglobin) 的敘述，何者正確？(A) 可與氧作用形成氧化態血紅素 (B) 一個血紅素分子可攜帶一個氧分子 (C) 成人血紅素對氧的親和力大於胎兒血紅素 (D) 一氧化碳與血紅素結合能力高於氧的結合能力。 (2011 二技)

(C) 26. 若每毫升血液中可結合的血紅素數目為 X，未與氧氣結合的血紅素數目為 Y，則下列何者是血紅素氧飽合百分率 (percentage hemoglobin saturation) 之估算式？(A)Y 除以 X 再乘以 100%　(B)(X ＋ Y) 除以 Y 再乘以 100%　(C)(X－Y) 除以 X 再乘以 100%　(D)Y 除以 (X ＋ Y) 再乘以 100%。　(2015 專高)

(A) 27. 動脈血氧分壓在 100 mmHg 時，每公升血液中直接溶解的氧量約為多少毫升 (mL)？(A)3　(B)0.3　(C)0.03　(D)0.003。　(2013 專高)

(C) 28. 呼氣末期測得之二氧化碳含量約為：(A)0.056%　(B)0.56%　(C)5.6%　(D)56%。　(2014-1 專高)

(A) 29. 有關組織缺氧 (hypoxia) 之敘述，下列何者正確？(A) 肺臟缺氧部位血管會收縮，使得通氣量－血流灌注量不相配之情形獲得改善　(B) 肺臟缺氧部位血管會舒張，使得通氣量－血流灌注量不相配之情形獲得改善　(C) 所有組織缺氧時，該部位血管會擴張，以減緩缺氧所造成之損傷　(D) 所有組織缺氧時，該部位血管會收縮，以減緩缺氧所造成之損傷。　(2012 二技)

(A) 30. 缺氧引起之肺血管收縮是為了？(A) 改善通氣 / 血流比　(B) 增加分流量　(C) 減少無效腔　(D) 增加通氣量。　(2017-1 專高)

(C) 31. 下列哪一種物質可降低支氣管對氣流的阻力？(A) 組織胺　(B) 乙醯膽鹼　(C) 腎上腺素 (epinephrine)　(D) 白三烯素 (leukotrienes)。　(2013 二技)

(D) 32. 動脈血中之氧含量為 200 ml/L，而心輸出量為 5 L/min，每分鐘有多少 ml 氧供應到組織？(A)5　(B)200　(C)500　(D)1,000。　(2014-1 專高)

(B) 33. 肺泡內氧分壓約為多少 mmHg？(A)160　(B)105　(C)760　(D)40。　(2008 專普)

(D) 34. 下列何者與肺泡氧分壓 (alveolar oxygen partial pressure) 之多寡無關？(A) 大氣中的氧分壓 (partial oxygen pressure) 含量　(B) 肺泡通氣量 (alveolar ventilation) 之多寡　(C) 組織細胞的耗氧量 (oxygen consumption)　(D) 肋膜腔內氧分壓 (intrapleural oxygen partial pressure) 含量。　(2012 二技)

(D) 35. 下列何者會降低氣體擴散穿過肺泡交換膜的能力？(A) 肺泡交換膜兩側的分壓差增加　(B) 肺泡交換膜的表面積增加　(C) 氣體的溶解度增加　(D) 氣體的分子量增加。　(2017-1 專高)

(C) 36. 空氣中二氧化碳分壓約為多少 mmHg？(A)40　(B)45　(C)0.3　(D)0.03。　(2008 專普)

(D) 37. 下列何者不是直接決定肺泡氧分壓的因子？(A) 大氣中的氧分壓　(B) 肺泡通氣量　(C) 耗氧量　(D) 肺活量。　(2011 專高)

參 肺活量

正常人靜止：呼吸 12-18 次 / 分、耗氧量 250ml/ 分、呼出的二氧化碳是 200ml/ 分。

一、肺容積

1. 潮氣容積 (tidal volume, TV)：是靜止時一次的呼或吸的量，約 500ml，需扣除死腔容積（約 150ml 的解剖死腔），才是血液可進行的氣體交換量（約 350ml）。死腔包括
   (1) 解剖性死腔 — 鼻、咽、喉、氣管、支氣管不與血液進行氣體交換
   (2) 肺泡性死腔 — 指不能進行氣體交換的肺泡容積，正常人幾乎爲零
   (3) 生理性死腔 = 解剖性死腔 + 肺泡性死腔，氣喘及肺動脈壓下降時，生理性死腔會增加
2. 吸氣儲備容積 (inspiration reserve volume, IRV)：平靜吸氣後，可再用力吸的氣體量，約 3,100 ml
3. 呼氣儲備容積 (expiration reserve volume, ERV)：平靜呼氣後，再用力呼出的氣體量，約 1,200 ml
4. 肺餘容積 (residual volume, RV)：最大用力呼氣後，仍部份存在肺內之氣體量，故可避免肺萎縮，約 1,200 ml。若肺泡彈性消失，RV 會增加

二、肺容量：是合併不同的肺容積計算所得的量

1. 吸氣容積 (inspiration capacity, IC)：指肺的總吸氣量，TV + IRV = 3,600 ml
2. 肺活量 (vital capacity, VC)：指用力吸氣後再用力呼氣的最大空氣量，TV + IRV + ERV = 4,800 ml
3. 功能肺餘容量 (functional residual capacity, FRC)：當呼吸肌放鬆下，留在肺內的氣體稱之，ERV + RV = 2,400 ml，此無法由呼吸計測量得知
4. 肺總量 (total lung capacity, TLC)：TV + IRV + ERV ＋ RV = 6,000 ml
5. 肺泡通氣量 (ventilation)：每分鐘進出肺泡的氣體量，爲以 PCO_2 是臨床上反映通氣量最常用指標，每分鐘呼吸速率乘以潮氣容積再減解剖死腔 (150 ml)，約 4,000 ml，即 (TV-150)×RR。影響因子：
   (1) PCO_2 升高、腦組織間液 H^+ 濃度增加、代謝性酸中毒時→會刺激使通氣量增加，但 pH 値及 O_2 下降所造成的影響小
   (2) 通氣量加倍時，而 CO_2 生成保持一定則 PCO_2 動脈的略減少
   (3) 過度通氣 (hyperventiation) 反而造成 PCO_2 下降→腦血管收縮
6. 懷孕時潮氣容積 (TV) 增加，因子宮擴大，橫膈上升→功能肺餘容積 (FRC) 下降；爲滿足母體及胎兒之需→氧氣消耗和心輸出量皆會增加

（D）1. 下列何者為臨床上反映通氣量之最常用指標？(A)SaO_2　(B)Hb　(C)PaO_2　(D)$PaCO_2$。（2013 專高）

（A）2. 每分鐘呼出的二氧化碳約為多少 mL？(A)200　(B)400　(C)600　(D)800。（2011 專高）

（C）3. 正常成人耗氧量每分鐘約為多少 ml？(A)2.5　(B)25　(C)250　(D)2,500。（10, 14 專高）

（C）4. 肺活量等於下列何者？(A) 吸氣容量與吸氣儲備容積之和　(B) 潮氣容積與吸氣容量之和　(C) 潮氣容積、吸氣儲備容積以及呼氣儲備容積之和　(D) 肺餘容積與吸氣容量之和。（2009 專普）

（A）5. 下列何者為潮氣體積 (tidal volume) 與吸氣儲備體積 (inspiratory reserved volume) 的總和？(A) 吸氣容量 (inspiratory capacity)　(B) 功能餘氣容量 (functional residual capacity)　(C) 肺活量 (vital capacity)　(D) 肺總容量 (total lung capacity)。（2016-2 專高）

（B）6. 某患者呼吸時之潮氣容積是 450 mL，解剖無效腔是 150 mL，呼吸頻率為每分鐘 10 次，則此患者之每分鐘肺泡通氣量為多少 mL/min？(A)4,500　(B)3,000　(C)1,500　(D)150。（2012 專高）

（B）7. 若以潮氣容積 (tidal volume)200 毫升，呼吸頻率 40 次／分鐘的方式持續呼吸 30 秒，會發生下列何種現象？(A) 動脈二氧化碳分壓明顯下降　(B) 容易產生呼吸性低氧現象　(C) 血液中的氧氣總量大幅增加　(D) 呈現呼吸性鹼中毒。（2020-2 專高）

（B）8. 若呼吸頻率為每分鐘 12 次，潮氣體積 (tidal volume)500 mL，無效腔 (dead space) 體積 150 mL，則每分鐘的肺泡通氣量 (alveolar ventilation) 最接近下列何者？(A)3200 Ml　(B)4200 mL　(C)5200 mL　(D)6200 mL。（2016-1 專高）

（C）9. 一位體重 150 磅的病人，他每分鐘呼吸頻率為 12 次，潮氣容積為 500mL，試問他的肺泡通氣量約為：(A) 2400 mL/min　(B)3600 mL/min　(C)4200 mL/min　(D)6000 mL/min。（2017-2 專高）

（B）10. 若潮氣容積 (tidal volume) 為 450 毫升，解剖性死腔為 150 毫升，每分鐘的呼吸頻率為 12 次，則每分鐘的肺泡通氣量為多少毫升？(A)1,800　(B)3,600　(C)5,400　(D)7,200。（2018-2 專高）

（B）11. 若 VA：每分鐘的肺泡通氣量，F：每分鐘的呼吸頻率，VT：潮氣容積，VD：死腔容積，則下列何者正確？(A)VA ＝ (F × VT)－VD　(B)VA ＝ F ×(VT－VD)　(C)VT ＝ (VA × F)－VD　(D)VT ＝ VA ×(F－VD)。（2014 二技）

（B）12. 成年男性進行呼吸量測試發現肺活量 (vital capacity) 為兩公升，第一秒用力呼氣容積 (forced expiratory volume in 1 s) 為 85%，此時可能為：(A) 阻塞型肺病 (obstructive lung disease)　(B) 限制型肺病 (restrictive lung disease)　(C) 正常呼吸功能　(D) 過敏性氣喘。（2018-2 專高）

（D）13. 會引起換氣量增加的因素，下列何者不正確？(A) 動脈血二氧化碳分壓上升

(B) 動脈血氧分壓下降 (C) 周邊化學接受器活性增加 (D) 代謝性鹼中毒。(2009 二技)

(A) 14. 有關平靜吸氣過程的敘述，下列何者正確？(A) 肺泡內壓小於大氣壓力 (B) 肋膜腔內壓變成正壓 (C) 橫膈膜舒張 (D) 膈神經興奮性下降。(2009 二技)

(D) 15. 總通氣量是指下列何者？(A) 肺總量 (B) 肺活量與肺餘容積之和 (C) 功能肺餘量 (D) 潮氣容積與每分鐘呼吸次數的乘積。(2009 專普)

(B) 16. 每次吸氣的氣體量，需扣除下列何者才是可與血液進行氣體交換的氣體量？(A) 肺餘容積 (residual volume) (B) 死腔容積 (dead space volume) (C) 功能性肺餘量 (functional residual capacity) (D) 吸氣儲備容積 (inspiratory reserve volume)。(2008 二技)

(A) 17. 正常人 (70 Kg) 在呼吸時，其解剖死腔約為多少 mL？(A)150 (B)250 (C)350 (D)500。(2010 專普)(2012 專普)

(C) 18. 呼吸系統之生理死腔是指下列何者？(A) 解剖死腔 (B) 肺泡死腔 (C) 解剖死腔與肺泡死腔之和 (D) 肺餘容積。(2011 專普)

(A) 19. 有關呼吸道傳導區 (conducting zone) 之作用，下列何者錯誤？(A) 分泌界面活性素(surfactant) (B) 構成解剖死腔(anatomic dead space) (C) 分泌黏液(mucus) (D) 構成部分呼吸道阻力 (airway resistance)。(2013 專高)

(C) 20. 平靜吐氣末期留在肺內的氣體容量，稱為：(A) 肺活量 (B) 肺總量 (C) 功能肺餘量 (D) 最大呼氣量。(2008 專高)

(C) 21. 有關功能肺餘量 (FRC) 的敘述，何者正確？(A) 是盡力呼氣後肺中剩餘的氣體量 (B) 是潮氣容積(TV)與肺餘容積(RV)之和 (C) 無法用肺量計(spirometer)測得 (D) 肺氣腫患者的功能肺餘量通常會降低。(2011 二技)

(D) 22. 功能肺餘量是指下列何者？(A) 肺餘容積 (B) 潮氣容積與呼氣儲備容積之和 (C) 潮氣容積與吸氣儲備容積之和 (D) 呼氣儲備容積與肺餘容積之和。(2011 專普)

(B) 23. 與正常人相比較，部分呼吸道狹窄的患者，其第一秒內用力呼氣體積 (forced expiratory volume at the first second) 與用力呼氣肺活量 (forced vital capacity) 之改變，下列何者正確？(A) 二者變化均不顯著 (B) 前者減少，但後者變化不顯著 (C) 前者變化不顯著，但後者減少 (D) 二者均顯著減少。(2020-2 專高)

(A) 24. 若某位病人使用呼吸器，其潮氣容積為 0.8 公升、呼吸頻率每分鐘 12 次、病人的解剖性死腔 (dead space) 是 200 毫升、呼吸器的死腔為 50 毫升，請問此病人的肺泡換氣量 (alveolar ventilation) 是每分鐘多少公升？(A)6.6 (B)7.2 (C)7.8 (D)9.6。(2013 二技)

肆 肺病變

（A）1. 下列哪一情形與慢性阻塞性肺部疾病有關？(A) 肺氣腫　(B) 肺餘容積變小　(C)FEV_1/FVC 正常　(D) 呼氣流量變大。（2008 專普）

（C）2. 病人因肺癌切除右中肺葉，請問術後左、右肺臟各剩下多少葉？(A) 左肺 2 葉；右肺 1 葉　(B) 左肺 3 葉；右肺 1 葉　(C) 左肺 2 葉；右肺 2 葉　(D) 左肺 3 葉；右肺 2 葉。（2013 專高）

■ 小考

（B）1. 58 歲女性，經診斷為右下肺葉肺癌並接受右下肺葉切除手術，請問此病人於術後其右肺還剩下多少個肺葉？(A)1　(B)2　(C)3　(D)4。（2012 專普）

第九單元 內分泌系統

壹 概論

一、內分泌器官

內分泌器官包括腦下腺、下視丘、甲狀腺、副甲狀腺、腎上腺、松果腺及胸腺等。而代謝激素的器官爲肝臟及腎臟。

(一) 內分泌腺體之不同的胚胎：

1. 內胚層：甲狀腺、副甲狀腺、內分泌胰臟及胸腺等。
2. 中胚層：腎上腺皮質部、性腺（卵巢及睪丸）。
3. 外胚層：腎上腺髓質、腦下腺、下視丘及松果腺等。

(二) 激素爲多爲負回饋控制，而 oxytocin 爲正回饋。

二、維持人體恆定的兩大調節控制中樞

神經系統	快	時間短	透過神經衝動將訊息傳導至肌肉或腺體，以應付環境的變化
內分泌系統	慢	時間長	藉釋放的激素，達到調節生長、代謝與體液化學物質平衡的功能

三、荷爾蒙（激素）依照化學性質分為

1. 固醇類：依其化學式，又可分成三種
   (1) 性類固醇：如黃體素、動情素及睪固酮等，負責調節生殖系統的功能。
   (2) 葡萄糖皮質素（或糖性類皮質酮）：如可體醇、皮質固醇及可體松，負責調節新陳代謝。
   (3) 礦物性皮質素（或譯爲礦物性類皮質酮），主要爲醛固酮，負責調節鈉、鉀等濃度。
2. 胜肽類：指具荷爾蒙功能的蛋白質，包括胰島素及升糖素。

3. 胺類固醇類：如甲狀腺素、腎上腺髓質分泌的腎上腺素及正腎上腺素。

四、激素的作用機轉

1. 接受器：具專一性之標的細胞，如胜肽與蛋白質類激素之接受器在細胞膜（如 FSH），類固醇類激素之接受器在細胞質或細胞核（如 progesterone）
2. 水溶性激素之作用機轉：第一傳訊者爲激素，而第二傳訊者有 cAMP 、IP_3、DAG、鈣離子、cGMP 等。
3. 脂溶性激素脂作用機轉：如類固醇類及甲狀腺激素會穿透細胞膜進入細胞質（核）內，此類會與 DNA 結合後，會增加 DNA 的轉錄作用，增加 mRNA 製造量，產生酶而改變細胞功能。

五、內分泌的調控

腦下腺前葉的分泌作用受到下視丘分泌之調節因子所調控。其細胞依染色性質可分爲：

1. 難染細胞：數目較少，位於靠近垂體中間部，無顆粒，可能不具有分泌功能，但也可能具有分化成爲嗜酸性或嗜鹼性細胞的能力。
2. 嗜染細胞：含有顆粒，容易被染色，可細分如下
   (1) 嗜酸性細胞：分泌生長素 (GH) 及泌乳素 (PRL) 。
   (2) 嗜鹼性細胞：分泌甲狀腺促素 (TSH) 、濾泡促素 (FSH) 、腎上腺皮質促素 (ACTH) 及黃體促素 (LH) 等重要激素。

（B）1. 位於腦部蝶骨蝶鞍的腺體為何？(A) 下視丘 (hypothalamus) (B) 腦下腺 (pituitary gland) (C) 甲狀腺 (D) 腎上腺。（08, 09 專普）

（D）2. 下列何者的分泌，不直接由腦下腺調控，而是受血糖濃度調控？(A) 副甲狀腺 (B) 睪丸 (C) 卵巢 (D) 胰島（蘭氏小島）。（2009 專高）

（B）3. 下列激素的敘述，何者錯誤？(A) 黃體生成激素主要作用於卵巢 (B) 抗利尿激素主要作用於輸尿管 (C) 泌乳激素由腦下腺前葉產生 (D) 生長激素能作用於骨骼。（2009 專普）

（C）4. 下列有關激素的敘述，何者正確？(A) 甲狀腺素 (thyroxine) 是一種水溶性的胺類激素 (B) 生長激素 (growth hormone) 的受器 (receptor) 位於細胞內 (C) 動情激素 (estrogen) 的作用與基因轉錄作用 (transcription) 有關 (D) 腎上腺素 (epinephrine) 的作用與次級傳訊者 (secondary messengers) 無關。（2015 二技）

（D）5. 有關激素及其生理作用的敘述，下列何者正確？(A) 皮質醇 (cortisol) 可降低

血糖濃度 (B) 腎上腺素 (epinephrine) 可促進肌肉肝醣合成 (C) 生長激素 (growth hormone) 可抑制蛋白質合成 (D) 醛固酮 (aldosterone) 可增加尿液中鉀離子排泄。（2008 二技）

（A）6. 有關激素作用之敘述，下列何者正確？(A) 腎素會促進血管收縮，使血壓上升 (B) 礦物皮質酮會促進鈉離子的再吸收，使血壓下降 (C) 副甲狀腺素會促進蝕骨細胞的作用，使血鈣下降 (D) 胰島素會促進細胞內的肝醣分解，使血中葡萄糖下降。（2011 專普）

（B）7. 下列哪一種激素屬於類固醇激素 (steroid hormones)？(A) 甲狀腺素 (thyroxine) (B) 動情素 (estrogen) (C) 甲促素 (TSH) (D) 甲釋素 (TRH)。（2011 專高）

（B）8. 下列何者為脂溶性荷爾蒙？(A) 胰島素 (insulin) (B) 甲狀腺素 (thyroid hormone) (C) 腎上腺素 (epinephrine) (D) 升糖激素 (glucagon)。（2012 二技）

（A）9. 下列哪一種激素屬於胺類激素 (amine hormones)？(A) 甲狀腺素 (thyroxine) (B) 動情素 (estrogen) (C) 甲促素 (TSH) (D) 甲釋素 (TRH)。（10 專普、專高）

（A）10. 下列何種激素的作用，最可能抑制個體生長？(A) 皮質醇 (cortisol) (B) 體介素 (somatomedins) (C) 甲狀腺素 (thyroid hormone) (D) 胰島素 (insulin)。（2020-2 專高）

（A）11. 下列有關內分泌腺體及其分泌的激素，何者正確？(A) 松果腺分泌褪黑激素 (melatonin) (B) 甲狀腺濾泡細胞分泌降鈣素 (calcitonin) (C) 胰臟蘭氏小島之 β 細胞分泌升糖激素 (glucagon) (D) 腎上腺皮質絲球帶分泌糖皮質激素 (glucocorticoids)。（2008 二技）

（D）13. 下列關於內分泌細胞的敘述，何者錯誤？(A) 松果腺細胞分泌褪黑素 (melatonin) (B) 胰臟 alpha 細胞分泌升糖素 (glucagon) (C) 副甲狀腺主細胞 (chief cells) 分泌副甲狀腺素 (parathyroid hormone) (D) 腎上腺皮質絲球帶細胞 (zona glomerulosa cells) 分泌糖皮質激素 (glucocorticoid)。（2021-2 專高）

（C）14. 下列何種器官不釋放內分泌激素？(A) 心臟 (B) 腎臟 (C) 脾臟 (D) 胃。（2020-1 專高）

（C）15. 腦下垂體門靜脈系統與下列哪一項激素之分泌調控無關？(A) 腎上腺皮質刺激素 (B) 生長激素 (C) 催產素 (D) 黃體生成素。（2015 專高）

（D）16. 若切除腦下垂體，下列何種激素的分泌不會直接受到影響？(A) 皮質醇 (cortisol) (B) 甲狀腺素 (thyroid hormone) (C) 動情激素 (estrogen) (D) 副甲狀腺素 (parathyroid hormone)。（2011 二技）

（B）17. 哪兩種激素是由腦下腺前葉同一種細胞合成？(A) 生長激素及濾泡促素 (FSH) (B) 濾泡促素及黃體促素 (LH) (C) 黃體促素及泌乳素 (prolactin) (D) 泌乳素及生長激素。（2012 專普）

（D）18. 下列何種激素由腺體分泌後，可被轉變為更具活性的形式？(A) 三碘甲狀腺素 (triiodothyronine, T3) (B) 逆三碘甲狀腺素 (reverse triiodothyronine, rT3)

(C) 血管張力素 II(angiotensin II) (D) 睪固酮 (testosterone)。 (2019-2 專高)

(B) 19. 有關腎素－血管張力素系統 (renin-angiotensin system) 之敘述，下列何者正確？(A) 腎素可作用於血管平滑肌細胞，使血壓升高 (B) 血管張力素原 (angiotensinogen) 分泌自肝 (C) 失血可造成醛固酮 (aldosterone) 分泌減少 (D) 缺水可造成血管張力素 II(angiotensin II) 生成減少。 (2017-2 專高)

(B) 20. 下列何種狀況屬於長環負回饋 (long-loop negative feedback)？(A) 濾泡促素 (FSH) 抑制性釋素 (GnRH) 分泌 (B) 動情素 (estrogen) 抑制黃體促素 (LH) 分泌 (C) 黃體促素 (LH) 抑制性釋素 (GnRH) 分泌 (D) 甲促素 (TSH) 抑制甲釋素 (TRH) 分泌。 (2009 專高)

(B) 21. 下列何者釋放之抑制因子作用在腦下垂體上？(A) 視丘 (B) 下視丘 (C) 穹窿 (D) 松果體。 (2008 專普)

(C) 22. 下列何者由下丘腦的神經細胞產生？(A) 褪黑激素 (B) 促腎上腺皮質激素 (C) 血管加壓素 (D) 泌乳素。 (2010 專高)

(D) 23. 下列何者不是下視丘的主要功能？(A) 調節體溫 (B) 調節晝夜節律 (circadian rhythm) (C) 控制腦垂體 (pituitary) 賀爾蒙分泌 (D) 調節呼吸節律。 (2020-1 專高)

(B) 24. 下列何者不分泌激素？(A) 胸腺 (B) 丘腦 (C) 心臟 (D) 胎盤。 (2012 專普)

(B) 25. 下列何種激素的接受器位於細胞核？(A) 胰島素 (insulin) (B) 黃體素 (progesterone) (C) 腎上腺素 (epinephrine) (D) 腎上腺皮促素 (ACTH)。 (2010 二技)

(D) 26. 激素的主要代謝器官為：(A) 肺及腎 (B) 肝及肺 (C) 肺及胃 (D) 肝及腎。 (2008 專高)

(C) 27. 細胞自泌作用 (autocrine) 係指下列何者？(A) 由細胞本身釋出之物質作用在鄰近的細胞上 (B) 是一種自發性細胞凋亡 (apoptosis) 的過程 (C) 由細胞本身釋出之物質作用在自身上 (D) 由細胞本身釋出之物質經由血液循環系統作用至全身。 (2008 專高)

(B) 28. 下列何者之作用最需要藉由細胞膜上之接受器來達成？(A) 甲狀腺素 (B) 腎上腺素 (C) 糖皮質激素 (D) 鹽皮質激素。 (2015 專高)

(A) 29. 下列哪種賀爾蒙可以促進蛋白質異化作用？(A) 腎上腺皮質素 (B) 生長激素 (C) 甲狀腺素 (D) 胰島素。 (2011 專普)

(C) 30. 下列何者是直接抑制皮脂腺油脂分泌之重要激素？(A) 黃體素 (progesterone) (B) 褪黑激素 (melatonin) (C) 雌激素 (estrogen) (D) 雄激素 (androgen)。 (2015 專高)

(A) 31. 下列何種物質可以合成褪黑激素 (melatonin)？(A) 血清張力素 (serotonin) (B) 多巴胺 (dopamine) (C) 腎上腺素 (epinephrine) (D) 正腎上腺素 (norepinephrine)。 (2014-1 專高)

(A) 32. 瘦身素 (leptin) 主要是由何者所分泌？(A) 脂肪組織 (B) 下視丘 (C) 副甲狀

腺　(D) 心臟。（2009 專高）

（B）33. 瘦體素 (leptin) 是由下列何者所分泌？(A) 神經細胞　(B) 脂肪細胞　(C) 胰臟　(D) 肝臟。（2015 二技）

（B）34. 有關激素與其分泌部位的配對，何者正確？(A) 黃體生成素 (LH)：卵巢　(B) 血管加壓素 (vasopressin)：下視丘　(C) 生長激素：腦下垂體後葉　(D) 褪黑激素 (melatonin)：腦下垂體前葉。（2011 二技）

（D）35. 下列何因素可抑制腦下腺分泌生長激素 (growth hormone)？(A) 低血糖 (hypoglycemia)　(B) 運動 (exercise)　(C) 壓力 (stress)　(D) 體介素 (somatomedin)。（2018-2 專高）

（D）36. 下列哪一組荷爾蒙失調與疾病的配對是正確的？(A) 甲狀腺素 (thyroid hormone)－庫欣氏症 (Cushing's syndrome)　(B) 甲狀腺素 (thyroid hormone)－肢端肥大症 (acromegaly)(C) 生長激素 (growth hormone)－庫欣氏症 (Cushing's syndrome)　(D) 生長激素 (growth hormone)－肢端肥大症 (acromegaly)。（2012 二技）

（B）37. 有關腺體細胞與其分泌激素的配對，下列何者正確？(A) 甲狀腺濾泡旁細胞 (parafollicular cells)：甲狀腺素 (thyroxine)　(B) 腎上腺髓質嗜鉻細胞 (chromaffin cells)：腎上腺素 (epinephrine)　(C) 副甲狀腺濾泡細胞 (follicular cells)：副甲狀腺素 (parathyroid hormone)　(D) 腎上腺皮質絲球帶細胞 (zona glomerulosa cells)：糖皮質激素 (glucocorticoid)。（2010 二技）

（A）38. 下列激素與其主要作用器官的配對，何者正確？(A) 濾泡刺激激素主要作用於卵巢　(B) 抗利尿激素主要作用於膀胱　(C) 腎上腺素主要作用於腎臟　(D) 胰島素主要作用於胰臟。（2013 專高）

（B）39. 有關激素與代謝之敘述，下列何者正確？(A) 升糖素 (glucagon) 抑制肝醣 (glycogen) 分解　(B) 胰島素抑制肝醣分解　(C) 皮質醇 (cortisol) 抑制蛋白質分解　(D) 生長激素 (growth hormone) 抑制脂肪分解。（2010 專高）

（B）40. 下列哪兩種激素的作用互為拮抗 (antagonism)？(A) 降鈣素 (calcitonin) 與升糖激素 (glucagon)　(B) 醛固酮 (aldosterone) 與心房利鈉尿胜肽 (atrial natriuretic peptide)　(C) 甲狀腺素 (thyroid hormone) 與副甲狀腺素 (parathyroid hormone)　(D) 泌乳激素 (prolactin) 與催產素 (oxytocin)。（2014 二技）

貳　腦下垂體前葉

一、甲狀腺刺激素及甲狀腺

1. 甲狀腺位於喉正下方、氣管前方、甲狀軟骨兩側，是體內最大腺體

2. 以主動運輸方式吸收碘，由濾泡細胞分泌三碘甲狀腺素 (T_3) 及甲狀腺素 (T_4) →與甲狀腺球蛋白結合→人體需要時受 TSH 回饋控制
   ⇨ T_3, T_4 處於未結合狀最具活性，T_3 活性較大、半衰期較短及在血漿中與蛋白質結合較 T_4 差，在形成過程需酪胺酸 (tyrosine) 參與
3. 甲狀腺功能：儲存含碘蛋白、由濾泡細胞分泌 T_3, T_4、特殊 C 細胞（旁細胞）可分泌抑鈣激素（calcitonin, 可降低血鈣，此與副甲狀腺素作用相反）
4. 甲狀腺素功能
   (1) 促進新陳代謝，刺激所有細胞氧的消耗
   (2) 刺激蛋白質同化（與白蛋白結合容量最大），醣類及脂肪的異化作用
   (3) 調節神經活性，促進 CNS 功能成熟，對孩童的 N 發育很重要
   (4) 增加心臟 $\beta1$ 腎上腺素接受器的數量→↑ SNS（HR ↑，CO ↑，加強心肌及骨骼肌收縮等）
5. 功能異常
   (1) 不足：先天或孩童→呆小症 (cretinism)；後天或成人→黏液水腫 (myxedema)
   (2) 過多：甲狀腺功能亢進 (hyperthyroidism)，最常見的是格雷氏症 (Grave's disease)，為自體免疫疾病，其症狀為神經敏感、體重減輕、食慾增加、活動量增加、體溫略高、心跳增加、BMR ↑、汗腺分泌增加，甚至凸眼等。

（B）1. 下列何者位於氣管前方，是體內最大的內分泌腺體？(A) 松果腺 (B) 甲狀腺 (C) 副甲狀腺 (D) 腎上腺。（2010 專普）

（D）2. 關於腦下垂體前葉的分泌物，下列何者錯誤？(A) 促甲狀腺素 (thyroid-stimulating hormone) (B) 促腎上腺皮質素 (adrenocorticortropic hormone) (C) 生長激素 (growth hormone) (D) 催產素 (oxytocin)。（2018-2 專高）

（C）3. 下列何者中含有濾泡？(A) 胰島 (B) 松果腺 (C) 甲狀腺 (D) 腎上腺皮質。（2013 專高）

（C）4. 下列何種激素負責調節基礎代謝率和促進中樞神經系統功能成熟？(A) 生長激素 (B) 胰島素 (C) 甲狀腺素 (D) 糖皮質固醇。（2014-1 專高）

（C）5. 下列何者之基礎代謝率較正常人顯著增高？(A) 甲狀腺功能低下患者 (B) 副甲狀腺功能亢進患者 (C) 甲狀腺功能亢進患者 (D) 腎上腺功能低下患者。（2016-2 專高）（2016-2 專高）

（D）6. 由甲狀腺分泌的兩種具有生理功能的主要激素是：(A) 甲狀腺素 (thyroxine) 及單碘酪胺酸 (monoiodotyrosine) (B) 單碘酪胺酸及二碘酪胺酸 (diiodotyrosine)

(C) 二碘酪胺酸及三碘甲狀腺素 (triiodothyronine)　(D) 甲狀腺素及三碘甲狀腺素。（2012 專高）

（A）7. 降鈣素 (calcitonin) 主要由下列何種細胞所分泌？(A) 甲狀腺濾泡旁細胞　(B) 甲狀腺濾泡細胞　(C) 副甲狀腺主細胞　(D) 副甲狀腺嗜酸性細胞。（2011 專普）

（A）8. 下列何者促進降鈣素 (calcitonin) 釋放？(A) 高血鈣　(B) 低血鈣　(C) 副甲狀腺素 (parathyroid hormone)　(D) 甲狀腺激素 (thyroid hormone)。（12 專普）

（B）9. 下列何者分泌的激素會使血鈣下降？(A) 甲狀腺的濾泡細胞　(B) 甲狀腺的濾泡旁細胞　(C) 副甲狀腺的主細胞　(D) 副甲狀腺的嗜酸性細胞。（09 二技、專普）

（C）10. 下列哪一種激素屬於蛋白質激素 (protein hormone)？(A) 甲狀腺素 (thyroxine)　(B) 動情素 (estrogen)　(C) 甲促素 (TSH)　(D) 雄性素 (androgen)。（2008 專高）

（B）11. 甲狀腺素增加心肌收縮力的主要原因是：(A) 增加交感神經的興奮性　(B) 增加 β_1 受體的數量　(C) 促進肌動蛋白 (actin) 的合成　(D) 抑制正腎上腺素 (norepinephrine) 的代謝。（2015 專高）

（C）12. 有關碘攝取不足所導致的生理變化，下列何者錯誤？(A) 甲狀腺素合成與分泌不足　(B) 甲狀腺腫大 (C) 血中甲狀腺刺激素過低　(D) 甲狀腺功能下降。（2017-2 專高）

（C）13. 有關葛雷夫氏病 (Graves' disease) 的敘述，下列何者不正確？(A) 血漿甲狀腺素 (thyroxine) 偏高　(B) 患者會出現甲狀腺機能亢進的症狀　(C) 過多的甲促素 (TSH) 導致甲狀腺腫大　(D) 自體抗體會刺激甲促素受體 (TSH receptor)。（2009 二技）

（B）14. 葛瑞夫氏症 (Graves' disease) 的患者，血漿中何種物質濃度會下降？(A) 甲狀腺素 (T4)　(B) 甲狀腺刺激素 (TSH)　(C) 雙碘酪胺酸 (DIT)　(D) 三碘甲狀腺素 (T3)。（2020-1 專高）

（D）15. 人體甲狀腺激素 (thyroid hormone) 分泌不足時，最可能出現下列何種症狀？(A) 對熱耐受性不足　(B) 醣類的異化作用提升　(C) 蛋白質同化作用提升　(D) 心輸出量降低。（2020-1 專高）

（A）16. 下列有關甲狀腺功能失調的敘述，何者正確？(A) 呆小症 (cretinism)：幼年時期，甲狀腺功能低下　(B) 肢端肥大症 (acromegaly)：幼年時期，甲狀腺功能亢進　(C) 格雷夫氏病 (Grave's disease)：成年時期，甲狀腺功能低下　(D) 黏液性水腫 (myxedema)：成年時期，甲狀腺功能亢進。（2015 二技）

（A）17. 下列何者分泌不足可能導致呆小症 (cretinism)？(A) 甲狀腺素 (thyroxine)　(B) 生長激素 (growth hormone)　(C) 胰島素 (insulin)　(D) 濾泡刺激素 (follicle-stimulating hormone)。（2019-2 專高）

（C）18. 呆小症 (cretinism) 主要是因胎兒時期，母體缺乏何種激素所致？(A) 黃體促素

(LH) (B) 濾泡促素 (FSH) (C) 甲狀腺素 (thyroxine) (D) 雄性素 (androgen)。（2008 專高）

（C）19. 若手術同時摘除甲狀腺與副甲狀腺將會造成下列何種影響？(A) 心跳速率增加 (B) 基礎代謝率 (BMR) 增加 (C) 血鈣濃度降低 (D) 甲狀腺刺激激素 (TSH) 分泌降低。（2008 二技）

二、腎上腺皮質及腎上腺

1. 腎上腺是略帶黃色的腹膜後器官，共有兩個，左右各一，位於腎臟窩之上部
2. 可分爲三層
   (1) 外層爲顆粒層（稱絲狀帶）：主分泌礦物性皮質素，或稱留鹽激素 (aldosterone)，具有調節體液與電解質的功能，其作用留 Na^+、水，排 K^+、H^+ ⇨ 致高血壓及水腫
   (2) 中間層爲束狀帶：最寬，主分泌葡萄糖皮質素，具有調控醣類、脂肪及蛋白質代謝功能
   - 加速肝糖新生→ sugar ↑
   - 應付緊急狀況：當受傷或發炎時，會刺激醛固酮分泌，增加糖皮質固醇分泌
   - 皮質醇每日早晨分泌最高

   (3) 內層爲網狀帶：可分泌少量性激素（主要爲雄性素），與青春期以前性器官的發育有關
3. 病變：
   (1) 過多爲庫欣氏症候群 (Cushing's syndrome)：前葉分泌過多的腎上腺皮質促素而起。出現月亮臉、水牛肩、懸垂腹爲中央性肥胖，且有皮紋產生；尙有高血糖、蛋白質易流失，造成肌肉衰弱、多毛、男性化、低鉀、高鈉、高血壓等；治療以手術移除腫瘤
   (2) 不足致愛迪生氏症 (Addison's disease)：貧血、虛弱、疲勞、K^+ ↑、Na^+ ↓等

（A）1. 腎上腺哪一個部分分泌的激素，會促進腎小管對鈉離子的再吸收？(A) 絲球帶 (B) 束狀帶 (C) 網狀帶 (D) 嗜鉻細胞。（2011 專高）

（B）2.　下列何者在組織學特徵上可區分為絲球帶 (zona glomerulosa)、束狀帶 (zona fasciculata)、網狀帶 (zona reticularis)？(A) 胰臟　(B) 腎上腺皮質　(C) 腎上腺髓質　(D) 腎臟。（2017-1 專高）

（D）3.　醛固酮 (aldosterone) 主要是由腎上腺何處分泌？(A) 髓質　(B) 網狀帶　(C) 束狀帶　(D) 絲球帶。（08, 09 專普）

（A）4.　有關醛固酮 (aldosterone) 的敘述，下列何者錯誤？(A) 可促進遠端腎小管對鉀的再吸收　(B) 由腎上腺皮質所分泌　(C) 大量失血時，醛固酮分泌增加　(D) 醛固酮分泌過多，可能會造成高血壓。（2010 專普）

（C）5.　皮質醛酮 (aldosterone) 可作用於何處而引起血壓上升？(A) 鮑氏囊　(B) 冠狀動脈　(C) 腎小管　(D) 靜脈。（2013 專高）

（D）6.　高鉀食物會造成下列那一段腎小管增加鉀的分泌？(A) 近曲小管　(B) 亨式彎管上行支　(C) 亨式彎管下行支　(D) 集尿管。（2020-2 專高）

（C）7.　皮質醇 (cortisol) 主要來自腎上腺何處？(A) 髓質部 (medulla)　(B) 網狀帶 (zona reticularis)　(C) 囊狀帶 (zona fasciculata)　(D) 絲狀帶 (zona glomerulosa)。（2012 專高）

（C）8.　腎上腺的哪一個部分分泌雄性激素？(A) 絲球帶　(B) 束狀帶　(C) 網狀帶　(D) 嗜鉻細胞。（2015 專高）

（B）9.　下列何種因子最可能促進腎上腺糖皮醇 (glucocorticoid) 的分泌？(A) 服用退燒藥　(B) 發炎　(C) 血糖上升　(D) 女性排卵當天。（2015 專高）

（C）10.　下列何者的釋放受到腦下腺(pituitary gland)激素的調節？(A)降鈣素(calcitonin)　(B) 褪黑素 (melatonin)　(C) 皮質醇 (cortisol)　(D) 胰島素 (insulin)。（2014 二技）

（A）11.　下列何種類型的病人，會有促腎上腺皮質素 (ACTH) 大量分泌的情況？(A) 愛迪生氏症 (Addison's disease)　(B) 接受糖皮質固酮 (glucocorticoid) 治療　(C) 原發性腎上腺皮質增生症　(D) 血管張力素 II(angiotensin II) 分泌過多。（2020-2 專高）

（C）12.　庫辛氏症候群 (Cushing's syndrome) 發生的原因是下列何種激素分泌過多？(A) 醛固酮 (aldosterone)　(B) 動情素 (estrogen)　(C) 腎上腺糖皮醇 (glucocorticoid)　(D) 雄性激素 (androgen)。（2017-2 專高）

（C）13.　庫欣氏症候群 (Cushing's syndrome) 患者傷口不易癒合的主要原因是與下列何種作用有關？(A) 刺激脂肪堆積　(B) 增加葡萄糖利用率　(C) 抑制發炎反應　(D) 刺激蛋白質合成。（2013 二技）

（D）14.　下列哪一種情形，會促使身體進行糖質新生 (gluconeogenesis)？(A) 副甲狀腺素減少　(B) 胰島素上升　(C) 腎上腺素減少　(D) 皮質醇上升。（2014 二技）

（B）15.　下列何者藉由糖質新生作用增高血糖濃度？(A) 甲狀腺素　(B) 生長激素　(C) 胰島素　(D) 雄激素。（2017-1 專高）

（B）16.　庫欣氏症 (Cushing's syndrome) 主要是因為何種激素分泌過多所致？(A) 醛固酮　(B) 皮質促進素　(C) 動情素　(D) 腎素。（08 專高，11 專普）

（D）17. 下列何種疾病的病患具有血糖值偏低的症狀？(A) 糖尿病 (diabetes mellitus) (B) 肢端肥大症 (acromegaly) (C) 庫辛氏症候群 (Cushing's syndrome) (D) 愛迪生氏病 (Addison's disease)。（2009 二技）

三、生長激素 (GH)

1. 與青春期生長最密切的關係，運動可促進分泌
2. 作用為：
   (1) 加速蛋白質同化，產生正氮平衡
   (2) 抑制脂肪沉積，加速脂肪異化，以做為能量供應
   (3) 抑制胰島素作用，降低組織細胞對葡萄糖的利用，促肝醣分解（糖質新生）→增加血糖
   (4) 可增加小腸對鈣離子吸收，刺激軟骨上生長板的有絲分裂，其過程需藉體制素及類胰島素生長因子的幫助
3. 先天或骨骺線癒合前：缺乏為侏儒症 (dwarfism)，過多為巨人症 (gigantism)
4. 後天或骨骺線癒合後：過多會致肢端肥大症 (acromegaly)

（B）1. 可促進人體生長的激素，不包括下列何者？(A) 甲狀腺素 (thyroxine) (B) 皮質醇 (cortisol) (C) 類胰島素生長因子 I(IGF-I) (D) 睪固酮 (testosterone)。（2009 二技）

（BC）2. 下述何者是生長激素 (growth hormone) 的作用？(A) 抑制肌肉蛋白質的生成 (B) 增強葡萄糖新生成作用 (gluconeogenesis) (C) 抑制胰島素的作用 (D) 抑制骨細胞分化作用 (differentiation)。（2010 專高）

（A）3. 有關於生長激素 (growth hormone) 的敘述，下列何者不正確？(A) 會在快速動眼睡眠期分泌增加 (B) 具有抗胰島素 (anti-insulin) 效應 (C) 透過體介素 (somatomedin) 的分泌而促進身體生長 (D) 成人生長激素分泌過多會造成肢端肥大症 (acromegaly)。（2011 二技）

（B）4. 有關生長激素作用的敘述，下列何者錯誤？(A) 促進蛋白質合成，產生正氮平衡 (B) 促進脂肪合成，減少血中脂肪酸 (C) 增加小腸對鈣離子的吸收 (D) 有抗胰島素作用，導致血糖升高。（2011 專高）

（B）5. 有關生長激素 (growth hormone) 的敘述，下列何者正確？(A) 屬於類固醇激素 (B) 會降低組織細胞對葡萄糖的利用 (C) 會被體制素 (somatostatin) 刺激而分泌 (D) 會抑制類胰島素生長因子－I(IGF-I) 的分泌。（2010 二技）

（B）6. 體抑素 (somatostatin) 最主要抑制下列何種激素的分泌？(A) 甲狀腺素 (T4)

(B) 生長激素 (GH)　(C) 催產素 (oxytocin)　(D) 泌乳素 (prolactin)。（2021-2 專高）

（C）7. 下列何者會造成肢端肥大症？(A) 幼年時期，生長激素分泌過多　(B) 幼年時期，生長激素分泌過少　(C) 成年時期，生長激素分泌過多　(D) 成年時期，生長激素分泌過少。（2012 專普）

（D）8. 肢端肥大症 (acromegaly) 是受腦下腺何種激素的影響？(A) 黃體促素 (LH)　(B) 濾泡促素 (FSH)　(C) 動情素 (estrogen)　(D) 生長激素 (growth hormone)。（2008 專普）

（B）9. 拉隆氏侏儒症 (Laron dwarfism) 主要原因為何？(A) 缺乏生長激素 (growth hormone)　(B) 缺乏生長激素受體 (receptor)　(C) 缺乏動情素 (estrogen)　(D) 過多類胰島素生長因子－I(insulin-like growth factor-I)。（2014-1 專高）

四、FSH 及 LH

作用於性腺器官，女性在卵巢，男性在睪丸。

1. 濾泡刺激素 (FSH) 又稱卵泡成熟刺激素
   (1) 作用於卵巢，刺激原始卵泡內鞘發育及成熟
   (2) 刺激卵泡附近的細胞 (theca interna) 分泌雌性素 (estrogen)
   (3) 在男性，刺激曲細精管的發育，並維持精子的發生
2. 黃體激素 (LH) 又稱黃體生成促激素
   (1) 與 FSH 共同促使卵泡成熟及發育
   (2) 刺激黃體形成，並促分泌助孕酮（黃體素 progesterone）
   (3) 刺激男性睪丸之間質細胞發育及分泌睪固酮 (testosterone)，因此在男性，又稱間質細胞刺激素 (ICSH)
3. 抑制素 (Inhibin)：男性由塞特利氏細胞 (sertoli cell) 與女性由顆粒細胞 (granulosa cell) 分泌，可分爲 A 和 B：
   (1) 抑制素 A：由即將排卵的濾泡和黃體的黃體顆粒細胞分泌；於黃體期量達到最高，負回饋抑制 FSH 、LH 、GnRH 的分泌；其量的多寡與唐氏症的檢查有關，但機制不明
   (2) 抑制素 B：由初級濾泡分泌；於濾泡中期含量達到最高，負回饋抑制 FSH（主要）、LH 、GnRH 的分泌；可檢測抑制素 B 含量來判斷未發育濾泡的多寡（年紀越大則量越少）

（A）1. 下列何者具有產生生殖細胞的功能？(A) 性腺 (B) 腎上腺 (C) 乳腺 (D) 前列腺。（2012 專普）

（B）2. 下列何種激素是由卵巢所製造釋放？(A) 黃體生成素 (LH) (B) 動情素 (estrogen) (C) 濾泡刺激素 (FSH) (D) 催產素 (oxytocin)。（2014 二技）

（B）3. 黃體 (corpus luteum) 的生成主要受何種激素影響？(A) 濾泡促素 (FSH) (B) 黃體促素 (LH) (C) 甲促素 (TSH) (D) 生長激素 (growth hormone)。（2010 專高）

（D）4. 調控生殖的兩種主要腦下腺激素是：(A) 黃體促素 (LH) 及性釋素 (GnRH) (B) 性釋素及濾泡促素 (FSH) (C) 濾泡促素及甲促素 (TSH) (D) 濾泡促素及黃體促素。（2008 專高）

（D）5. 下列何時期，血液中雌激素與黃體素濃度接近懷孕初期之濃度？(A) 月經期 (B) 濾泡期 (C) 排卵期 (D) 黃體期。（2017-1 專高）

（A）6. 一般而言，濾泡促素受體 (FSH receptor) 位於其標的細胞何處？(A) 細胞膜 (B) 細胞質 (C) 細胞核 (D) 內質網。（2008 專高）

（B）7. 12 歲的王同學因為外傷造成兩側睪丸嚴重受損被迫切除，下列何者為手術後的生理變化？(A) 聲音變得低沉且毛髮增生 (B) 血液中黃體生成素 (LH) 濃度上升 (C) 血液中睪固酮 (testosterone) 濃度上升 (D) 尿液中雄性素 (androgen) 濃度上升。（2021-2 專高）

（A）8. 下列何者是生成睪固酮 (testosterone) 最主要的細胞？(A) 萊迪氏細胞 (Leydig cell) (B) 賽托利氏細胞 (Sertoli cell)(C) 嗜色細胞 (Chromophage) (D) 前漿細胞 (Proplasmacyte)。（2017-1 專高）

（D）9. 下列何者為史托利細胞 (Sertoli cells) 分泌，可抑制濾泡促素 (FSH) 的釋放？(A) 睪固酮 (testosterone) (B) 黃體促素 (luteinizing hormone) (C) 性腺釋素 (GnRH) (D) 抑制素 (inhibin)。（2012 二技）

（A）10. 下列何種激素濃度下降，為更年期婦女必有之現象？(A) 雌激素 (B) 濾泡刺激素 (C) 促性腺素釋放激素 (D) 黃體刺激素。（2017-2 專高）

（D）11. 下列何種激素，只能由胎盤製造，卵巢並不會產生？(A) 動情素 (estrogen) (B) 黃體素 (progesterone) (C) 鬆弛素 (relaxin) (D) 人類絨毛膜促性腺激素 (HCG)。（2014-1 專高）

（B）12. 抑制素 (inhibin) 主要抑制腦下腺前葉的哪一種激素？(A) 黃體促素 (LH) (B) 濾泡促素 (FSH) (C) 胰島素 (insulin) (D) 皮質醇 (cortisol)。（2012 專普）

（C）13. 與分娩 (parturition) 過程有關的敘述，下列何者不正確？(A) 催產素 (oxytocin) 可刺激子宮平滑肌的收縮 (B) 前列腺素 (prostaglandin) 可促進子宮平滑肌的收縮 (C) 黃體素 (progesterone) 於分娩前分泌增加而引發陣痛 (D) 動情素 (estrogen) 可增加子宮平滑肌細胞的間隙連接。（2009 二技）

五、泌乳素（Prolactin, PRL）或稱催乳激素

1. 懷孕時，促進乳房發育，並與 FSH 及 LH 產生拮抗來抑制排卵。
2. 懷孕期間受黃體素與動情素影響，抑制乳汁產生；於產後 PRL 可引發乳汁分泌，吸吮會刺激增加乳汁分泌，但也可能致產後哺乳婦女無月經及較不易懷孕。
3. 在月經週期時，下視丘會分泌催乳激素抑制因子（如 dopamine），可抑制 PRL 釋放。

（B）1. 下列何者可抑制泌乳素之分泌？(A) 組織胺　(B) 多巴胺　(C) 雌激素　(D) 黃體素。（2011 專高）
（B）2. 下列何者是嬰兒吸吮引發母體乳汁射出之反射所需？(A) 鬆弛素　(B) 催產素　(C) 前列腺素　(D) 泌乳素。（2016-1 專高）
（D）3. 下列何者抑制泌乳素分泌？(A) 促甲狀腺素釋素 (TRH)　(B) 促腎上腺皮質素釋素 (CRH)　(C) 生長素釋素 (GHRH)　(D) 多巴胺 (Dopamine)。（2017-1 專高）
（D）4. 哺乳婦女常不易再度懷孕，主要因何種腦下腺激素過高所致？(A) 動情素 (estrogen)　(B) 助孕素 (progesterone)　(C) 性釋素 (GnRH)　(D) 泌乳素 (prolactin)。（2012 專高）

參　松果腺、腦下垂體中葉

一、松果腺

又稱為松果體（腦上腺）：

1. 大約在 7 歲時即已發育到極限，青春期以後，腺體已部分被結締組織所取代
2. 松果腺細胞 (pinealocyte) 分泌抑黑素（褪黑激素），可抑制性腺促素而抑制性活力，以防青春期過早出現。
3. 抑黑素在黑暗時製造，當光線一進入眼球就停止生產，似晝夜之週期律，稱日週期律。
4. 松果腺除分泌抑黑素外，有些證據認為它還分泌第二種激素，稱為腎上腺顆粒層皮質促素，可刺激腎上腺皮質分泌礦物性皮質素中的醛固酮。另外，尚發現少量的正腎上腺素、組織胺及性腺素釋放因子 (GnRF) 等。

二、腦下垂體中葉——黑色素細胞激素（MSH）

促使黑色素細胞中色素加深皮膚顏色。

（B）1. 松果腺 (pineal gland) 位於何處？(A) 第三腦室底部 (B) 第三腦室頂部 (C) 第四腦室底部 (D) 第四腦室頂部。（2019-2 專高）

（B）2. 下列何者分泌褪黑激素 (melatonin)？(A) 腦下腺前葉 (B) 松果體 (C) 甲狀腺 (D) 腎上腺。（2018-1 專高）

（B）3. 褪黑激素 (melatonin) 是由下列何種細胞所分泌？(A) 嗜酸細胞 (oxyphil cell) (B) 松果腺細胞 (pinealocyte) (C) 神經膠細胞 (neuroglia) (D) 嗜鉻細胞 (chromaffin cell)。（2013 二技）

（D）4. 下列有關松果腺 (pineal gland) 的敘述，何者正確？(A) 位於側腦室頂部，又稱腦上腺 (epiphysis) (B) 分泌體制素 (somatostatin) (C) 約在 45 歲，發育到達極限，其後開始退化 (D) 退化的組織逐漸鈣化形成腦沙 (brain sand)。（2015 二技）

（A）5. 下列何者的分泌主要在黑暗時進行？(A) 松果腺 (B) 腦下腺 (C) 腎上腺 (D) 胸腺。（2011 專高）

（A）6. 下列有關褪黑激素 (melatonin) 之敘述，何者錯誤？(A) 由松果腺中的腦砂 (brain sand) 所分泌 (B) 光刺激會抑制其分泌 (C) 可用於減低時差所造成之不適 (D) 交感神經可影響其分泌（2017-2 專高）

肆 腦下腺後葉

下視丘之神經細胞合成的激素送到腦下垂體後葉儲存，待人體需要時分泌出去，故後葉不合成激素。

一、抗利尿激素 (ADH)

ADH 主由下視丘視上核分泌經神經垂體輸送至腦下醇體神經部（後部）。

1. 作用
   (1) ADH 主要刺激遠曲小管及集尿管對水分再吸收。
   (2) 可促使血管收縮，故又稱升壓素（或血管加壓素 vasopression）。
2. 當血漿透透壓增高、細胞外液減少時→最易致 ADH 大量釋放（此機制和醛固酮一致）。
3. 若腦下垂體後葉或下視丘（視上核或室旁核）受損→致尿崩症 (DI) ，若

ADH 過多致抗利尿激素分泌不當症候群 (SIADH)。

二、催產素 (oxytocin, OT)

由下視丘室旁核神經合成。

1. 刺激分娩時，子宮產生有力的收縮，是一正回饋機制，直到胎兒娩出會再刺激分泌產生射乳反射。
2. 強力雌二醇 (estradiol) 會增加催產素在子宮的受體數目。
3. 飲酒會抑制 OT 分泌。

(A) 1. 下列何者的兩個腺體間具有門脈循環系統？(A) 下丘腦與腦下腺前葉　(B) 下丘腦與腦下腺後葉　(C) 甲狀腺與副甲狀腺　(D) 腎上腺皮質與腎上腺髓質。(2011 專普)

(C) 2. 血漿中鈉離子濃度的調節主要受哪兩種賀爾蒙的影響？(A) 雌性激素與雄性激素　(B) 甲狀腺素與副甲狀腺素　(C) 醛固酮與抗利尿激素　(D) 生長激素與催產素。(2012 專普)

(D) 3. 下列何者在下視丘製造，但在腦下垂體後葉分泌？(A) 甲狀腺刺激素 (TSH)　(B) 濾泡刺激素 (FSH)　(C) 泌乳素 (prolactin)　(D) 血管加壓素 (vasopressin)。(2015 二技)

(D) 4. 抗利尿激素主要是由何者分泌？(A) 腎臟　(B) 腎上腺　(C) 腦下腺前葉　(D) 腦下腺後葉。(10 專普)

(C) 5. 抗利尿激素 (ADH) 主要作用於何種器官，以減少尿液？(A) 肺　(B) 肝　(C) 腎　(D) 腦。(2010 專普)

(B) 6. 下列何種因子會造成血管收縮？(A) 副交感神經 (parasympathetic neuron)　(B) 抗利尿激素 (ADH)　(C) 組織胺 (histamine)　(D) 緩激肽 (bradykinin)。(2012 專普)

(A) 7. 有關抗利尿激素 (antidiuretic hormone, ADH) 的敘述，下列何者正確？(A) 可增加集尿管對水的通透度　(B) 由腦下垂體的後葉細胞所合成　(C) 過量使用時，造成血管鬆弛，血壓下降　(D) 作用在近曲小管，增加對物質的通透度。(2018-1 專高)

(D) 8. 抗利尿激素 (anti-diuretic hormone) 在腎臟的主要作用位置為：(A) 腎絲球 (glomerulus)　(B) 鮑氏囊 (Bowman's capsule)　(C) 近曲小管 (proximal convoluted tubule)　(D) 集尿管 (collecting duct)。(2012 專普)

(A) 9. 當全身血容量增加時會引起：(A) 抗利尿激素 (ADH) 的分泌減少　(B) 尿液中鈉離子濃度減少　(C) 腎素的分泌增加　(D) 醛固酮的分泌增加。(2014-1 專高)

(A) 10. 若視上核 (supraoptic nuclei) 與旁室核 (paraventricular nuclei) 受損，對尿液的體

積與滲透度的影響為何？(A) 體積增加，滲透度降低　(B) 體積增加，滲透度上升　(C) 體積減少，滲透度降低　(D) 體積減少，滲透度上升。

（2009 二技）

（B）11. 下列何者由腦下腺後葉分泌？(A) 褪黑激素 (melatonin)　(B) 催產激素 (oxytocin)　(C) 生長激素 (growth hormone)　(D) 泌乳素 (prolactin)。

（2011 專普）

（B）12. 何種腦下腺後葉分泌的激素可刺激子宮肌肉收縮？(A) 抗利尿素 (ADH)　(B) 催產素 (oxytocin)　(C) 黃體促素 (LH)　(D) 濾泡促素 (FSH)。

（2008 專普）

（A）13. 切斷腦下腺與下視丘的神經聯繫，何種腦下腺激素分泌會受影響？(A) 催產素 (oxytocin)　(B) 黃體促素 (LH)　(C) 胰島素 (insulin)　(D) 動情素 (estrogen)。

（2012 專高）

（D）14. 分娩時，刺激子宮平滑肌收縮的激素在未釋放至血流之前，是儲存於下列哪一個結構？(A) 卵巢 (ovary)　(B) 腎上腺皮質 (adrenal cortex)　(C) 腦下垂體前葉 (anterior lobe of pituitary gland)　(D) 腦下垂體後葉 (posterior lobe of pituitary gland)。　（2015 二技）

（C）15. 下列何者有助於分娩時直接引發強力之子宮收縮？(A) 人類絨毛膜性腺激素　(B) 黃體素　(C) 催產素　(D) 鬆弛素。　（2012 專高）

（D）16. 促進子宮收縮與乳汁射出的催產激素，是由下列何者製造？(A) 子宮內膜的上皮細胞　(B) 卵巢的濾泡細胞　(C) 腦下腺前葉的促泌乳細胞　(D) 下視丘 (hypothalamus) 的神經細胞。　（2010 專高）

（C）17. 偵測人類絨毛膜性腺激素是確定懷孕之重要指標。請問人類絨毛膜性腺激素何時開始分泌？(A) 受精卵完成第一次有絲分裂　(B) 囊胚發育後進入子宮腔之時　(C) 胚胎滋養層細胞著床於子宮時　(D) 胚胎侵入子宮內膜胎盤形成之時。　（2018-1 專高）

伍 副甲狀腺

1. 位於甲狀腺後面，故常因甲狀腺切除時，不慎受損，致副甲腺素低下而低血鈣。
2. 成人的副甲狀腺主要由兩種上皮細胞所組成：
   (1) 主細胞：數目較多而體積較小，呈索狀或濾泡狀排列，分泌副甲狀腺素。
   (2) 嗜酸細胞：體積較大，數目隨年紀而漸增多，可能是合成副甲狀腺的預備激素。

3. 副甲狀腺素的主要作用是：
   (1) 增加血液及組織液中鈣離子的濃度。
   (2) 降低血中及組織液中磷酸根離子的濃度。
4. 副甲狀腺機能亢進：常因副甲狀腺瘤引起，致高血鈣及低血磷。症狀爲骨質疏鬆、食慾降低、噁心、體重減輕、人格改變、反應遲滯、腎結石、十二指腸潰瘍、腎衰竭等。治療方式包括手術移除部分腺體及投予降血鈣的藥物等。
5. 副甲狀腺機能不足：最常見是甲狀腺手術不慎移除或破壞了副甲狀腺，通常低血鈣及磷酸根含量偏高，因而造成神經傳導異常、骨骼發育受阻、骨質疏鬆及肌肉痲痺。治療是給予適當劑量之維生素 D 及鈣質，合併低磷食物等，通常療效甚佳
6. 尿中羥脯胺酸 (hydroxyproline) 之濃度高低是副甲狀腺功能指標。

(B) 1. 下列有關副甲狀腺素 (parathyroid hormone) 功能的敘述，何者正確？(A) 直接刺激腸道吸收鈣離子 (B) 促進腎小管對鈣離子的再吸收 (C) 抑制蝕骨細胞 (osteoclast) 的活性 (D) 增加腎小管對磷酸鹽的再吸收。（2013 二技）

(C) 2. 當血中鈣離子濃度較正常值低時，會刺激下列何者釋放激素？(A) 甲狀腺的濾泡細胞 (B) 甲狀腺的濾泡旁細胞 (C) 副甲狀腺的主細胞 (D) 副甲狀腺的嗜酸性細胞。（2008 專高）

(C) 3. 副甲狀腺素分泌增加時，會有下列哪一種生理反應？(A) 尿液排磷酸鹽減少 (B) 尿液排鈣增加 (C) 血鈣上升 (D) 血磷上升。（2014 二技）

(D) 4. 可增加破骨細胞 (osteoclast) 活性的主要激素為何？(A) 醛固酮 (aldosterone) (B) 降鈣素 (calcitonin) (C) 甲狀腺素 (thyroxine) (D) 副甲狀腺素 (parathyroid hormone)。（2010 二技）

(B) 5. 下列何者機能亢進時，會造成骨骼礦物質流失？(A) 甲狀腺 (B) 副甲狀腺 (C) 腦下腺 (D) 腎上腺。（2014-1 專高）

(C) 6. 一位 50 歲女性有低血鈣、高血磷與低尿磷等症狀，注射副甲狀腺素 (PTH) 治療會增加尿液中 cAMP 的濃度，此女士可能罹患下列何種疾病？(A) 原發性副甲狀腺機能亢進 (B) 次發性副甲狀腺機能亢進 (C) 原發性副甲狀腺機能低下 (D) 次發性副甲狀腺機能低下。（2019-2 專高）

陸 腎上腺素髓質

1. 嗜鉻細胞分泌腎上腺素及正腎上腺素

⇨ 亢進爲嗜絡細胞瘤 (pheochromocytoma)，爲 SNS 興奮

2. 腎上腺作用於

⇨β1 接受器 ⇨ 增加 HR 及心收縮力等

⇨β2 接受器 ⇨ 使冠狀動脈擴張、支氣管擴張等

⇨α 接受器 ⇨ 會影響冠狀動脈收縮

(A) 1. 分泌腎上腺素 (epinephrine) 和正腎上腺素 (norepinephrine) 的細胞，分布於腎上腺的何部位？(A) 髓質 (medulla) (B) 絲球帶 (zona glomerulosa) (C) 網狀帶 (zona reticularis) (D) 束狀帶 (zona fasciculata)。（2012 二技）

(D) 2. 腎上腺素 (epinephrine) 是由下列腎上腺的哪一部分分泌？(A) 絲球帶 (zona glomerulosa) (B) 束狀帶 (zona fasciculata) (C) 網狀帶 (zona reticularis) (D) 嗜鉻細胞 (chromaffin cells)。（2008 專高）

(B) 3. 嗜鉻性細胞 (chromaffin cells) 主要位於下列何構造中？(A) 腎上腺皮質 (cortex of adrenal gland) (B) 腎上腺髓質 (medulla of adrenal gland) (C) 甲狀腺 (thyroid gland) (D) 松果腺 (pineal gland)。（2020-2 專高）

(D) 4. 下列何種激素是嗜鉻細胞 (chromaffin cell) 所分泌？(A) 腎上腺皮質促進素 (ACTH) (B) 促皮質素釋放因子 (corticotropin releasing factor) (C) 催產素 (oxytocin) (D) 腎上腺素 (epinephrine)。（2013 專高）

(B) 5. 腎上腺素 (epinephrine) 會直接造成下列何種反應？(A) 睫狀肌 (ciliary muscle) 收縮 (B) 唾液分泌 (salivation) 減少 (C) 肝醣合成 (hepatic glycogen synthesis) 增加 (D) 心臟收縮強度降低。（2019-1 專高）

(D) 6. 下列何種激素的作用必須經由第二傳訊者 (second messenger) 達成？(A) 醛固酮 (B) 睪固酮 (C) 甲狀腺素 (D) 腎上腺素。（2013 二技）

柒 胰臟

1. 胰臟同時具有外分泌腺及內分泌腺的功能，與消化有關的腺泡屬外分泌腺，胰臟內之胰島又稱蘭氏小島，是內分泌的主要製造區。

2. 分泌作用：胰之內分泌部分由細胞群所組成，稱爲胰島有三種主要的細胞：

(1) α 細胞 (A 細胞)：分泌升糖素 (glucagon)。可促進肝醣分解，加速糖質新生，提升血糖、增加脂肪及酮體生成與提高代謝率。

(2) β 細胞 (B 細胞)：分泌胰島素 (insulin)。可促進組織吸收葡萄糖、降血糖及促進生長外

① 胰島素會增加細胞膜表面的葡萄糖運輸器，促葡萄糖進入骨骼肌內
② 促進脂肪、肝糖及蛋白質之同化作用
③ 胰島素缺乏時會致酸中毒、脂肪分解及游離脂肪釋出、血中膽固醇及磷脂質上升

(3) δ 細胞（D 細胞）：分泌生長素抑泌素或體制素 (somatostatin)。

3. 胰島素機能不足或不分泌爲第 1 型糖尿病 (T1DM)；若胰島素分泌正常，但敏感度下降，多爲第 2 型糖尿病 (T2DM)。

（D）1. 下列何者不由胰臟的蘭氏小島分泌？(A) 升糖素　(B) 胰島素　(C) 體制素　(D) 抑制素。（2009 專普）

（D）2. 下列何者不是胰臟所分泌的激素？(A) 升糖激素 (glucagon)　(B) 體制素 (somatostatin)　(C) 胰島素 (insulin)　(D) 胰泌素 (secretin)。（2014 二技）

（B）3. 胰島素的生理功能為何？(A) 促進肝醣分解　(B) 促進組織吸收血中葡萄糖　(C) 促進蛋白質分解　(D) 促進脂肪分解。（2010 專普）

（A）4. 胰島素主要是結合到位於細胞何處之受體？(A) 細胞膜　(B) 細胞質　(C) 粒線體　(D) 細胞核。（2014-1 專高）

（D）5. 胰島素不具有下列何種作用？(A) 促進肝糖的合成　(B) 促進脂肪合成　(C) 促進細胞攝取葡萄糖　(D) 促進肌肉釋出胺基酸。（2012 專普）

（B）6. 下列何者不是促進糖質新生 (gluconeogenesis) 的激素？(A) 升糖素 (glucagon)　(B) 胰島素 (insulin)　(C) 生長激素 (growth hormone)　(D) 糖皮質素 (glucocorticoid)。（2013 二技）

（C）7. 下列何種情況可同時增加脂肪分解 (lipolysis) 與糖質新生 (gluconeogenesis)？(A) 胰島素 (insulin) 與升糖素 (glucagon) 二者分泌降低　(B) 胰島素分泌增加而升糖素分泌降低　(C) 胰島素分泌降低而升糖素分泌增加　(D) 胰島素與升糖素二者分泌增加。（2009 二技）

（D）8. 第一型糖尿病 (type Ⅰ DM) 主因是何種激素分泌不足所致？(A) 黃體素　(B) 皮質固醇　(C) 醛固酮　(D) 胰島素。（2010 專普）

（A）9. 下列何者為胰島素的代謝作用？①刺激蛋白質合成②增加脂肪合成③增加細胞對葡萄糖的利用④促進糖質新生作用⑤抑制肝醣合成。(A) ①②③　(B) ①③④　(C) ①②⑤　(D) ③④⑤。（2011 二技）

（C）10. 胰島素如何促使葡萄糖進入肌肉細胞？(A) 增加細胞膜上胰島素受體　(B) 增加細胞膜上葡萄糖受體　(C) 增加細胞膜上葡萄糖運轉體　(D) 增加細胞膜上胰島素運轉體。（2013 專高）

（D）11. 下列何種碳水化合物不屬於單醣？(A) 葡萄糖　(B) 果糖　(C) 半乳糖　(D) 麥芽糖。（2012 專普）

（B）12. 高蛋白質且低碳水化合物的飲食，可以刺激胰島素 (insulin) 分泌，但不會造成

低血糖的最可能原因為何？(A) 血漿中的胺基酸快速轉換為葡萄糖 (B) 同時刺激昇糖素 (glucagon) 的分泌 (C) 胺基酸抑制胰島素與接受器結合 (D) 血漿中的葡萄糖無法被細胞利用。（2019-1 專高）

（C）13. 關於碳水化合物消化和吸收的敘述，下列何者正確？(A) 碳水化合物消化從胃開始 (B) 乳糖不耐症是因為澱粉酶不足 (C) 多醣被分解成可被吸收的單醣 (D) 蔗糖可通過腸道上皮細胞被吸收。（2019-1 專高）

（D）14. 碳水化合物經消化後，主要以何種型式被吸收？(A) 多醣 (B) 寡醣 (C) 雙醣 (D) 單醣。（2014-1 專高）

捌 其他

一、腎臟：主要功能是作爲排泄器官，但是也會分泌一些重要激素，如：

1. 缺氧時會釋放紅血球生成素：可刺激紅血球的生成。
2. 維生素 D_3：幫助鈣質吸收。
3. 微血管增滲酶先質及前列腺素：使血管舒張。
4. 腎素：可活化血管緊縮素原，使之變成血管緊縮素 I 、II，可有效地升高血壓。

二、心臟：維持循環的主要浦動器官外，也具有內分泌的功能的心房胜肽激素（又稱心房鈉利尿因子 (ANF)，此可維持體液及電解質平衡，並可減少血液容量及降低血壓。

三、RAA

1. 留鹽激素 (aldosterone)：鈉離子與水分滯留。
2. 血管緊縮素 II：是一強力升壓劑，使周邊血管收縮→↑ BP。
3. 抗利尿激素 (ADH)：鈉滯留使滲透壓升高刺激腦下垂體後葉分泌；促腎臟增加水分的再吸收 ⇨ 以上反應使血壓升高及血量增加，因而增加了心輸出量。
4. 腎臟對心輸出量減少及血壓下降產生之代償反應。

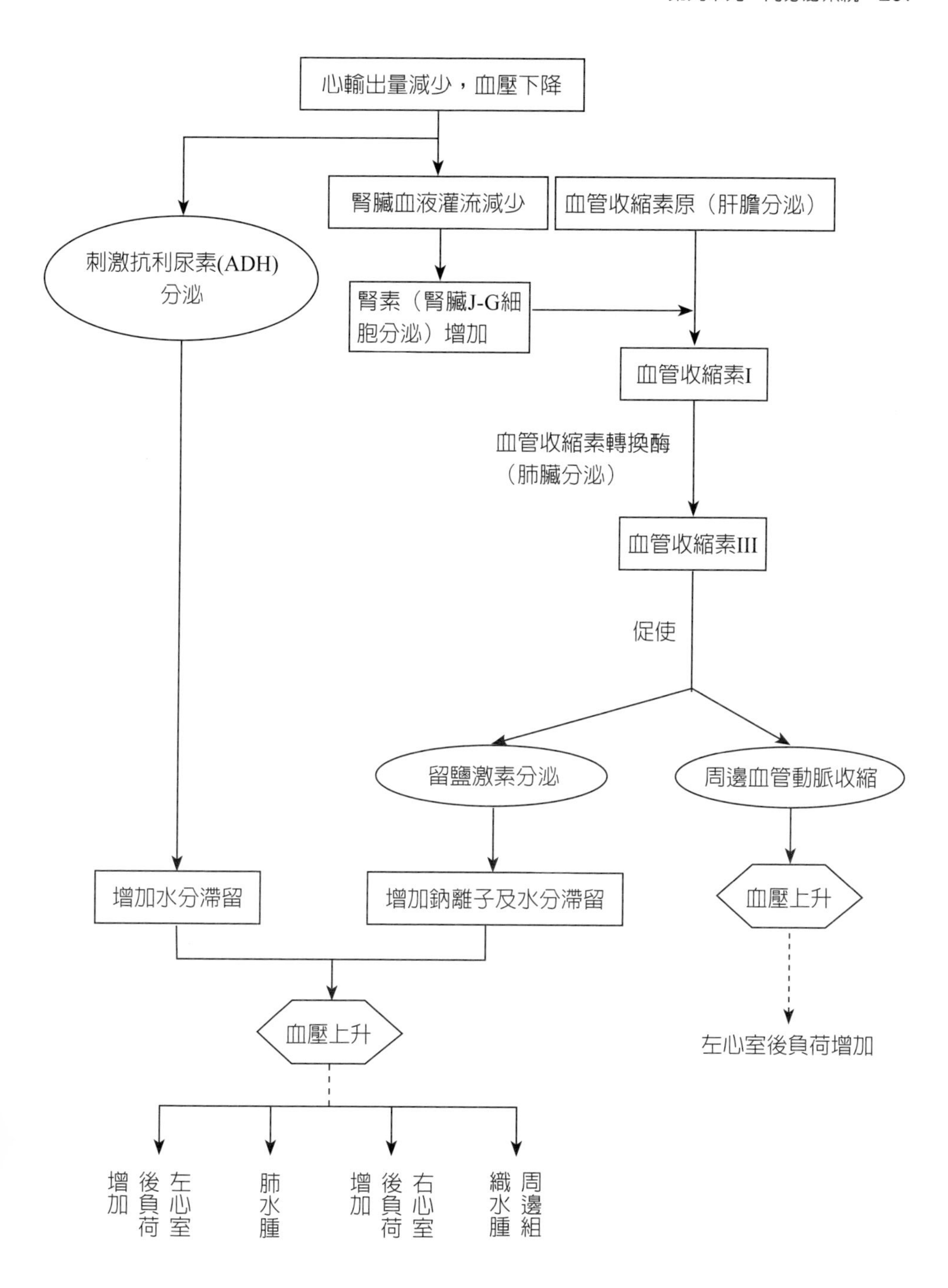
心輸出量減少，血壓下降
腎臟血液灌流減少
血管收縮素原（肝膽分泌）
刺激抗利尿素(ADH)分泌
腎素（腎臟J-G細胞分泌）增加
血管收縮素I
血管收縮素轉換酶（肺臟分泌）
血管收縮素III
促使
留鹽激素分泌
周邊血管動脈收縮
增加水分滯留
增加鈉離子及水分滯留
血壓上升
血壓上升
左心室後負荷增加
左心室後負荷增加
肺水腫
右心室後負荷增加
周邊組織水腫

(A) 1. 血管升壓素原 (angiotensinogen) 主要來自何處？(A) 肝 (B) 肺 (C) 心 (D) 腎。 (2009 專普)

(D) 2. 下列何者為腎素 (renin) 的主要作用？(A) 將血管張力素 I (angiotensin I) 轉變成血管張力素 II (angiotensin II) (B) 刺激血管張力素轉化酶 (angiotensin-converting enzyme) 的活性 (C) 刺激血管張力素原 (angiotensinogen) 的合成 (D) 將血管張力素原轉變成血管張力素 I。 (2010 二技)

(A) 3. 將血管升壓素 I (angiotensin I) 轉變為血管升壓素 II (angiotensin II)，主要由下列何處製造的酶來協助進行？(A) 肺 (B) 心 (C) 腎 (D) 肝。 (2011 專普)

(D) 4. 下列何者不是血管收縮素 II 的作用？(A) 使小動脈收縮，血壓上升 (B) 使腎上腺皮質釋出醛固酮 (aldosterone)，使 Na^+ 留住，使水分排出減少 (C) 刺激下視丘分泌血管加壓素 (vasopressin)，使尿液流量減少，體液增加 (D) 刺激組織胺的分泌，使血管收縮，血壓上升。 (2008 專高)

(B) 5. 醛固酮 (aldosterone) 可促進下列何種離子從尿液中排出？(A) 鈉離子 (B) 鉀離子 (C) 氯離子 (D) 鈣離子。 (2014 二技)

(A) 6. 有關心房利鈉素 (atrial natriuretic peptide) 分泌增加之敘述，下列何者錯誤？(A) 會促進腎素 (renin) 的分泌 (B) 會抑制醛固酮 (aldosterone) 的分泌 (C) 會使腎絲球過濾率增加 (D) 會抑制鹽分及水分的再吸收。 (2010 專高)

第十單元 消化系統

整個消化道包括口腔、咽喉、食道、胃、小腸、大腸、直腸及肛門，全長約 9 公尺。

一、概論

1. 消化系統起源：其外覆為外胚層，內襯為內胚層。約在胚胎 22 天時，外胚層近頭部表面形成一凹陷稱為口凹；約胚胎 24 天時，口凹與前腸間之隔膜破裂，羊水進入胚胎的口腔
2. 約胚胎 4 週大時，胚胎的外側壁逐漸向內生長，包圍卵黃囊，形成一個內凹的空腔稱為初腸。初腸的組織全部來自內胚層，並逐漸發育成三個區段：
   (1) 前腸：係初腸向頭部延伸而成，最後會接口凹，形成連通的上消化道。
   (2) 中腸：初腸的中央部分。
   (3) 後腸：初腸向胚體後下方延伸而成。

(一) 基本結構：自內而外依序為黏膜層、黏膜下層、肌肉層及漿膜層

1. 黏膜層：為消化道的內襯構造，再細分為三層：
   (1) 內襯上皮：在口腔與食道為複層上皮（具分泌及保護功能），其餘皆為單層上皮（具有分泌及吸收作用）。
   (2) 固有層：內襯上皮下的結締組織，富含血管、淋巴管、淋巴結及大量淋巴組織團塊。其功能為支持內襯上皮，供應黏膜血流及淋巴引流；淋巴組織以提供免疫防衛。含有許多腺體，可分泌消化所需之酵素。
   (3) 黏膜肌層：固有層下的平滑肌層，造成小腸黏膜的皺摺，大幅增加吸收表面積。
2. 黏膜下層：由疏鬆性結締組織所組成，將黏膜層連結到肌肉層
   (1) 含有豐富的血管及一些神經，稱為黏膜下神經叢或梅司納神經叢，為自主神經系統的一部分，負責調控胃腸道的分泌。
   (2) 布隆納氏腺 (Brunner's glands)。
3. 肌肉層：口、咽及部分食道的肌肉層含有骨骼肌，可受意志控制。其餘的胃腸道肌肉層均由平滑肌組成，不受意志控制

(1) 這些平滑肌可分爲兩層：環肌（在內層），收縮時造成管徑縮小；縱肌（在外層），收縮時造成腸道縮短。

(2) 肌肉層內含有腸間肌神經叢（或奧氏神經叢 Auerbach's plexus），由交感及副交感神經所組成，負責胃腸道運動的調節。

(3) 卡氏間質細胞爲自主 N 及平滑肌接合處，可控制小腸活動，使鈣離子流入細胞內，產生去極化蠕動慢波

4. 漿膜層：最外層，由結締組織及上皮組織所構成。是腹膜的一部分，且分泌少許黏液，可使消化道間之摩擦力降至最低。食道並無此層。

（C）1. 消化道管壁的四層構造中，何者具有吸收養分的功能？(A) 肌肉層 (B) 黏膜下層 (C) 黏膜層 (D) 漿膜層。（2008 專普）

（B）2. 空腸管壁的四層構造，由內往外的排序為何？①黏膜下層②黏膜層③肌肉層④漿膜層。(A) ①②③④ (B) ②①③④ (C) ①②④③ (D) ②③①④。（2012 專高）

（C）3. 下列何者的肌肉層，由外向內有縱向、環向、斜向三種不同走向的肌纖維？(A) 食道 (B) 直腸 (C) 胃 (D) 降結腸。（2010 專普）

（A）4. 下列何者的肌肉層含骨骼肌？(A) 食道 (B) 胃 (C) 十二指腸 (D) 直腸。（2017-2 專高）

（A）5. 下列何者的肌肉最內層是屬於斜走的平滑肌？(A) 胃 (B) 空腸 (C) 迴腸 (D) 結腸。（2013 二技）

（A）6. 下列何者的肌肉不是平滑肌？(A) 口咽 (B) 食道下段 (C) 結腸帶 (D) 肛門內括約肌。（2011 專普）

（D）7. 布隆納氏腺 (Brunner's glands) 位於下列何種構造？(A) 漿膜層 (serosa) (B) 固有層 (lamina propria) (C) 黏膜層 (mucosa) (D) 黏膜下層 (submucosa)。（2008 二技）

（C）8. 消化系統中，何處具有布路納氏腺 (Brunner's gland)？其分泌物為何？(A) 胰臟、富含消化酵素的胰液 (B) 胃、鹽酸 (C) 十二指腸、含重碳酸鹽的鹼性黏液 (D) 結腸、黏液。（2014 二技）

（C）9. 下列何種組織結構可使消化道黏膜形成小皺襞，以增加消化及吸收之表面積？(A) 黏膜下層 (submucosa) (B) 漿膜層 (serosa) (C) 黏膜肌層 (muscularis mucosae) (D) 肌肉層 (muscularis)。（2012 二技）

（C）10. 消化道管壁中含有骨骼肌的是：(A) 盲腸 (B) 胃 (C) 食道 (D) 空腸。（2011 專普）

（C）11. 肌神經叢 (myenteric plexus) 位於消化道的何處？(A) 黏膜層 (mucosa) (B) 黏膜下層 (submucosa) (C) 肌肉層 (muscularis externa) (D) 漿膜層 (serosa)。（2018-1 專高）

（B）12. 消化道的梅氏神經叢 (Meissner's plexus) 位於下列何處？(A) 黏膜層　(B) 黏膜下層　(C) 肌肉層　(D) 漿膜層。（2020-2 專高）

（C）13. 奧氏神經叢 (Auerbach's plexus) 是位於消化道組織的哪一層？(A) 黏膜層 (mucosa)　(B) 漿膜層 (serosa)　(C) 肌肉層 (muscularis)　(D) 黏膜下層 (submucosa)。（2010 二技）

（B）14. 有關腸道絨毛的敘述，下列何者錯誤？(A) 表面覆蓋單層柱狀上皮　(B) 是黏膜層與黏膜下層共同突出所形成的構造　(C) 每個絨毛內部皆含乳糜管　(D) 可增加腸道的吸收表面積。（2010 專高）

（A）15. 下列何部位的上皮無杯狀細胞？(A) 食道　(B) 胃幽門部　(C) 十二指腸　(D) 闌尾。（2014-1 專高）

（B）16. 有關每天進入消化道的液體之敘述，下列何者錯誤？(A) 每天喝入的水分約 1,200 ml　(B) 唾液分泌每天約 150 ml　(C) 胃液分泌每天約 2,000 ml　(D) 膽汁分泌每天約 500 ml。（2010 專高）

（C）17. 促進胃腺分泌的神經是：(A) 內臟大神經　(B) 內臟小神經　(C) 迷走神經　(D) 副神經。（2011 專高）

（D）18. 果糖是經由下列何種方式吸收至小腸上皮細胞內？(A) 主動運輸 (active transport)　(B) 與鈉離子共同運輸 (cotransport)　(C) 簡單擴散 (simple diffusion)　(D) 促進性擴散 (facilitated diffusion)。（2010 二技）

（A）19. 有關乳糖之消化吸收，下列何者正確？(A) 乳糖不耐症乃因小腸內乳糖酶 (lactase) 活性不足所致　(B) 嬰幼兒腸道可直接吸收乳糖，因此乳糖不耐症於嬰幼兒之發生率較成人低　(C) 一分子乳糖消化後之產物為兩分子半乳糖　(D) 乳糖酶由胰臟製造分泌。（2011 專高）

（D）20. 下列哪一種酶不會消化蛋白質？(A)pepsin　(B)trypsin　(C)chymotrypsin　(D)amylase。（2012 專高）

（D）21. 下列何種物質可被成人之消化道直接吸收？(A) 膠原蛋白　(B) 免疫球蛋白　(C) 纖維質　(D) 脂肪酸。（2013 專高）

（A）22. 脂肪在消化道之消化產物為：(A) 脂肪酸與甘油　(B) 胜肽與胺基酸　(C) 脂肪酸與胜肽　(D) 甘油與胺基酸。（2012 專普）

（D）23. 有關激素的敘述，下列何者錯誤？(A) 腎臟分泌腎活素　(B) 腎上腺的分泌物可以作用於心臟　(C) 胃分泌胃泌素　(D) 膽囊分泌膽囊收縮素。（2010 專普）

（A）24. 下列消化器官及其製造的分泌物之配對，何者正確？(A) 小腸：膽囊收縮素 (cholecystokinin)　(B) 胃：腸激酶 (entero-kinase)　(C) 胰臟：胰泌素 (secretin)　(D) 膽囊：膽汁 (bile)。（2011 二技）

（B）25. 有關膽囊收縮素 (cholecystokinin) 之功能敘述，何者正確？(A) 促進胃排空　(B) 促進胰臟分泌胰液　(C) 抑制膽鹽合成　(D) 促進胃酸分泌。（2017-2 專高）

（C）26. 腸道內之節律器細胞 (pacemaker cell) 所產生之去極化慢波 (slow waves)，主要由哪種離子流入胞內所致？(A) 鈉　(B) 鉀　(C) 鈣　(D) 鎂。（2014-1 專高）

二、口腔

1. 口腔可分為兩部分：
   (1) 頰腔：靠外部、較小的腔室，其外壁由唇及頰，內壁由齒及齒齦構成。上壁前面部分是硬顎由上頜骨及顎骨構成，上壁的後面部分是軟顎。
   (2) 口腔本體：自齒及齒齦後方延伸至咽門，具有感覺神經分布，可刺激咽部做不自主的吞嚥動作。
2. 牙齒與齒齦：植基於上頜骨及下頜骨的齒槽窩內。
   (1) 出生後 6 個月才自齒齦中萌發出來，第一套稱為乳齒，約 1 歲半時長滿 20 顆。一般而言，下門齒最先長出，其後為犬齒。
   (2) 乳齒約在 6-13 歲間漸次脫落，取而代之的稱作恆齒，每側各有門齒 2 顆（中門齒 1 顆、側門齒 1 顆）、犬齒 1 顆，前臼齒 2 顆及大臼齒 3 顆。
   (3) 門齒的功能在於咬斷食物，犬齒可撕裂食物，臼齒則負責碾磨食物。
   (4) 位於齒冠最外圍的堅硬物質稱為琺瑯質，是人體內最堅硬的物質，其成分 97% 為鈣化物，具抗酸性，但易碎而且不能再生。
3. 舌表面的黏膜，表面具有三種不規則形的舌乳頭
   (1) 輪廓乳頭：皆含有味蕾（是特化的味覺神經末梢），沿著舌界溝成 V 字形排列。
   (2) 蕈狀乳頭：為蕈樣的突起，分布於絲狀乳頭之間，多存於舌尖部分，含有味蕾。
   (3) 絲狀乳頭：為圓錐形突起，以平行排列分布於舌之口腔部，不含味蕾，故不具味覺。
4. 唾液腺：人體有許多腺體可分泌唾液到口腔內，有三對
   (1) 耳下腺（腮腺）：位於耳前下方的皮膚與嚼肌之間，是最大的唾液腺。耳下腺導管開口於上排第二臼齒附近，經由耳腺腺管排入口腔的前庭部分。病變：腮腺炎（豬頭皮）
   (2) 頜下腺：位於頜骨的內側，約胡桃般大小，體積只有耳下腺的 1/2，其導管開口於下門齒後方舌繫帶兩旁的口腔底部。
   (3) 舌下腺：位於頜下腺之前，開口於口腔本體處的口腔底板。

（D）1. 口腔硬顎由下列何者組成？(A) 蝶骨與篩骨　(B) 蝶骨與上頜骨　(C) 顎骨與篩骨　(D) 顎骨與上頜骨。（2009 專高）

(B) 2. 有關牙齒之敘述，下列何者錯誤？(A) 一般而言，乳齒為 20 顆，恆齒 32 顆 (B) 乳齒中沒有犬齒 (C) 第二前臼齒為恆齒 (D) 牙齒固定於上下頷骨。 (2018-2 專高)

(D) 3. 下列何者不是乳齒？(A) 外側門齒 (B) 第一臼齒 (C) 第二臼齒 (D) 前臼齒。 (2014-1 專高)

(A) 4. 有齒槽突可供牙齒固著的骨是：(A) 上頷骨與下頷骨 (B) 上頷骨與舌骨 (C) 顎骨與舌骨 (D) 顎骨與下頷骨。 (08 專高，10 專普)

(D) 5. 唾液的功能不包含下列何者？(A) 分泌黏液 (B) 分泌澱粉酶 (C) 溶解部分食物的分子 (D) 分泌蛋白酶。 (2009 專高)

(D) 6. 牙冠最表層的構造是：(A) 牙髓 (B) 齒骨質 (C) 牙本質 (D) 琺瑯質。 (2010 專高)

(C) 7. 下列何者是乳齒 (deciduous teeth) 與恆齒 (permanent teeth) 齒列中皆具有的構造？(A) 第一前臼齒 (B) 第二前臼齒 (C) 第二臼齒 (D) 第三臼齒。 (2011 二技)

(C) 8. 腮腺是人體最大的唾液腺，位於：(A) 下頷骨的下方 (B) 舌頭的下方 (C) 耳朵的前下方 (D) 口腔的底部。 (2011 專普)

(A) 9. 下列有關腮腺的敘述，何者錯誤？(A) 主要位於嚼肌之內側 (B) 為最大的唾液腺 (C) 其導管穿過頰肌開口於口腔 (D) 分泌液內含唾液澱粉酶。 (2020-2 專高)

(C) 10. 唾液腺每天分泌的唾液量約為多少 ml？(A)10～15 (B)100～150 (C)1,000～1,500 (D)5,000。 (2012 專普)

(B) 11. 有關三大唾液腺的敘述，下列何者錯誤？(A) 皆為成對腺體 (B) 耳下腺主要由黏液腺泡 (mucous acini) 所構成 (C) 除耳下腺之外，其餘二者的導管皆開口於舌下區域 (D) 除耳下腺之外，其餘二者皆受顏面神經支配。 (2012 專普)

(C) 12. 人體的唾液腺主要有三對，其中稱之為腮腺的是：(A) 頷下腺 (B) 舌下腺 (C) 耳下腺 (D) 發頓氏管。 (2011 專普)

(C) 13. 有關腮腺的敘述，下列何者錯誤？(A) 又稱耳下腺 (B) 是最大的唾液腺 (C) 其導管貫穿嚼肌進入口腔 (D) 其導管開口於靠近上頷第二大臼齒處。 (2012 專高)

(C) 14. 下列哪一種腺體的導管會穿過頰肌 (buccinator muscle) 進入口腔？(A) 頰腺 (buccal gland) (B) 舌下腺 (sublingual gland) (C) 耳下腺 (parotid gland) (D) 下頷下腺 (submandibular gland)。 (2015 二技)

(A) 15. 下列敘述，何者錯誤？(A) 咽部無扁桃體 (B) 鼻咽是以軟顎與口咽為界 (C) 口咽兼具消化道和呼吸道的功能 (D) 當吞嚥食物時，喉頭會上提，使會厭軟骨蓋住喉頭，防止食物誤入氣管。 (2011 專高)

三、咽、食道

1. 咽與食道是吞嚥食物的主要通道，吞嚥是食物自口腔送到胃的機轉，分兩個時期：
   (1) 隨意期：主要在口腔進行，食團在此時期被送到口咽。
   (2) 不隨意期：此時期包括兩個階段：
      ① 咽部階段：食團不隨意地通過咽部而進入食道。
      ② 食道階段：食團不隨意地被食道的蠕動送到胃。
2. 吞嚥過程
   (1) 食物與唾液在口腔中經牙齒咀嚼及舌頭拌勻後變成一個團塊，稱為食團。
   (2) 吞嚥動作開始時，舌將食團向後上方推送頂住口咽，此即隨意期。
   (3) 食團進入口咽後，氣道自動閉鎖，呼吸暫時停止，此即不隨意期咽部階段的開始。
   (4) 當食團繼續向下移動，刺激口咽內之神經，信號傳至延腦之吞嚥中樞，此中樞再發出訊號使軟顎與懸壅垂向上移動而封閉鼻咽部，並將喉部推向前上方與舌相接之處。
   (5) 由此拉緊舌下韌帶，阻止會厭向上移動，使會厭封住喉之入口，同時聲帶也被拉在一起，進一步阻止氣道，並加寬喉咽與食道間的開口。
   (6) 食團在喉部 1～2 秒便進入食道，然後氣道又重新打開，呼吸動作恢復。

(一) 咽：在呼吸時是氣道的一部分，但在吞嚥時則成為食物的通道。
1. 咽自顱骨基部延伸至喉，前通鼻腔，下連食道，可分為三個部分：
   (1) 鼻咽：在軟顎上方的部分。
   (2) 口咽：自軟顎到會厭的部分。
   (3) 喉咽：會厭之後連接食道的部分。
2. 咽部的肌肉為骨骼肌，總稱為咽部縮肌。其上半連接口腔部分，吞嚥時受意志控制的隨意肌，但下半連接食道部分卻不受意志控制。吞嚥的機制是半自動控制的。

(二) 食道：係一伸縮的肌肉管道，長約 25 公分，位於氣管之後。
1. 食道由咽喉→胃上方，通過脊椎前的胸縱膈及食道裂縫而穿過橫膈（約 T10 高度）。
2. 食道壁可分為三層：
   (1) 黏膜層：分為三個層次，自內而外依次為非角化的複層鱗狀上皮→固有層→黏膜肌層。複層鱗狀上皮有一些黏液腺，可潤滑助於食物通過。

(2) 黏膜下層：主要含有結締組織及血管，亦具有黏液腺，可分泌黏液。

(3) 肌肉層：食道的肌肉層上 1/3 段爲橫紋肌所構成，中間 1/3 段兼有橫紋肌及平滑肌，下 1/3 段則純爲平滑肌。

3. 食道的兩端各有一括約肌，食道於休息狀態時，此二括約肌是關閉的。

(1) 上食道括約肌位於食道上端，其閉合並非由於肌肉主動收縮，而是因食道壁鬆弛時所產生之被動的彈性張力造成。

(2) 下食道括約肌，是環帶狀的平滑肌所構成，占據食道最下方連接胃之前約 4 公分處。

➩ 下括約肌僅在食物及液體通過時才鬆開，其餘時間皆封閉，以防止腹壓上升時胃內的食物及胃酸逆流至食道內。

4. 胃酸若流入食道，可導致食道黏膜的損傷及疼痛，有心灼熱感（因神經的分布關係）。

(B) 1. 有關食道的敘述，下列何者錯誤？(A) 長約 20～25 公分　(B) 由平滑肌組成　(C) 可分泌黏液，但不分泌消化酶　(D) 下食道具有賁門括約肌。(2008 專普)

(B) 2. 有關食道的敘述，下列何者錯誤？(A) 長約 20-25 公分　(B) 由平滑肌組成　(C) 可分泌黏液，但不分泌消化酶　(D) 下食道具有賁門括約肌。(2008 專普)

(A) 3. 有關食道的敘述，下列何者錯誤？(A) 具單層柱狀上皮　(B) 其纖維性外膜層並無漿膜覆蓋　(C) 中 1/3 段管壁同時含橫紋肌與平滑肌　(D) 穿過橫膈的食道裂孔約在第十胸椎高度。(2013 專高)

(C) 4. 有關食道之敘述何者正確？(A) 位於氣管之前方 (B) 食道上段為平滑肌所構成 (C) 以蠕動 (peristaltic contraction) 之方式將食物向下推送　(D) 以分節運動 (segmentating contraction) 將食物充分混合。(2019-1 專高)

(D) 5. 下列哪一項不屬於進食誘發吞嚥反射 (swallowing reflex)？(A) 呼吸受到抑制 (B) 聲門 (glottis) 關閉　(B) 上食道括約肌 (upper esophageal sphincter) 鬆弛 (D) 下食道括約肌 (lower esophageal sphincter) 收縮。(2019-2 專高)

(B) 6. 下列何者橫跨頸部、胸部及腹部？(A) 氣管　(B) 食道　(C) 下腔靜脈　(D) 上腔靜脈。(2008 專高)

(D) 7. 下列何者穿過橫膈？(A) 咽部　(B) 喉部　(C) 氣管　(D) 食道。(2008 專普)

(A) 8. 有關食道的敘述，下列何者錯誤？(A) 具單層柱狀上皮　(B) 其纖維性外膜層並無漿膜覆蓋　(C) 中 1/3 段管壁同時含橫紋肌與平滑肌　(D) 穿過橫膈的食道裂孔約在第十胸椎高度。(2013 專高)

(D) 9. 在進食之頭期 (cephalic phase)，下列何者會被激活？(A) 嗅覺導致胰泌素 (secretin) 的分泌　(B) 小腸與胃之間的短反射 (short reflex)　(C) 交感神經 (sympathetic nerves) 至腸神經系統 (enteric nervous system)　(D) 副交感神經 (parasympathetic nerves) 至腸神經系統。(2019-1 專高)

四、胃腸

(一)胃

胃為J形囊狀構造，位橫膈正下方，是消化道最具延展性的部分，兼具儲存、混勻及消化食物的功能。胃長約25公分，寬約15公分；一般成人平均容量約1.5公升→4公升。

1. 胃的解剖構造：範圍跨腹部之上腹區、臍區及左季肋區是在中線之左側。上方接食道，下方與十二指腸相接，胃的大小、位置隨時在變，如呼吸時隨著橫膈的運動而時高時低。
2. 可分四區域：賁門、胃底、胃體、幽門，而胃的內側為胃小彎，外側為胃大彎。
   (1) 賁門：較小，靠近於食道的下端，環繞著食道的下括約肌。
   (2) 胃底：是一個小而圓形區域，位賁門左上方，通常含有一些吞入的氣體。
   (3) 胃體：在胃底下方，是胃中間部分，占胃大部分，下接的狹窄區域即為幽門。
   (4) 幽門：又稱胃室，含一狹小通道稱作幽門道，並經由幽門括約肌與十二指腸相通。
3. 胃的組織結構：胃壁與其胃腸道相同，主由四層組成（由內而外）如下
   (1) 黏膜層：由單層柱狀上皮所覆蓋，其胃腺由下列三種分泌細胞：
      ① 主細胞：分泌胃蛋白酶原 (pepsinogen)。
      ② 壁細胞：分泌內在因子（促B_{12}吸收，若缺乏致惡性貧血）與鹽酸(HCl將胃蛋白酶原→胃蛋白酶）
      ⇨ Ach、組織胺、胃泌素 (gastrin) →可促壁細胞藉H^+-K^+幫浦分泌H^+形成HCl，屬初級主動運輸，體制素 (somatostatin) 會抑制胃酸分泌
      ③ 黏液細胞：分泌黏液可保護胃壁。
      ④ 消化內分泌細胞 (enterendocrine cell) 又稱嗜銀細胞：主分布幽門竇，可分泌胃泌素（可受胺基酸刺激分泌），胃泌素作用如下
         a. 刺激HCl及胃蛋白酶原分泌
         b. 增加胃蠕動
         c. 刺激胃腸黏膜的生長
         d. 促進下食道括約肌收縮
         e. 使幽門括約肌及迴盲括約肌鬆弛

(2) 黏膜下層：由疏鬆結締組織所構成，連結黏膜層及其下的肌肉層。

(3) 肌肉層：具三層平滑肌（外→內）：縱肌層（最大）→環肌層（在幽門處增厚形成幽門括約肌）→斜肌層

(4) 漿膜層：爲臟腹膜之一部分，在胃小彎兩層臟腹膜結合，往上延伸至肝形成小網膜；在胃大彎處則向下延伸形成大網膜，懸掛於小腸之上。

4. 胃的功能：儲存食物（可 1.5 公升脹大到 4 公升）、分解、攪拌食團成爲食糜（每 20 秒間歇蠕動一次）、消化（含有胃酸（鹽酸）及胃蛋白酶→可初步分解蛋白質）等作用

⇨ 胃壁對大部分的營養素並不具通透性，故不在胃中吸收，但胃對於水分、酒精、電解質及某些藥物則可以直接吸收。（HCO_3^-可中和胃中酸性）

5. 胃排空：指胃將內容物送入十二指腸，其速率取決於食物的化學及物理特性：

(1) 液體食物較固體食物之排空速率爲快。

(2) 體積大者排空較快。

(3) 醣類排空最快，蛋白質次之，脂肪最慢。

(4) 小腸內的脂肪及酸會抑制胃排空。

(5) 胃泌素增加、幽門括約肌放鬆、副交感（迷走）神經興奮→增加胃排空。

6. 胃的分泌調節

(1) 刺激作用：分三期

a. 頭期（反射期）：看到、聞到、想到食物而引起的反射；血糖降低→迷走 N 興奮→胃收縮；體溫下降、胰島素缺乏→引起食慾

b. 胃期：食物入胃所引起的機械性及化學性刺激；蛋白質及酒精會引起迷走 N 興奮→刺激嗜銀細胞分泌胃泌素

c. 腸期：食物入十二指腸→刺激黏膜分泌腸抑胃激素

(2) 抑制胃分泌：十二指腸擴張（內有酸性或蛋白質食物）、胰泌素、膽囊收縮素、胃抑素等

（A）1.　在腹部的九分區中，胃主要位於哪兩個區內？(A) 腹上區與左季肋區　(B) 腹上區與右季肋區　(C) 臍區與左季肋區　(D) 臍區與右季肋區。（2009 專高）

（A）2.　食物入胃前，食物對嗅覺、視覺及味覺的刺激可促使胃腺的分泌，這是屬於消化液分泌控制的哪一階段？(A) 頭期　(B) 胃期　(C) 腸期　(D) 消化期。（2009 專普）

(B) 3. 下列何者不是胃腺 (gastric gland) 的細胞？(A) 主細胞 (B) 吸收細胞 (C) 壁細胞 (D) 腸道內分泌細胞。 (2009 專高)

(B) 4. 胃腺可分泌胃液，其中哪一種細胞會分泌內在因子？(A) 主細胞 (B) 壁細胞 (C) 黏液細胞 (D) 消化內分泌細胞。 (09，10 專普)

(C) 5. 下列哪一種胃腺細胞主要位於幽門竇 (pyloric antrum) 附近的黏膜層，其釋放的物質具有增進腸胃蠕動的功能？(A) 主細胞 (chief cells) (B) 黏液頸細胞 (mucous neck cells) (C) 腸內分泌細胞 (enteroendocrine cells) (D) 壁細胞 (parietal cells)。 (2014 二技)

(C) 6. 胃腺之何種細胞負責分泌胃泌素 (gastrin)？(A) 壁細胞 (parietal cell) (B) 主細胞 (chief cell) (C) G 細胞 (G cell) (D) 嗜鉻細胞 (enterochromaffin-like cell)。 (2017-1 專高)

(A) 7. 有關胃泌素 (gastrin) 的敘述，下列何者正確？(A) 增加胃的運動力 (motility) (B) 刺激主細胞 (chief cells) 分泌胃酸 (C) 受交感神經 (sympathetic nerve) 刺激而分泌 (D) 刺激壁細胞 (parietal cells) 分泌胃蛋白酶原 (pepsinogen)。 (2009 二技)

(D) 8. 胃泌素 (gastrin) 是由下列何者分泌？(A) 壁細胞 (parietal cell) (B) 主細胞 (chief cell) (C) 黏液頸細胞 (mucous neck cell) (D) 腸內分泌細胞 (enteroendocrine cell)。 (2012 專普)

(A) 9. 下列何者為刺激胃泌素 (gastrin) 分泌之直接且重要的因子？(A) 膨脹的胃 (B) 胃腔內 [H+] 增加 (C) 胰泌素 (secretin) 分泌 (D) 食道的蠕動 (peristalsis)。 (2020-2 專高)

(A) 10. 胃蛋白酶原 (pepsinogen) 須經過下列何者之活化後才具有活性？(A) 鹽酸 (HCl) (B) 腸激酶 (enterokinase) (C) 胰泌素 (secretin) (D) 膽囊收縮素 (cholecystokinin)。 (2015 二技)

(B) 11. 胃蛋白酶原是由下列何者分泌？(A) 壁細胞 (B) 主細胞 (C) 黏液頸細胞 (D) 腸內分泌細胞。 (2015 專高)

(B) 12. 下列哪個胃腺細胞，主要產生鹽酸與內在因子？(A) 黏液頸細胞 (mucous neck cell) (B) 壁細胞 (parietal cell) (C) 主細胞 (chief cell) (D) 腸內分泌細胞 (enteroendocrine cell)。 (2021-2 專高)

(B) 13. 下列何者會促進胃酸的分泌？(A) 胰泌素 (secretin) (B) 組織胺 (histamine) (C) 膽囊收縮素 (cholecystokinin) (D) 體制素 (somatostatin)。 (2015 二技)

(A) 14. 下列何者是胃酸分泌之重要刺激物質？(A) 組織胺 (histamine) (B) 前列腺素 E(prostaglandin E) (C) 胰泌素 (secretin) (D) 膽囊收縮素 (cholecystokinin)。 (2012 專高)

(A) 15. 胃腺分泌氫離子 (H^+) 的機制主要是透過：(A)H^+/K^+幫浦 (H^+/K^+ ATPase pump) (B)H^+/Na^+幫浦 (H^+/Na^+ ATPase pump) (C)H^+/Ca^{2+}幫浦 (H^+/Ca^{2+} ATPase pump) (D)H^+/Cl^-幫浦 (H^+/Cl^- ATPase pump)。 (2011 專普)

(A) 16. 胃腺分泌氫離子 (H^+) 的機制是：(A) 一級主動運輸 (primary active transport)

(B) 二級主動運輸 (secondary active transport)　(C) 簡單擴散 (simple diffusion)　(D) 促進擴散 (facilitated diffusion)。（2015 專高）

（A）17. 由胃進入小腸的食糜在小腸內被何種鹼性物質中和其酸性？(A)HCO_3^-　(B)NH_4^+　(C)SO_4^{2-}　(D)HPO_4^{2-}。（2011 專普）

（A）18. 下列哪些因素會促進胃排空？①胃泌素 (gastrin) 分泌 ②胃部肌纖維拉長 ③十二指腸肌纖維拉長 ④交感神經興奮 ⑤副交感神經興奮。(A) ①②⑤　(B) ①③⑤　(C) ①③④　(D) ①②④。（2011 二技）

（B）19. 下列哪一荷爾蒙能促進胃排空速率？(A) 胰泌素 (secretin)　(B) 胃泌素 (gastrin)　(C) 膽囊收縮素 (cholecystokinin)　(D) 抑胃胜肽 (gastric inhibitory peptide)。（2015 專高）

(二) 小腸

1. 食物在胃中經過1-3小時後即變成食糜，食糜經由幽門進入小腸，經過約1-6小時，食糜就會完全通過全長6公尺左右的小腸而進入大腸。
2. 解剖構造：小腸由胃的幽門括約肌開始，直徑約2.5公分；可分三段，即十二指腸、空腸及迴腸。大部分消化作用完成於十二指腸，而大部分吸收在十二指腸及空腸內完成。
   (1) 十二指腸：最起始及最短的部分，呈C字形，起源於胃的幽門括約肌→空腸，長約25公分，歐迪氏 (Oddi) 括約肌控制胰液及膽汁注入肝胰壺腹開口
      a. 近幽門處的十二指腸第一段是最易發生潰瘍之處
      b. 臨床上以特力芝韌帶 (Treitz ligament) 來區分上、下腸胃道
      c. 布魯納氏腺 (Brunner's gland) 可分泌黏液與重碳酸鹽來中和自胃的食糜中的強酸
   (2) 空腸：承接十二指腸，長約2.5公尺，下接迴腸
   (3) 迴腸：小腸最後一段，長約3.5公尺，下接大腸第一部分（盲腸）於迴盲瓣（是一個括約肌構造，負責小腸內容物排入大腸的調控及防止逆流）
3. 小腸壁的特化構造
   (1) 環狀皺襞：係黏膜層及黏膜下層的深摺層，小腸皺襞是固定性構造（而胃會改變）。此在十二指腸及空腸相接之處最為發達，可以有效地增加吸收的面積。
   (2) 絨毛：增加小腸的吸收面積，絨毛與絨毛基底部之間有深陷的管腺，稱

爲小腸腺或利氏隱窩。

① 每一條絨毛含有小動脈、小靜脈、微血管網及淋巴管各一，此淋巴管特稱爲乳糜淋巴管，對於脂質的吸收極爲重要。

② 養分主經由絨毛吸收，大約只有 5% 脂肪及 10% 胺基酸（蛋白質）未能吸收。

③ 每一根絨毛最外層的上皮細胞之細胞膜，特化成爲無數根小指狀突起，稱作微絨毛，如此更使得吸收表面積增加 30 倍以上。

(3) 小腸腺體：利氏隱窩深入黏膜固有層，另有深入黏膜下層的十二指腸腺，又稱布氏腺 (Brunner's gland)。

① 小腸腺（利氏隱窩）分泌小腸的消化酶，可分解蛋白質、醣類及脂肪。

② 十二指腸腺（布氏腺）分泌的鹼性黏液可保護小腸壁，免受來自胃的酸性食糜傷害。

4. 小腸的上皮細胞及小腸液：單層柱狀上皮，可分成五類：

(1) 柱狀上皮細胞：負責醣類、胺基酸及脂質的吸收，也可分泌酵素，完成醣類及蛋白質的最後分解。

(2) 杯狀黏液細胞：存在於利氏隱窩（小腸腺）的上皮，黏液細胞的分布以十二指腸最爲豐富，因爲此處組織最需要黏液保護。

(3) 潘氏分泌細胞：位於利氏隱窩之深部，主要分泌消化蛋白質的胜肽酶。

(4) 腸道內分泌細胞（腸道嗜鉻細胞）：除小腸外，在胃部、大腸、胰管、肝及呼吸道均有，負責製造許多種胃腸道的激素。

(5) 未分化的細胞：存在於利氏隱窩的深部，每 5 天負責細胞更新一次，具有分裂的能力

5. 小腸的功能：

(1) 主要功能爲消化與吸收：小腸特有的運動及內含的消化性酵素。

(2) 有規律的收縮運動：因具排列特殊的縱肌與環肌。小腸的收縮運動分二

① 分節運動：主要運動，使小腸內容物向前推進。係由環肌的強力收縮所造成

② 蠕動：將內容物向前推進主靠蠕動，是一種重複性微小收縮，食糜在小腸內移動的速度約爲每分鐘 1 公分，故食糜通過小腸的時間約需 3-5 小時。

③ 小腸內的分泌物合稱爲小腸液，爲透明的黃色液體，略呈鹼性 (pH 7.6)，分泌量約 2-3 公升 / 天，成分主要爲水、黏液及酵素。小腸的

酵素包括：

-- 可消化碳水化合物的麥芽糖酶、蔗糖酶及乳糖酶

-- 可消化蛋白質的胜肽酶

-- 可消化核酸的核糖核酸酶及去氧核糖核酸酶

-- 膽汁及胰臟分泌的胰液，也是構成小腸液的重要成分

6. 小腸的吸收作用：消化後的碳水化合物、脂肪、蛋白質、電解質、維生素、水等物質，一般均由小腸吸收，且多由十二指腸及空腸來吸收。迴腸則是主要吸收維生素 B_{12}。
7. 小腸壁內有細胞會分泌小腸內泌素 (secretin) 和膽囊收縮素 (CCK) 兩種荷爾蒙，刺激膽囊釋放膽汁，胰臟分泌胰液。

（A）1. 下列何者是小腸與大腸共有的構造？(A) 腸腺 (intestinal gland)　(B) 腸脂垂　(C) 絨毛　(D) 環形皺襞 (plica circularis)。（2011 專高）

（C）2. 下列何者不是小腸的一部分？(A) 十二指腸　(B) 空腸　(C) 盲腸　(D) 迴腸。

（B）3. 有關小腸的敘述，下列何者錯誤？(A) 消化道最長的部分　(B) 膽汁或胰液經肝胰壺腹直接進入迴腸　(C) 小腸內有大量絨毛　(D) 脂類物質可經乳糜管進入循環系統。（2010 專普）

（B）4. 有關小腸絨毛的敘述，下列何者錯誤？(A) 由小腸上皮細胞形成之指狀突起　(B) 絨毛中心僅有一條乳糜管，吸收所有的營養物質並送入血液中　(C) 其功能為增加消化吸收之面積　(D) 在十二指腸中可見到。（2018-2 專高）

（D）5. 下列何者不是小腸的構造？(A) 環形皺襞　(B) 絨毛　(C) 微絨毛　(D) 腸脂垂。（2009 專普）

（D）6. 有關小腸管腔之敘述，下列何者錯誤？(A) 刷狀緣是指微絨毛　(B) 人類小腸管腔之總表面積約 300 平方公尺　(C) 絨毛底部之細胞不斷的在進行細胞分裂　(D) 小腸上皮細胞每 50 天更新一次。（2008 專高）

（C）7. 食糜由胃進入小腸時，小腸產生的主要運動方式為何？(A) 團塊運動 (mass movement)　(B) 腸袋攪動 (haustral churning)　(C) 分節運動 (segmentation movement)　(D) 排空掃蕩運動 (migrating myoelectrical complex)。（2013 二技）

（D）8. 下列何者只存在於十二指腸？ (A) 巴內特氏細胞 (Paneth cell)　(B) 乳糜管 (lacteal)　(C) 環形皺襞 (plica circularis)　(D) 布魯納氏腺 (Brunner's gland)。（2013 專高）

（A）9. 歐迪氏 (Oddi) 括約肌位在：(A) 十二指腸　(B) 迴腸　(C) 空腸　(D) 盲腸。（2010 專高）

（A）10. 歐迪氏括約肌主要與下列何者之分泌或流動有關？(A) 膽汁　(B) 唾液　(C) 胃酸　(D) 胃黏液。（2011 專普）

(D) 11. 下列何者不是十二指腸特有的構造？(A) 肝胰壺腹的開口 (B) 副胰管的開口 (C) 布魯納氏腺 (Brunner's gland) (D) 乳糜管。 (2016-2 專高)

(A) 12. 下列何者不是小腸腺分泌的消化酵素？(A) 凝乳蛋白酶 (chymotrypsin) (B) 麥芽糖酶 (maltase) (C) 胺基胜肽酶 (aminopeptidase) (D) 腸激酶 (enterokinase)。 (14 二技)

(B) 13. 下列何者在小腸液中的含量最低？(A) 蔗糖酶 (sucrase) (B) 肝醣酶 (glycogenase) (C) 乳糖酶 (lactase) (D) 麥芽糖酶 (maltase)。 (2021-2 專高)

(C) 14. 抑制小腸微絨毛的腸激酶 (enterokinase)，會阻斷下列何種酵素的活化？(A) 胺基肽酶 (aminopeptidase) (B) 胃蛋白酶原 (pepsinogen) (C) 胰蛋白酶原 (trypsinogen) (D) 蔗糖酶 (sucrase)。 (2009 二技)

(B) 15. 下列何者與增加小腸吸收面積無關？(A) 環形皺襞 (B) 腸脂垂 (C) 微絨毛 (D) 絨毛。 (2016-2 專高)

(B) 16. 胃因食物堆積而膨大撐張時，最可能引發下列何種反應？(A) 促進唾液分泌 (B) 促進小腸運動活性 (C) 抑制胃排空作用 (D) 抑制胃結腸反射。 (2014-1 專高)

(A) 17. 小腸中將食糜與消化液混合之主要運動為：(A) 分節收縮 (segmentation contraction) (B) 蠕動 (peristalsis) (C) 團塊運動 (mass movement) (D) 袋狀收縮 (haustration)。 (2011 專普)

(B) 18. 有關膽固醇吸收之敘述，下列何者正確？(A) 由小腸上皮細胞吸收後進入微血管及門脈循環 (B) 由小腸上皮細胞吸收後形成乳糜微粒進入乳糜管 (C) 由大腸上皮細胞吸收後進入微血管及門脈循環 (D) 由大腸上皮細胞吸收後形成乳糜微粒進入乳糜。 (2017-2 專高)

(A) 19. 在小腸上皮細胞吸收葡萄糖時最常伴隨的離子為下列何者？(A) 鈉 (B) 鉀 (C) 氫 (D) 亞鈷。 (15, 12 專高)

(D) 20. 下列何種物質在小腸吸收時，需先耗能建立鈉離子濃度梯度？(A) 果糖 (B) 脂肪酸 (C) 維生素 E (D) 半乳糖。 (2013 二技)

(D) 21. 正常情況下，脂肪酸進入十二指腸時的主要反應為何？(A) 增加胃酸分泌 (B) 抑制胰泌素 (secretin) 分泌 (C) 抑制酵素性胰液分泌 (D) 刺激膽囊收縮素 (CCK) 分泌。 (2010 二技)

(三) 大腸

1. 食糜在小腸內停留約爲 3-5 小時，之後食糜便被轉化成液態，通過迴盲瓣而進入盲腸，當所有消化工作均完成，最後大腸內存留約 13-36 小時，即完成排便。
2. 大腸是消化道的最末一部分，自迴腸末端延伸至肛門，全長約 1.5 公尺（直徑約 6.5 公分），包括盲腸、闌尾、升結腸、橫結腸、降結腸、乙狀結腸、直腸、肛管、肛門。

3. 直腸壁的環肌內收，使黏膜層向腸腔內凹陷，形成直腸橫褶。
4. 肛管（下端）的黏膜層排列成縱褶，稱爲肛柱，其內含有豐富的血管叢；若發炎，則會腫大、疼痛，即是常見的痔瘡。平時，肛門僅在排糞時才會開放，受內、外肛門括約肌管制而緊閉。
   (1) 內肛門括約肌是平滑肌，成環狀排列，不受意志控制。
   (2) 外肛門括約肌爲骨骼肌，可受意志控制。
5. 大腸的組織學：與小腸有極大差異
   (1) 小腸壁有完整的縱肌，而大腸壁的縱肌層卻並不完整，而形成三條平坦的帶狀構造，稱作結腸帶，幾乎延伸整個大腸（直腸以下除外）。
   (2) 結腸帶加上縱肌的張力收縮，使結腸聚縮成囊袋狀構造，稱結腸袋，形成大腸皺摺的外觀。
   (3) 最外層的漿膜層是臟腹膜的一部分，在臟腹膜與結腸帶連接處形成一個個小凹陷，內容充滿了脂肪並附著於結腸帶，稱爲腸脂垂。
   (4) 大腸壁的黏膜不含絨毛及固定的環狀皺摺，而是單層柱狀上皮及杯狀細胞構造。
   (5) 大腸黏膜平滑，吸收面積僅小腸的 3%。其黏膜細胞可分泌黏液，潤滑以減少阻力。
   (6) 黏膜下層及固有層含有豐富的淋巴組織，執行腸道部分的免疫功能。
6. 大腸的功能：
   (1) 消化作用：是藉由細菌來進行，使在小腸內未能消化的碳水化合物殘渣被發酵而釋出氫、二氧化碳及甲烷等氣體，造成大腸內的脹氣。
   (2) 未被吸收的膽鹽會被細菌分解爲尿膽素原，是造成糞便棕色色澤的主要成分。
   (3) 大腸內的細菌可合成身體所需的維生素 B 及維生素 K。
   (4) 蛋白質殘渣則被分解爲胺基酸及更進一步的分解產物，形成糞便特有的氣味；未隨糞便排出者則被吸收而運到肝臟分解，轉化成毒性較低的物質。
   (5) 大腸最主要功能還是吸收水分，約 0.5-1 公升，僅約 100 毫升無法再吸收。吸收作用最旺盛的部位在盲腸及升結腸。
   (6) 食糜在大腸內停留 3-10 小時後，其水分大部分被吸收而變成了固體或半固體的糞便。

7. 排便：大腸總蠕動約每日 3-4 次，可將糞便擠入直腸，造成直腸壁的擴張及壓力增加→刺激腸壁的壓力接受器→引發排便的反射，使直腸排空。
   (1) 排便動作時，直腸縱肌收縮，使直腸變短、內部壓力增加。
   (2) 腹肌及橫膈有意識的收縮使壓力劇增，迫使括約肌放鬆，打開肛門，而將糞便排出。

(C) 1. 依照大腸 (large intestine) 前後排列之順序，下列何者在最前端？(A) 升結腸 (B) 降結腸 (C) 盲腸 (D) 迴腸。（2021-2 專高）

(B) 2. 下列何種結腸運動最容易引發排便的慾望？(A) 結腸袋運動 (haustration) (B) 質塊運動 (mass movement) (C) 分節運動 (segementation) (D) 蠕動 (peristalsis)。（2016-1 專高）

(A) 3. 下列何者是消化道最重要的推進運動？(A) 蠕動 (peristalsis) (B) 分節運動 (segmentation) (C) 鐘擺運動 (pendular movement) (D) 蠕動的急流 (peristaltic rush)。（2016-2 專高）

(B) 4. 大腸的哪一構造，是由縱走的平滑肌束構成？(A) 結腸袋 (B) 結腸帶 (C) 腸脂垂 (D) 肛柱。（2017-1 專高）

(C) 5. 下列何者不是大腸特有的構造？(A) 結腸帶 (teniae coli) (B) 腸脂垂 (epiploic appendages) (C) 腸繫膜 (mesentery) (D) 結腸袋 (haustra)。（2012 專普）

(B) 6. 下列大腸的四個部分，由始端到終端的順序為何？①橫結腸 ②降結腸 ③直腸 ④乙狀結腸。(A) ①②③④ (B) ①②④③ (C) ①④③② (D) ①④②③。（2010 專高）

(B) 7. 結腸肝曲 (hepatic flexure) 位於下列何處？(A) 橫結腸轉彎成降結腸處 (B) 升結腸轉彎成橫結腸處 (C) 降結腸轉彎成乙狀結腸處 (D) 乙狀結腸轉彎成直腸處。（2008 專高）

(A) 8. 結腸脾曲 (splenic flexure) 是指：(A) 橫結腸轉彎成降結腸的位置 (B) 升結腸轉彎成橫結腸的位置 (C) 降結腸轉彎成乙狀結腸的位置 (D) 乙狀結腸轉彎成直腸的位置。（2012 專普）

(D) 9. 下列大腸的各段構造，何者位於骨盆腔？(A) 盲腸 (B) 降結腸 (C) 升結腸 (D) 直腸。（2009 專普）

(B) 10. 有關結腸帶之敘述，下列何者錯誤？(A) 由平滑肌構成 (B) 是環向的帶狀構造 (C) 橫結腸有此構造 (D) 直腸無此構造。（2014-1 專高）

(B) 11. 大腸的最後一段是指：(A) 迴腸 (B) 直腸 (C) 迴盲瓣 (D) 歐迪氏括約肌。（2015 專高）

(C) 12. 大網膜延伸於橫結腸與下列何者之間？(A) 肝臟 (B) 十二指腸 (C) 胃 (D) 空腸。（2009 專普）

(D) 13. 大網膜附著於下列哪兩個部位？(A) 胃小彎與肝臟 (B) 胃小彎與橫結腸 (C) 胃大彎與肝臟 (D) 胃大彎與橫結腸。 (2019-2 專高)

(A) 14. 下列何者被腸肝循環 (enterohepatic circulation) 重吸收的比例最高？(A) 膽鹽 (B) 腸激酶 (C) 果糖 (D) 肝醣。 (2016-1 專高)

（四）腹膜

1. 腹腔內壁及所有腹骨盆腔內的臟器均覆蓋一層漿膜。
   (1) 漿膜是由單層鱗狀上皮及其所附著薄的疏鬆結締組織所組成。
   (2) 在腹腔的漿膜特稱爲腹膜，在腹腔壁內襯的稱爲壁腹膜，覆蓋於臟器的爲臟腹膜
   (3) 腹膜分泌少許漿液，可將腹腔內臟器間之摩擦力減到最低。
   (4) 後腹膜器官：如胰、大部分十二指腸、腹主動脈、下腔靜脈、升結腸、降結腸及腎。
   (5) 腹膜內器官：胃、肝、脾、大部分小腸及橫結腸等。
2. 整個腹腔可視作一個腹膜所包覆的腹膜囊，可分爲大囊及小囊，其分界由胃及兩片特化的腸繫膜——大網膜及小網膜所構成。
   (1) 大網膜：像圍裙般地自胃大彎→橫結腸，而後附著在腹腔後壁的壁腹膜。含大量脂肪（極富可動性，故具局限腹腔感染功能）及富含淋巴結（可製造免疫細胞以抗腸道疾病）。
   (2) 小網膜：具兩個摺層，一個自肝→胃小彎，一個自十二指腸→肝。

(C) 1. 下列何者不是由腹膜 (peritoneum) 衍生形成的構造？(A) 大網膜 (B) 小網膜 (C) 肝圓韌帶 (D) 腸繫膜。 (2021-2 專高)

(B) 2. 下列何者是腹膜後器官？(A) 肝臟 (B) 胰臟 (C) 胃 (D) 橫結腸。 (2010 專普)

(C) 3. 下列何者屬於腹膜後器官？(A) 迴腸 (B) 空腸 (C) 升結腸 (D) 乙狀結腸。 (2010 專高)

(C) 4. 下列何者是腹膜後器官？(A) 胃 (B) 肝臟 (C) 腎臟 (D) 脾臟。(2012 專高)

(A) 5. 有關闌尾的敘述，下列何者錯誤？(A) 位於左腹股溝區 (B) 與盲腸相連 (C) 是大腸的一部分 (D) 屬於腹膜內器官。 (2009 專高)

(C) 6. 腹膜所形成的皺褶中，何者連接胃大彎及橫結腸？(A) 結腸繫膜 (mesocolon) (B) 小網膜 (lesser omentum) (C) 大網膜 (greater omentum) (D) 鐮狀韌帶 (falciform ligament)。 (2012 二技)

五、肝

肝臟是人體內體積最大的器官，具有複雜的管狀腺體，重約 1.5 公斤。

（一）肝臟的解剖構造

呈暗紅色，正面近似三角形，表面覆蓋一層緻密的結締組織，稱格力森氏鞘囊。位於橫膈下方，右季肋部的大部分及部分腹部上方

1. 肝臟被鐮狀韌帶分為左、右兩葉，由橫膈下表面至肝臟上表面，一直延伸到前壁腹膜。
2. 鐮狀韌帶的游離緣為肝圓韌帶，由肝臟延伸到臍部，是胎兒時期的臍靜脈退化而來。
3. 肝臟的右葉約為左葉的 6 倍大，跨於右腎及右結腸曲之上，可再細分為三個小葉，即右葉本部、右葉下表面的方葉及尾葉。
4. 方葉的右方為膽囊，左方為肝圓韌帶，膽囊的一部分是鑲嵌在方葉及右葉本體內。
5. 尾葉的右側為下腔靜脈，左方則是靜脈韌帶。
6. 靜脈韌帶是胎兒時期靜脈導管的遺跡，靜脈導管在胎兒時期連通臍靜脈與下腔靜脈，形成肝臟側枝循環。
7. 肝門位於方葉及尾葉之間，是肝臟的血管、神經、淋巴及肝分泌管道由進出，包含：
   (1) 肝動脈：源自腹主動脈的腹腔動脈幹，供應肝臟充氧血，構成肝血流量的 20%。
   (2) 肝門靜脈：引流自全部胃腸道的靜脈血進入肝，含所吸收的養分，占肝血流量 80%。
   (3) 總膽管：肝與胰一樣由一系列的小管連結到小腸。
8. 膽道系統：由肝細胞分泌膽汁→進入膽小管→再匯入膽管→最後合併成左、右肝管→在離開肝臟前先聯合形成總肝管→在肝門與來自膽囊的膽囊管合併形成總膽管→總膽管通過肝門，與胰管在進入十二指腸前會合成肝胰壺腹→一起開口於十二指腸乳頭

(二) 肝的細部構造

1. 肝臟的功能單位是五或六邊形的肝小葉，每個肝小葉具有一個中央靜脈，

是肝靜脈的支流。肝細胞圍繞著中央靜脈，以輻射狀排列成肝細胞索；在肝細胞索之間的空間稱爲竇狀隙。

2. 竇狀隙襯有內皮細胞，內含有吞噬細胞，稱爲星形網狀內皮細胞（庫佛氏細胞 Kupffer's cell），負責清除壞損的紅血球、白血球及入侵的微生物。
3. 肝臟血流途徑

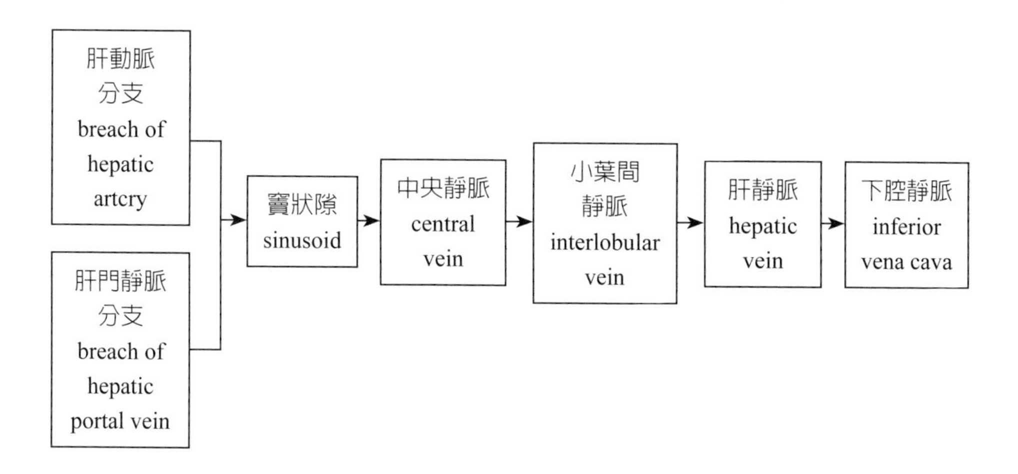

（三） 肝臟的功能

1. 製造血漿蛋白（白蛋白）：具維持血液滲透壓等功能。另外如輸鐵蛋白、纖維蛋白原、凝血酶原等，亦由肝臟所合成。
2. 製造抗凝血素：肥大細胞（源自於嗜鹼性白血球）會製造更多的肝素。
3. 合成膽汁：肝細胞能製造膽鹽，存於膽汁內，至十二指腸以助脂肪乳化、消化及吸收。
4. 胞吞作用：屬網狀內皮系統的庫佛氏吞噬細胞可進行胞吞作用，將破損的血球及入侵的細菌清除掉。
5. 減毒作用：肝細胞具有旺盛的酵素系統，如將毒性氮化物（氨）轉化成較無毒性的尿素等。
6. 貯存作用：糖吸收後在肝轉化成肝醣貯存。亦可存銅、鐵、維生素 A, D, E, K, B_{12} 等。
7. 養分之代謝及轉化：除將糖變成肝醣外，亦可將肝醣、脂肪及胺基酸，轉化成細胞能利用的葡萄糖以供身體需要。肝臟亦參與維生素 D 的活化作用。

(D) 1. 在腹部的九個區域中，肝臟主要位在：(A) 右季肋區與右腰區 (B) 左季肋區與左腰區 (C) 腹上區與左季肋區 (D) 右季肋區與腹上區。 (2009 專高)

(C) 2. 下列何者不與肝臟接觸？(A) 橫膈 (B) 胃 (C) 降結腸 (D) 膽囊。(2010 專普)

(A) 3. 下列何者不與肝臟接觸？(A) 左腎 (B) 下腔靜脈 (C) 胃 (D) 右結腸曲。 (08 專高，二技)

(D) 4. 下列有關肝臟的敘述，何者正確？(A) 肝臟表面被臟層腹膜 (visceral peritoneum) 完整包覆 (B) 冠狀韌帶 (coronary ligament) 將肝臟附著至前腹壁上，並將肝臟分成左、右兩葉 (C) 肝靜脈 (hepatic vein) 從肝門 (porta hepatis) 離開肝，並匯入下腔靜脈 (D) 膽汁由肝細胞所製造，其注入消化道的入口部位在十二指腸。 (2015 二技)

(D) 5. 鐮狀韌帶 (falciform ligament) 是連接哪兩個器官的構造？(A) 胃與肝臟 (B) 胃與大腸 (C) 小腸與大腸 (D) 肝臟與橫膈。 (2009 二技)

(D) 6. 下列何者介於肝臟的方形葉與右葉之間？(A) 肝圓韌帶 (B) 靜脈韌帶 (C) 下腔靜脈 (D) 膽囊。 (2009 專普)

(C) 7. 位於肝臟左葉與尾狀葉之間的構造是：(A) 膽囊 (B) 下腔靜脈 (C) 靜脈韌帶 (D) 肝鐮韌帶。 (2015 專高)

(A) 8. 下列何者介於肝臟的尾葉與右葉之間？(A) 下腔靜脈 (B) 膽囊 (C) 肝圓韌帶 (D) 靜脈韌帶。 (2014-1 專高)

(D) 9. 有關肝臟的主要功能之敘述，下列何者錯誤？(A) 可合成血漿白蛋白 (B) 可合成急性期蛋白 (C) 可合成脂蛋白 (D) 可合成胰島素。 (2009 專高)

(D) 10. 有關肝臟的主要功能之敘述，下列何者錯誤？(A) 可合成血漿白蛋白 (B) 可合成急性期蛋白 (C) 可合成脂蛋白 (D) 可合成胰島素。 (98-1 師)

(B) 11. 下列有關蛋白質消化和吸收的敘述，何者正確？(A) 胰臟管細胞 (duct cell) 能分泌蛋白酶，於小腸協助蛋白質分解 (B) 吸收後，蛋白質消化產物直接通過血液進入肝臟 (C) 胃蛋白酶 (pepsin) 可於小腸與胰臟分泌的蛋白酶協同消化蛋白質 (D) 蛋白酶皆以具活性的形式從製造的細胞分泌出來。 (2019-2 專高)

(D) 12. 有關肝小葉的敘述，下列何者正確？(A) 塵細胞位於肝靜脈竇中 (B) 每一肝小葉中央有門脈三合體 (C) 門脈三合體含肝動脈、中央靜脈及膽管 (D) 由輻射狀之肝細胞組成，具有再生能力。 (2013 專高)

(D) 13. 肝三連物 (portal triad) 不包括：(A) 膽管 (B) 肝動脈的小分支 (C) 肝門靜脈的小分支 (D) 中央靜脈。 (2011 專普)

(D) 14. 下列何者不屬於肝三合體 (hepatic triad)？(A) 肝門靜脈 (hepatic portal vein) (B) 肝動脈 (hepatic artery) (C) 膽管 (bile duct) (D) 肝管 (hepatic duct)。 (2012 二技)

(B) 15. 膽囊位於肝臟的哪兩葉之間？(A) 右葉與尾葉 (B) 右葉與方形葉 (C) 左葉與尾葉 (D) 左葉與方形葉。 (2012 專高)(2015 專高)

(B) 16. 下列哪項管道不經由肝門進出肝臟？(A) 肝動脈 (B) 膽囊管 (C) 肝管 (D) 肝門靜脈。 (2008 專普)

(A) 17. 下列何者不與肝血竇連通？(A) 膽管　(B) 中央靜脈　(C) 肝動脈的小分支　(D) 肝門靜脈的小分支。（2011 專普）

(A) 18. 有關竇狀隙 (sinusoid) 的敘述，下列何者錯誤？(A) 其管壁由肝細胞構成　(B) 與肝小葉的中央靜脈連通　(C) 接收肝門靜脈的血液　(D) 接收肝動脈的血液。（2019-2 專高）

(B) 19. 庫弗氏細胞 (Kupffer's cells) 位於下列何處？(A) 膽囊管 (cystic duct)　(B) 竇狀 (hepatic sinusoids)　(C) 膽囊 (gallbladder)　(D) 胰島 (pancreatic islets)。（2013 二技）

(B) 20. 庫氏細胞 (Kupffer cell) 位於：(A) 脾臟　(B) 肝臟　(C) 腎臟　(D) 胰臟。（2009 專普）

(D) 21. 庫佛氏細胞 (Kupffer's cell) 位於肝小葉的何處？(A) 中央靜脈　(B) 肝動脈　(C) 肝門靜脈　(D) 竇狀隙。（2017-1 專高）

(B) 22. 會通過肝門的膽管系統是：(A) 膽囊管　(B) 肝管　(C) 微膽管　(D) 總膽管。（2009 專高）

六、膽

1. 膽囊是一個梨狀囊體構造，長約 7-10 公分，位肝右葉下表面，介於右葉及方葉之間。
2. 中間層是由平滑肌組成的肌肉層，這些肌肉可受激素的作用而收縮，造成膽汁的排空而進入膽囊管。
3. 膽囊的主要功能：貯存膽汁 (30-60ml) 及濃縮膽汁，濃縮率可達 10 倍之多
4. 膽囊的排空：膽汁擠入微膽管→膽囊管→總膽管→十二指腸
   ⇨ 食糜中的高濃度脂肪及蛋白質→刺激小腸黏膜分泌膽囊收縮素→膽囊肌肉的收縮，同時使肝胰壺腹括約肌（又稱歐氏括約肌）鬆弛→完成膽汁的排空

(A) 1. 下列有關膽囊的敘述何者正確？(A) 黏膜層由單層柱狀上皮組成　(B) 位於肝臟方形葉之左側　(C) 主要功能為製造及貯存膽汁　(D) 胃分泌之膽囊收縮素能夠促使膽囊排空。（2020-1 專高）

(A) 2. 膽汁之製造及注入消化道的位置，下列何者正確？(A) 肝臟製造，注入十二指腸　(B) 肝臟製造，注入空腸　(C) 膽囊製造，注入十二指腸　(D) 膽囊製造，注入空腸。（2020-2 專高）

(C) 3. 總膽管與胰管匯聚形成肝胰壺腹 (hepatopancreatic ampulla)，開口於下列何處？(A) 胃的幽門部　(B) 胃的賁門部　(C) 十二指腸　(D) 空腸。（2021-2 專高）

（B）4. 膽汁經由何種構造注入膽管 (bile duct)？(A) 竇狀隙 (sinusoids) (B) 微膽管 (bile canaliculi) (C) 肝管 (hepatic ducts) (D) 膽囊管 (cystic duct)。（2009 二技）

（C）5. 膽鹽可在何處被再吸收？(A) 十二指腸 (B) 空腸 (C) 迴腸 (D) 大腸。（2008 專普）

（A）6. 在正常的膽汁中，下列何者所占的比率最高？(A) 水 (B) 膽鹽 (C) 膽色素 (D) 卵磷脂。（2016-2 專高）

（C）7. 食糜中的何種成分最容易刺激空腸黏膜分泌膽囊收縮素 (cholecystokinin)？(A) 醣類 (B) 蛋白質 (C) 脂質 (D) 鈉離子。（2017-1 專高）

（A）8. 有關脂溶性維生素的敘述，下列何者錯誤？(A) 吸收不受膽汁分泌的影響 (B) 包含維生素 A、D、E 與 K (C) 溶解在微膠粒 (micelle) 中 (D) 在小腸中被吸收進入人體。（2021-2 專高）

七、胰

(一) 解剖構造與組織學：長約 12.5 公分，寬約 2.5 公分

1. 具有內分泌及外分泌腺體的功能，在胃大彎的後面，是後腹膜器官。
2. 結構上分三部分：胰管進入十二指腸前，匯接由膽囊過來的總膽管，最後以一如壺腹般的膨大構造接於十二指腸壁，此構造稱爲肝胰壺腹或韋氏壺腹。
   (1) 頭部：近十二指腸 C 形彎曲的膨大，是胰臟最寬部位，其位置在腹腔的右半邊。
   (2) 體部：爲胰臟主體，由頭部向左上方延伸的部分，位於胃的後方，而橫於 L2-3 前方。
   (3) 尾部：是由體部更向左上方延伸的尖細部分，其尖端與脾臟相鄰近。
3. 胰臟：1% 蘭氏小島（爲內分泌細胞）與 99% 腺泡（爲外分泌細胞，分泌胰液）所組成。
   ⇨ α 細胞（分泌升糖素）、β 細胞（分泌胰島素）、δ 細胞（分泌體制素）
4. 胰液：澄清、無色、呈微鹼性 (pH 8.2)，約 1.2-1.5 公升 / 天，其他如下：
   (1) 水分：最多。
   (2) 消化酶：
      ① 胰澱粉酶 (amylase)：消化碳水化合物，分解多醣類。
      ② 胰蛋白酶 (trypsin，需透過腸激酶 enterokinase 將胰蛋白酶原

化為胰蛋白酶）、胰凝乳蛋白酶(chymotrypsin)、羧基胜肽酶(carboxypeptidase)：消化蛋白質，形成胜肽、胺基酸。

③ 胰脂肪酶(lipase)：消化脂肪，形成甘油及脂肪酸。

④ 核醣核酸酶及去氧核醣核酸酶：消化核酸。

(3) 碳酸氫鈉：使胰液呈鹼性(pH: 7.1-8.2)，HCO_3^- 可中和由胃進入小腸的酸性食糜。

(4) 其他鹽類。

激素	胃泌素	膽囊收縮素 CCK	腸促胰激素	胃抑素	血管活性腸胜肽
分泌部位	胃／小腸壁之消化內分泌細胞	小腸上段黏膜細胞	小腸上段黏膜細胞	十二指腸與空腸上皮細胞	胃腸道神經元
作用	①刺激胃酸分泌及GI蠕動 ②刺激胃黏膜生長 ③促進下食道括約肌收縮 ④幽門括約肌及迴盲括約肌鬆弛	①刺激胰液分泌 ②促膽囊收縮排膽汁→入十二指腸，以助脂肪食物消化 ③抑制胃酸分泌及胃蠕動	①刺激胰液分泌 ②刺激肝細胞分泌膽汁 ③刺激小腸液分泌 ④抑制胃酸分泌及胃蠕動	①抑制胃酸分泌 ②減緩GI蠕動 ③促胰臟分泌胰島素	①促唾液分泌 ②促小腸分泌水分及電解質 ③抑制胃酸分泌及胃蠕動 ④刺激腸道平滑肌收縮、周邊血管舒張
分泌調節	①迷走N促進分泌 ②促胃內蛋白質消化 ③胃酸增加時會抑制分泌（負回饋）	①食糜中酸、蛋白質及脂肪入十二指腸會刺激分泌 ②膽汁及胰液入十二指腸會促脂肪及蛋白質消化，部分消化產物會刺激膽囊收縮素分泌（正迴饋）	食糜中酸、部分蛋白質及脂肪入十二指腸會刺激分泌	十二指腸內的脂肪和葡萄糖會促進分泌	--

5. 胰液分泌的調節

(1) 當胃分泌在頭期及胃期時，迷走N刺激胰臟分泌胰液

(2) 小腸食糜中酸、脂肪、高張或低張液體等刺激，使小腸分泌腸促胰激素及膽囊收縮素來影響胰液分泌賀爾蒙

(3) 胰泌素 (secretins) 又稱腸促胰激素，其作用如下

① 刺激富含碳酸氫鈉離子的鹼性胰液（胰蛋白酶）分泌

② 刺激肝細胞分泌膽汁及小腸液的分泌

③ 抑制胃液分泌

(4) 膽囊收縮素 (cholecystokinin, CCK) 之作用

① 抑制胃液的分泌，減少胃腸道的運動性

② 刺激富含消化酶的胰液之分泌：使膽汁由膽囊射出、打開肝胰壺腹的括約肌、刺激小腸液分泌

6. 胰液和膽汁的分泌途徑

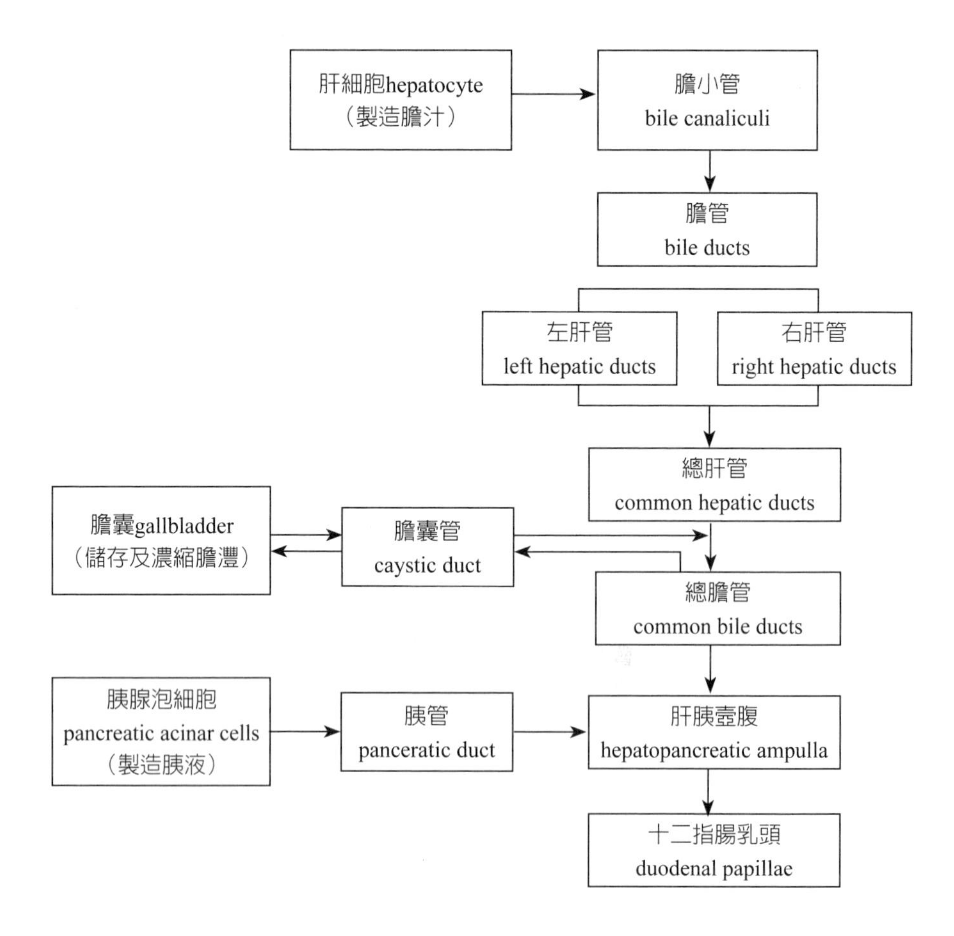

(D) 1. 有關胰臟之敘述何者錯誤？(A) 胰液偏弱鹼性　(B) 位於胃之後方　(C) 其中約九成細胞屬於腺泡細胞　(D) 胰管與副胰管都注入空腸。(2020-1 專高)

(B) 2. 胰臟分泌的胰液，經由導管注入：(A) 胃　(B) 十二指腸　(C) 橫結腸　(D) 迴腸。(10，11 專普)

(D) 3. 胰液經由下列何者注入消化道？(A) 肝門　(B) 胃幽門　(C) 胃賁門　(D) 十二指腸乳頭。(2011 專高)

(A) 4. 下列何者不是胰臟所分泌的消化酶？(A) 蔗糖酶 (sucrase)　(B) 羧基胜肽酶 (carboxypeptidase)　(C) 脂解酶 (lipase)　(D) 凝乳蛋白酶 (chymotrypsin)。(2008 二技)

(B) 5. 下列何種器官的分泌液同時具有分解醣類、脂質和蛋白質的功能？(A) 肝臟　(B) 胰臟　(C) 口腔　(D) 胃。(2011 二技)

(B) 6. 有關胰泌素 (secretin) 之功能敘述，何者正確？(A) 減少胰臟之碳酸氫根離子 (HCO_3^-) 之分泌　(B) 減少胃酸的分泌 (C) 減少小腸液的分泌　(D) 減少肝細胞分泌膽汁。(2013 專高)

(B) 7. 下列何者是胰泌素 (secretin) 的主要功能？(A) 促進膽囊的收縮　(B) 促進富含 HCO_3^- 的胰液分泌　(C) 抑制胃排空　(D) 促進富含消化酶的胰液分泌。(2012 專普)

(A) 8. 下列哪一種物質不能活化 H^+/K^+-ATP 水解酶？(A) 體抑素 (somatostatin)　(B) 乙醯膽鹼 (acetylcholine)　(C) 組織胺 (histamine)　(D) 胃泌素 (gastrin)。(2014-1 專高)

(D) 9. 下列何者為胰臟內分泌細胞與胃壁的細胞皆可分泌的物質？(A) 胰蛋白酶原 (trypsinogen)　(B) 澱粉酶 (amylase)　(C) 胃蛋白酶原 (pepsinogen)　(D) 體抑素 (somatostatin)。(2020-2 專高)

(B) 10. 何種致活劑可將胰蛋白酶原 (trypsinogen) 活化為胰蛋白酶 (trypsin)？(A) 胰蛋白酶 (trypsin)　(B) 腸激活酶 (enterokinase)　(C) 鹽酸 (HCl)　(D) 碳酸氫根 (HCO_3^-)。(2012 專普)

(B) 11. 胰管與下列何者會合形成肝胰壺腹 (hepatopancreatic ampulla)？(A) 膽囊管 (cystic duct)　(B) 總膽管 (common bileduct)　(C) 總肝管 (common hepatic duct)　(D) 副胰管 (accessory pancreatic duct)。(2011 二技)

(B) 12. 下列何種荷爾蒙可刺激胰臟分泌富含鹼性的胰液？(A) 胃泌素 (gastrin)　(B) 胰泌素 (secretin)　(C) 胰島素 (insulin)　(D) 胃抑素 (gastric inhibitory peptide)。(2012 二技)

(D) 13. 下列何種激素可刺激胰臟分泌重碳酸根 (HCO_3^-)？(A) 葡萄糖倚賴型胰島素控制胜肽 (glucose-dependent insulinotropin peptide; GIP)　(B) 膽囊收縮素 (CCK)　(C) 胃泌素 (gastrin)　(D) 胰泌素 (secretin)。(2009 專高)

(A) 14. 蘭氏細胞 (Langerhans'cell) 主要功能為何？(A) 免疫及吞噬　(B) 吸收紫外線　(C) 接受感覺　(D) 儲存能量。(2018-2 專高)

八、臨床病變

(A) 1. 下列哪個維生素 (vitamin) 會出現在乳糜微粒 (chylomicron) 中？(A) 維生素 A (B) 維生素 B6 (C) 維生素 B12 (D) 維生素 C。 (2020-1 專高)

(B) 2. 下列何者可導致消化性潰瘍？(A) 胃蛋白酶分泌不足 (B) 幽門螺旋桿菌感染 (C) 胃黏液分泌太多 (D) 服用抗胃酸用藥。 (2008 專普)

(B) 3. 嚴重胃潰瘍易致貧血，係因何種胃部功能受影響所致？(A) 胃分泌維生素 B_{12} 之量不足 (B) 胃分泌內在因子 (intrinsic factor) 之量不足 (C) 胃吸收維生素 B_{12} 之量不足 (D) 胃吸收內在因子 (intrinsic factor) 之量不足。 (2012 專高)

(D) 4. 判斷急性闌尾炎患者的麥氏點，位於肚臍與下列何者連線的中外側三分之一處？(A) 左髂前下棘 (B) 左髂前上棘 (C) 右髂前下棘 (D) 右髂前上棘。 (2014-1 專高)

(C) 5. 肝硬化導致肝功能不良時，血中何種物質濃度會增加？(A) 白蛋白 (albumin) (B)25-OH- 維生素 D(25-OH-vitamin D)(C) 氨 (NH_3) (D) 纖維蛋白原 (fibrinogen)。

(C) 6. 有些胰臟癌組織會分泌大量胃泌素 (gastrin) ，易導致十二指腸潰瘍。此因下列胃泌素之何項作用？(A) 減少腸道黏液質分泌量 (B) 減少胰臟分泌 HCO3－ (C) 增加胃腺分泌鹽酸 (D) 增加胰腺分泌胰蛋白酶原 (pepsinogen)。 (2013 專高)

第十一單元 泌尿系統

一、概論

1. 人體排除代謝廢物的途徑：肺臟、皮膚、消化道及泌尿系統。
2. 功能：腎臟有三大基本功能：
   (1) 生成尿液、排泄代謝產物。
   (2) 維持體液平衡及體內酸鹼平衡。
   (3) 內分泌功能。
3. 腎臟爲腹膜後器官，位在 T12 延伸至 L2 的兩側
4. 因受到肝臟右葉的壓迫，故右腎較左腎略低；在腎臟頂部則覆有腎上腺，屬於內分泌腺。
5. 腎臟中央內側面有一凹陷稱爲腎門 ⇨ 有動脈、靜脈、淋巴管、神經和輸尿管進出。
6. 支持腎臟的組織可分爲三層：內→外
   (1) 最內爲一層透明強韌的纖維膜，稱爲腎被膜或纖維囊
   (2) 腎被膜與腎筋膜之間，則充塡著脂肪組織以保護腎臟，防外力傷害，稱爲脂肪囊。
   (3) 最外層的緻密筋膜結締組織稱爲腎筋膜，可提供足夠的韌性以保護腎臟。
7. 腎被膜由腎門沿著腎組織凹入腎臟所形成的空腔稱爲腎竇。
8. 腎盂爲一連接腎髓質與輸尿管之結構，由腎盂向腎臟內部可分支成 2-3 個大腎盞，每一大腎盞又可再分支成 3-6 個小腎盞；每一個小腎盞則承接一個腎錐體收集到的尿液。
9. 腎元：腎臟的基本單元，一個腎臟約 100 萬個，由腎小體及腎絲球組成；可分爲兩種
   (1) 皮質腎元 (85%)：腎絲球位皮質外圍區，少部分滲入髓質
   (2) 髓質腎元 (15%)：亨利氏環上升支及下降支在此
10. 流經腎臟血循：
   腎動脈→葉間動脈→弓形動脈→小葉間動脈→入球小動脈→腎絲球→出球

小動脈→腎小管周圍的<u>微血管</u>→小葉間靜脈→弓形靜脈→葉間靜脈→腎靜脈

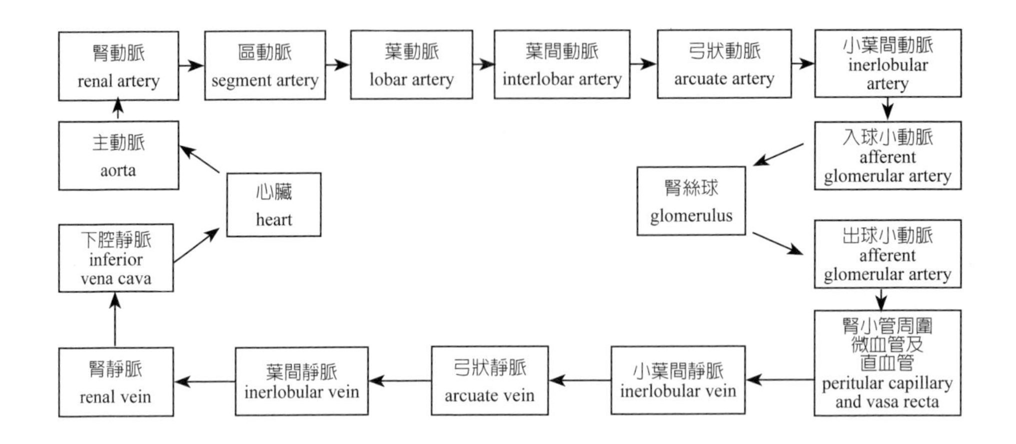

11. 直血管 (vasa recta) 隨亨利氏環深入髓區，血液會直接匯流<u>小葉間靜脈</u>

(A) 1. 下列哪一種器官主要負責尿液 (urine) 的形成？(A) 腎臟 (kidney) (B) 輸尿管 (ureter) (C) 膀胱 (urinary bladder) (D) 尿道 (urethra)。 (2021-2 專高)

(D) 2. 有關泌尿器官的敘述，下列何者錯誤？(A) 人體輸尿管連接腎盂與膀胱 (B) 輸尿管藉由管壁肌肉的蠕動，將尿液由腎盂送至膀胱 (C) 膀胱主要收縮尿液的是逼尿肌 (D) 大腦控制了膀胱內括約肌，所以排尿動作可隨意被引發或停止。 (2011 專普)

(B) 3. 有關腎臟顯微構造的敘述，下列何者錯誤？(A) 腎臟製造尿液的功能單位稱為腎元 (nephron) (B) 每一顆腎臟約含五百萬個腎元 (C) 腎元由腎小體 (renal corpuscle) 及腎小管組成 (D) 腎小體由鮑氏囊 (Bowman's capsule) 及腎絲球組成。 (2010 專普)

(D) 4. 有關腎臟的構造，下列敘述何者正確？(A) 腎絲球 (glomerulus) 的微血管網匯合成一條出絲球小靜脈 (B) 足細胞 (podocytes) 位於鮑氏囊 (Bowman's capsule) 的壁層 (C) 近腎絲球細胞 (juxtaglomerular cells) 是遠曲小管之管壁細胞特化而成 (D) 腎元可分為皮質腎元 (cortical nephron) 及近髓質腎元 (juxtamedullary nephron)。 (2008 二技)

(C) 5. 下列何者之組織可區分為皮質與髓質？(A) 肝臟 (B) 胰臟 (C) 腎臟 (D) 肺臟。 (2008 專高)

(D) 6. 下列各種腎臟外圍組織：a－脂肪囊 (adipose capsule) b－腎筋膜 (renal fascia) c－腹膜 (peritoneum) d－腎被膜 (renal capsule) 由內而外的正確順序為何？(A)abdc (B)bdca (C)dbac (D)dabc。 (2012 二技)

（C）7. 下列何者會進入腎錐體？(A) 腎小體　(B) 近曲小管　(C) 亨利氏環　(D) 遠曲小管。（2012 專普）

（A）8. 腎錐體與腎錐體間的構造稱為：(A) 腎柱　(B) 腎竇　(C) 腎盂　(D) 腎盞。（2012 專高）

（B）9. 當尿液離開大腎盞，會進入下列何處？(A) 腎竇　(B) 腎盂　(C) 小腎盞　(D) 集尿管。（2011 專普）

（D）10. 下列有關腎臟功能的敘述，何者錯誤？(A) 調節血量和血壓　(B) 調節血液的 pH 值　(C) 刺激紅血球細胞的生成　(D) 可排除體內的白蛋白。（2012 專普）

（C）11. 有關腎臟生理功能的敘述，下列何者錯誤？(A) 製造尿液，排泄廢物　(B) 維持水分及電解質的平衡　(C) 與血液的酸鹼平衡無關　(D) 具有內分泌的功能。（2008 專普）

（A）12. 腎臟 (kidney) 的何部位具有腎絲球 (glomerulus) 的構造？(A) 腎皮質 (renal cortex)　(B) 小腎盞 (minor calyx)　(C) 腎錐體 (renal pyramid)　(D) 腎乳頭 (renal papilla)。（2018-2 專高）

（A）13. 下列有關腎臟結構的敘述，何者正確？(A) 腎元 (nephron) 為腎臟製造尿液的構造及功能單位　(B) 每一顆腎臟內約含有一千萬個以上的腎元　(C) 腎元是由鮑氏囊 (Bowman's capsule) 及腎小體 (renal corpuscle) 所組成　(D) 腎小體是由腎絲球 (glomerulus) 及腎小管 (renal tubule) 所組成。（2014 二技）

（C）14. 下列何者輸送尿液至小腎盞？(A) 腎盂　(B) 大腎盞　(C) 集尿管　(D) 遠曲小管。（2015 專高）

（B）15. 小葉間靜脈 (interlobular vein) 的血液會直接匯入下列哪一條血管？(A) 腎靜脈 (renal vein)　(B) 弓狀靜脈 (arcuate vein)　(C) 葉間靜脈 (interlobar vein)　(D) 下腔靜脈 (inferior vena cava)。（2010 二技）

（D）16. 腎臟內部的血管中，入球小動脈直接源自：(A) 弓狀動脈　(B) 直血管　(C) 葉間動脈　(D) 小葉間動脈。（08 專高，10 專普）

（D）17. 腎臟循環的直血管 (vasa recta) 血液會直接匯流到下列何處？(A) 入球小動脈 (afferent arteriole)　(B) 弓狀靜脈 (arcuate vein)　(C) 出球小動脈 (efferent arteriole)　(D) 小葉間靜脈 (interlobular vein)。（2013 二技）

（A）18. 下列何者不與右腎接觸？(A) 脾臟　(B) 肝臟　(C) 十二指腸　(D) 結腸。（2008 專普）

（D）19. 下列何項因素會增加腎元的有效過濾壓？(A) 鮑氏囊膠體滲透壓下降　(B) 腎絲球膠體滲透壓上升　(C) 鮑氏囊的靜水壓上升　(D) 腎絲球血液靜水壓上升。（2010 專普）

二、腎元

腎元的小管部分是由鮑氏囊起始，連接彎曲纏繞的腎小管，最後結束於與集尿管交接處

(一) 腎小體（馬氏小體）：位於皮質，主要功能爲過濾作用

1. 鮑氏囊（腎絲球囊）：外層（壁層）是由單層鱗狀上皮組成，其外側有基底膜，此壁層相當於腎小管上皮層；鮑氏囊的內層爲臟層，已經特化爲足細胞。
2. 腎絲球：爲微血管網構造，是腎臟過濾單位，由輸入及輸出小動脈進出腎絲球。
3. 血液內的物質若要過濾至囊腔中，必須經過三層結構：
   (1) 腎絲球血管的內皮細胞：此層細胞因具有窗孔，故有較大的通透性。
   (2) 腎絲球血管的基底膜：不含孔，作爲通透膜之用，是由纖維蛋白質所構成。
   (3) 鮑氏囊臟層的足細胞：足細胞外形十分特殊，可向周圍形成數個小突起，稱爲小足。這些小足就是足細胞連接血管的地方。小足與其接觸的基底膜間有一極小的裂隙，稱爲過濾間隙。
4. 內皮囊膜可防血球及較大的蛋白質分子離開血液，其他如水、電解質、醣類、尿素、胺基酸則可順利通透，形成腎絲球濾過液。

(二) 腎小管：分爲

1. 近曲小管：位於皮質內，爲腎小管的第一段，吸收力是三段中最強的
   (1) 由單層立方上皮細胞組成，可增加吸收與分泌作用的表面積，再配合細胞質內大量的粒線體，以主動運輸方式有效的再吸收作用。
   (2) 濾過液中可利用的物質如醣類、胺基酸和水等再吸收回到腎小管周圍的微血管中。
2. 亨利氏環：爲腎小管的第二段，
   (1) 可分爲下降支及上升支皆由立方上皮細胞所組成，但其間連接的一條由管腔窄、單層鱗狀上皮細胞所構成的小管。
   (2) 下降支可深入腎髓質，在變窄形成一 U 型彎曲後，再轉而變寬爲上升支回到腎皮質。
3. 遠曲小管：爲腎小管的第三段，位於皮質內。
   (1) 管壁由立方上皮細胞所構成，靠管腔的游離端僅有較少較短的微絨毛；但細胞質內同樣具有大量的粒線體，以利於電解質，如鉀離子和氫離子的主動吸收。
   (2) 遠曲小管和集尿管也同樣受腦下腺後葉分泌的 ADH 作用，調節對水分的再吸收。

(三) 近腎絲球器：在腎皮質中，腎元的遠曲小管在接近腎小體處，與腎絲球

的入球小動脈和出球小動脈相當靠近，由下列二構成

1. 近腎絲球細胞：分泌腎素 (Renin)
2. 緻密斑：由遠曲小管的上皮細胞特化而成，由單層立方上皮變為單層柱狀上皮，且排列緊密是化學感受器，可感受遠曲小管濾液內 Na^+ 濃度變化，以影響和調節腎素分泌。

(四) 尿液形成

1. 在尿液形成的過程中，腎絲球的過濾及腎小管的再吸收與分泌
2. 腎絲球濾過液在通過遠曲小管後，最後進入集尿管→由皮質伸入腎錐體→腎乳頭（流出腎乳頭進入腎小盞後就是尿液）→腎小盞→腎大盞→腎盂並離開腎臟
3. 尿分泌量主由 ADH 及留鹽激素控制
   (1) 抗利尿激素：使管壁細胞讓水分更容易通過而再吸收，以減低尿量
   (2) 留鹽激素：可增加 Na^+ 再吸收而增加水分再吸收
   (3) 其他：使尿量增加如細胞外液的總體積、細胞外液滲透壓降低、血漿內膠質滲透壓降低、尿內溶質含量高、甘露醇 (manital) 等
   細胞外液的總體積↑→ urine ↑
   細胞外液滲透壓↓→經下視丘之滲透壓偵測→減少 ADH 分泌 (↓水分再吸收）→ urine ↑
   血漿內膠質滲透壓↓→ urine ↑
   尿內溶質含量高→ urine ↑
   甘露醇 (manital) →使腎小管的濃度↑→阻礙腎小管的再吸收→ urine ↑

(五) 腎功能測定

1. 清除率試驗 (clearance test)：利用不為腎小管再吸收之化合物，以檢查腎絲球過濾率。常用的單位是 mL / min 或 L / hr，公式：尿量 * 尿中濃度 / 血漿中濃度
   (1) 菊糖 (inulin)：是一多醣體，完全不被是腎小管吸收，可完全過濾出去。
   (2) 肌酸酐 (creatine)：為肌肉分解產物，正常在腎臟清除率最高，當 GFR 下降，血漿 Cr 會顯著上升。
2. 對胺基馬尿酸 (PAH)：可測腎血漿流速
3. 腎盂 X 光攝影術
4. 慢性尿毒症：血漿肌酸酐顯著上升、碳酸鹽明顯價下降

■ 腎絲球之題目

(B) 1. 下列何者不是腎元的一部分？(A) 腎小體 (B) 集尿管 (C) 近曲小管 (D) 亨利氏環。 (2008 專普)

(D) 2. 有關腎元 (nephron) 的敘述，下列何者錯誤？(A) 由腎小球 (renal corpuscle) 和腎小管所組成 (B) 每顆腎臟約有百萬個腎元 (C) 構成腎臟基本生理功能之基本單位 (D) 大部分的腎元為近髓質腎元 (juxtamedullary nephron)。 (2008 專高)

(B) 3. 下列腎元 (nephron) 諸段構造中，何者的水分再吸收量最高？(A) 鮑氏囊 (Bowman's capsule) (B) 近曲小管 (proximal convoluted tubule) (C) 亨利氏環 (loop of Henle) (D) 遠曲小管 (distal convoluted tubule)。 (2012 專高)

(C) 4. 在腎臟的近曲小管中，鈉離子主要與下列何種物質共同運輸進入上皮細胞？(A) 氫離子 (B) 鈣離子 (C) 葡萄糖 (D) 碳酸氫根離子。 (2021-2 專高)

(C) 5. 下列有關腎元的敘述，何者錯誤？(A) 由腎小體 (renal corpuscle) 及腎小管組成 (B) 為製造尿液的基本構造及功能單位 (C) 近髓質腎元的數量約為皮質腎元的七倍 (D) 近髓質腎元濃縮尿液的功能較皮質腎元強。 (2014-1 專高)

(A) 6. 有關腎絲球的敘述，下列何者錯誤？(A) 腎絲球位於髓質 (B) 腎絲球是小動脈微血管所構成 (C) 腎絲球是腎臟過濾單位 (D) 正常狀況下，腎絲球無法過濾白蛋白。 (2012 專普)

(B) 7. 有關腎絲球與鮑氏囊的敘述，下列何者錯誤？(A) 位於皮質 (B) 二者合稱腎元 (C) 腎絲球是由微血管所構成 (D) 鮑氏囊包圍在腎絲球的外圍。 (2009 專高)

(B) 8. 腎絲球的微血管屬於下列何種類型？(A) 竇狀微血管 (B) 孔狀微血管 (C) 連續性微血管 (D) 不連續性微血管 (2016-2 專高)

(C) 9. 腎絲球中位於鮑氏囊 (Bowman's capsule) 和基底膜之間的細胞是哪一種？(A) 內皮細胞 (endothelial cell) (B) 環間質細胞 (mesangial cell) (C) 足細胞 (podocyte) (D) 血球細胞 (blood cell)。 (2015 專高)

(B) 10. 有關近腎絲球器的敘述，下列何者錯誤？(A) 近腎絲球器由近腎絲球細胞、網質細胞及緻密斑組成 (B) 緻密斑可分泌腎素 (C) 近腎絲球細胞位於入球小動脈壁上 (D) 緻密斑負責偵測腎小管內溶質濃度。 (2008 專普)

(D) 11. 下列何者為腎素 (renin) 的主要作用？(A) 將血管張力素 I (angiotensin I) 轉變成血管張力素 II (angiotensin II) (B) 刺激血管張力素轉化酶 (angiotensin-converting enzyme) 的活性 (C) 刺激血管張力素原 (angiotensinogen) 的合成 (D) 將血管張力素原轉變成血管張力素 I。 (2010 二技)

(A) 12. 下列何者為近腎絲球器 (juxta-glomerular apparatus) 偵測體液中鈉離子濃度變化的構造？(A) 緻密斑 (macula densa) (B) 松果體 (pineal body) (C) 脈絡叢 (choroid plexus) (D) 逆流放大器 (counter-current amplifier)。 (2011 專普)

(C) 13. 下列何者可偵測腎臟內鈉離子濃度？(A) 腎盂 (renal pelvis) (B) 弓狀動

脈 (arcuate arteriole)　(C) 緻密斑 (macula densa)　(D) 入球小動脈 (afferent arteriole)。（2014-1 專高）

（C）14. 腎臟緻密斑 (macula densa) 是由下列何者特化形成？(A) 近曲小管 (proximal convoluted tubule)　(B) 亨利氏環 (loop of Henle)　(C) 遠曲小管 (distal convoluted tubule)　(D) 集尿管 (collecting duct)。（2012 二技）

（A）15. 緻密斑 (macula densa) 是由下列何者特化而成？(A) 遠曲小管的上皮細胞　(B) 近曲小管的上皮細胞　(C) 入球小動脈的平滑肌細胞　(D) 出球小動脈的平滑肌細胞。（2014-1 專高）

（A）16. 正常生理狀態下，下列何種物質之尿液與血漿濃度比值 (U/P ratio) 最小？(A) 葡萄糖　(B) 鈉離子 (C) 肌酸酐　(D) 尿素。（2017-2 專高）

（A）17. 循環系統中，總血容量增加時會引起下列何種現象？(A) 減少抗利尿激素 (ADH) 的分泌　(B) 尿液中鈉離子濃度減少　(C) 增加腎素的分泌　(D) 增加醛固酮的分泌。（2012 專普）

（B）18. 下列何者是由入球小動脈 (afferent arteriole) 的管壁平滑肌細胞特化形成，能分泌腎活素 (renin) 調節血壓？(A) 緻密斑細胞 (macula densa cells)　(B) 近腎絲球細胞 (juxtaglomerular cells)　(C) 腎小球系膜細胞 (mesangial cells)　(D) 足細胞 (podocytes)。（2020-1 專高）

（A）19. 下列何者最容易造成腎絲球過濾率 (glomerular filtration rate) 增加？(A) 入球小動脈 (afferent arteriole) 擴張　(B) 平均動脈壓降低　(C) 腎絲球靜水壓 (hydrostatic pressure) 降低　(D) 腎絲球血漿膠體滲透壓 (oncotic pressure) 增加。（2016-1 專高）

（A）20. 腎臟的過濾膜 (filtration membrane) 構造不包括下列何者？(A) 足細胞 (podocytes)　(B) 微血管內皮細胞 (endothelial cells)　(C) 近腎絲球細胞 (juxtaglomerular cells)　(D) 基底膜 (basement membrane)。（2014 二技）

（B）21. 正常生理狀況下，腎絲球過濾作用的主要動力來自下列何種力量？(A) 腎絲球毛細血管內的膠體滲透壓 (oncotic pressure)　(B) 腎絲球毛細血管內的靜水壓 (hydrostatic pressure)　(C) 包氏囊 (Bowman's capsule) 內的靜水壓　(D) 包氏囊內的膠體滲透壓。（2008 專高）

（C）22. 下列何者不包括在腎絲球之過濾屏障中？(A) 腎絲球微血管內皮　(B) 鮑氏囊臟層　(C) 鮑氏囊壁層　(D) 基底膜。（2016-1 專高）

（C）23. 腎小球濾液與血漿的組成，主要差異為下列何者？(A) 白血球　(B) 紅血球　(C) 蛋白質　(D) 核甘酸。（2019-2 專高）

（C）24. 與血漿的內容物相比較，正常人鮑氏囊 (Bowman's capsule) 中的濾液組成，下列何者正確？(A) 有較高的紅血球數目　(B) 有較低的鈉離子含量　(C) 有較低的球蛋白含量　(D) 有較高的淋巴球數目。（2013 專高）

（D）25. 腎小體過濾物質至鮑氏囊腔時，需通過三層構造，依濾液流動方向，其順序為何？①足細胞的過濾縫隙②基底膜③內皮細胞的孔洞。(A) ①②③　(B) ②①③　(C) ①③②　(D) ③②①。（2010 專高）

（C）26. 下列何者不構成腎小球過濾膜的一部分？(A) 基底膜　(B) 過濾間隙　(C) 近腎絲球細胞　(D) 微血管內皮細胞。（2012 專高）

（C）27. 經由腎絲球濾出至鮑氏囊腔的液體，緊接著會流至：(A) 入球小動脈　(B) 出球小動脈　(C) 近曲小管　(D) 遠曲小管。（2009 專普）

（A）28. 當葡萄糖在腎絲球的濾出量超過葡萄糖的最大運轉量 (maximal transport) 時會產生下列何種反應？(A) 尿中帶糖 (glucosuria)　(B) 代謝性酸中毒 (metabolic acidosis)　(C) 代謝性酮體中毒 (metabolic ketosis)　(D) 鹼血症 (alkalosis)。（2013 專高）

（A）29. 當每分鐘腎臟之葡萄糖過濾量大於葡萄糖之最大運輸速率 (transport maximum) 時，下列何者最可能發生？(A) 糖尿　(B) 寡尿　(C) 血尿　(D) 無尿。（2019-1 專高）

（A）30. 足細胞 (podocytes) 位於下列何處？(A) 腎絲球囊 (glomerular capsule) 臟層　(B) 腎絲球囊壁層　(C) 入球小動脈 (afferent arteriole) 中膜　(D) 近腎絲球器 (juxtaglomerular apparatus)。（2011 二技）

（A）31. 近腎絲球細胞 (juxtaglomerular cell) 是由下列何者特化而成？(A) 入球小動脈的平滑肌細胞　(B) 出球小動脈的平滑肌細胞　(C) 遠曲小管的上皮細胞　(D) 近曲小管的上皮細胞。（2010 專高）

（C）32. 腎小球過濾率 (GFR) 下降時，血漿中何種物質的濃度會顯著上升？(A) 碳酸氫根離子 (HCO_3^-)　(B) 葡萄糖 (glucose)　(C) 肌酸酐 (creatinine)　(D) 胺基酸 (amino acid)。（2009 二技）

（B）33. 正常情況下，何種物質會出現在腎小球過濾液，但不會出現於排出的尿液中？(A) 白蛋白　(B) 葡萄糖　(C) 紅血球　(D) 鈉離子。（2009 二技）

（C）34. 下列何者屬於腎小體 (renal corpuscle) 的組成構造？(A) 近曲小管 (proximal convoluted tubule)　(B) 集尿管 (collecting duct)　(C) 足細胞 (podocyte)　(D) 緻密斑 (macula densa)。（2015 二技）

（A）35. 正常飲食的狀態下，腎臟對下列何者約有 50% 的再吸收作用，並與尿液濃縮有關？(A) 尿素　(B) 葡萄糖　(C) 鈉離子　(D) 碳酸氫根離子。（2010 二技）

（A）36. 腎臟對水的再吸收與下列何種離子最為相關？(A) 鈉離子　(B) 鉀離子　(C) 磷離子　(D) 氫離子。（2021-2 專高）

（D）37. 正常生理狀態下，下列何種物質之腎臟清除率 (renal clearance) 最高？(A) 尿素　(B) 葡萄糖　(C) 鈉離子　(D) 肌酸酐 (creatinine)。（2011 專高）

（A）38. 下列何者的血漿清除率 (clearance) 最接近腎絲球過濾率 (glomerular filtration rate)？(A) 菊糖　(B) 代糖　(C) 肝醣　(D) 葡萄糖。（2016-2 專高）

（D）39. 有關菊糖 (inulin) 之敘述，下列何者錯誤？(A) 為一種多醣類　(B) 菊糖可完全被腎絲球過濾　(C) 菊糖不會被腎小管再吸收　(D) 評估腎絲球過濾率 (GFR) 時，以口服方式給予。（2012 二技）

（A）40. 下列何者之血漿清除率 (renal clearance) 可以間接反映腎臟之過濾功能？

(A) 肌酸酐 (creatinine)　(B) 對胺馬尿酸 (para-aminohippuric acid)　(C) 碘司特 (iodrast)　(D) 甘露醇 (mannitol)。　(2015 專高)

(A) 41. 若腎臟之水分過濾 (filtration) 體積為 X，水分分泌 (secretion) 體積為 Y，水分重吸收 (reabsorption) 體積為 Z，則水分排除體積為何？(A)X + Y－Z　(B)2X－Y + Z　(C)X/Y + X/Z　(D)X/Y－X/Z。　(2018-2 專高)

(B) 42. 當血糖濃度高於 200 mg/dL 時，葡萄糖的清除率為何？(A) 等於零　(B) 大於零　(C) 等於腎絲球過濾率 (GFR)　(D) 大於腎血流量 (RBF)。　(2011 二技)

(D) 43. 下列何者之清除率 (clearance)，可作為臨床上測量腎臟血流量的依據？(A) 菊糖 (inulin)　(B) 葡萄糖 (glucose)　(C) 尿素 (urea)　(D) 對胺基馬尿酸 (PAH)。　(2015 二技)

(A) 44. 正常情況下，下列哪一種物質主要是由腎小球過濾的方式排出體外？(A) 肌酸酐　(B) 葡萄糖　(C) 蛋白質　(D) 胺基酸。　(2013 二技)

(C) 45. 菊糖 (inulin) 被用於何種生理參數的測量？(A) 腎小管的再吸收能力　(B) 腎小管的分泌能力　(C) 腎絲球過濾率　(D) 腎血漿流量。　(2009 專普)

(B) 46. 下列何者不會引起組織水腫？(A) 心臟衰竭　(B) 血漿蛋白質濃度增加　(C) 血漿蛋白質濃度降低　(D) 象皮腫 (elephantiasis)。

(B) 47. 尿液中所含的尿素 (urea) 主要來自何物質的代謝產物？(A) 核酸　(B) 蛋白質　(C) 葡萄糖　(D) 脂肪。　(2012 專高)

■ 腎小管之題目

(B) 1. 下列哪一段腎小管 (renal tubule) 的管壁細胞最為扁平？(A) 近曲小管 (proximal convoluted tubule)　(B) 亨利氏環 (loop of Henle)　(C) 遠曲小管 (distal convoluted tubule)　(D) 集尿管 (collecting duct)。　(2019-2 專高)

(A) 2. 腎臟的近曲小管有豐富的何種胞器，以進行主動運輸？(A) 粒線體　(B) 溶酶體　(C) 中心體　(D) 過氧化體。　(2011 專普)

(A) 3. 葡萄糖之再吸收作用，發生於腎小管哪一部位？(A) 近曲小管　(B) 亨利氏環　(C) 遠曲小管　(D) 集尿管。　(2012 專普)

(A) 4. 在腎臟葡萄糖的次級主動運輸 (secondary active transport) 作用中，下列何者常伴隨著葡萄糖被再吸收？(A) 鈉離子　(B) 鉀離子　(C) 鈣離子　(D) 氫離子。　(2012 專高)

(C) 5. 注射甘露醇 (mannitol) 導致利尿作用的主要機轉為何？(A) 血漿滲透度降低　(B) 抗利尿激素分泌降低　(C) 腎小管對水再吸收減少　(D) 腎小管對 Na^+ 再吸收增加。　(2011 二技)

(D) 6. 正常生理狀況下，下列何種物質不會被腎小管所分泌？(A) 盤尼西林　(B) 氨　(C) 鉀離子　(D) 葡萄糖。　(2011 專高)

(C) 7. 有關亨利氏環下行支 (descending limb of Henle's loop) 之特性，下列何者正確？(A) 可分泌鉀離子　(B) 可吸收氫離子　(C) 對水分的通透性很高　(D) 抗利尿

激素 (ADH) 可抑制水分之通透性。（2012 二技）

（C）8. 下列何種物質，為主要調控遠端腎小管及集尿管對水分的再吸收？(A) 醛固酮 (aldosterone) (B) 心房利鈉素 (ANP) (C) 抗利尿激素 (antidiuretic hormone) (D) 腎上腺素 (epinephrine)。（2008 專高）

（B）9. 腎臟皮質集尿管分泌鉀離子的機制，與下列何者的再吸收有關？(A) 鈣離子 (B) 鈉離子 (C) 磷酸根離子 (D) 鎂離子。（2015 二技）

（B）10. 有關腎小管的分泌作用之敘述，下列何者錯誤？(A) 分泌作用能將腎小管周圍血液內的物質移入腎小管 (B) 遠曲小管分泌鉀離子及氫離子不受醛固酮之作用 (C) 亨利氏管沒有分泌物質 (D) 被分泌的物質有鉀離子、氫離子、氨、肌酸酐等物質。（2009 專普）

（A）11. 下列各段腎小管中，何者是水分及鈉鹽再吸收的主要部位？(A) 近端腎小管 (B) 亨利氏管 (C) 遠端腎小管 (D) 集尿管。（2011 專高）

（C）12. 哪一段腎小管即使有抗利尿激素 (ADH) 存在，對水的通透性仍然不佳？(A) 近端腎小管 (B) 亨利氏環下行支 (C) 亨利氏環上行支 (D) 集尿管。（2010 二技）

（B）13. 哪一段腎小管對水的滲透性最低？(A) 近曲小管 (B) 亨式彎管上行支 (C) 遠曲小管 (D) 集尿管。（2020-1 專高）

（C）14. 下列何者是維持亨利氏環下行支水分再吸收的因素？(A) 氫離子 (B) 氯離子 (C) 尿素 (D) 鉀離子。（2019-2 專高）

（B）15. 有關尿液濃縮的敘述，下列何者正確？(A) 抗利尿激素 (ADH) 主要作用於亨利氏環 (B) 抗利尿激素促進水的再吸收而濃縮尿液 (C) 亨利氏環可作為逆流交換裝置 (countercurrent exchanger) (D) 直血管可作為逆流增強裝置 (countercurrent multiplier)。（2008 二技）

（A）16. 有關尿液濃縮機制之敘述，下列何者錯誤？(A) 當體液太濃時，腎臟可排除多餘的水分 (B) 抗利尿激素可調控後段腎小管對水分的再吸收 (C) 亨利氏管為對流放大器 (D) 直行血管為對流交換器。（2011 專普）

（D）17. 下列構造何者可以進行腎臟之逆流交換 (counter-current exchange)？(A) 入球小動脈 (afferent arteriole) (B) 腎絲球 (glomerulus) (C) 出球小動脈 (efferent arteriole) (D) 直血管 (vesa recta)。（2018-1 專高）

（D）18. 腎小管的刷狀緣 (brush border) 主要位於何處？(A) 集尿管 (collecting duct) (B) 遠曲小管 (distal convoluted tubule) (C) 亨利氏環 (loop of Henle) (D) 近曲小管 (proximal convoluted tubule)。（2009 二技）

（A）19. 若腎小管無法將氫離子有效排除時，在代償作用發生之前最可能發生下列何種現象？(A) 代謝性酸中毒 (B) 代謝性鹼中毒 (C) 呼吸性酸中毒 (D 呼吸性鹼中毒。（2017-1 專高）

（D）20. 腎動脈的血流和血壓降低時，會刺激腎臟的近腎絲球器 (juxtaglomerular apparatus) 分泌：(A) 血管收縮素 (angio-tensin) (B) 醛固酮 (aldosterone) (C) 心房鈉尿胜肽 (atrial natriuretic peptide) (D) 腎素 (renin)。（2012 專普）

(A) 21. 血管升壓素原 (angiotensinogen) 主要來自何處？(A) 肝　(B) 肺　(C) 心　(D) 腎。（2009 專普）

(D) 22. 集尿管對水分的再吸收作用受到血管加壓素 (vasopressin) 所調控，其作用機制為何？(A) 增加集尿管腔內膜上的 Na^+/K^+-ATPase 幫浦數量　(B) 減少集尿管腔內膜上的 Na^+/K^+-ATPase 幫浦數量　(C) 減少集尿管腔內膜上的水通道 (aquaporin) 數量　(D) 增加集尿管腔內膜上的水通道數量。（2009 專高）

■ 尿液形成之題目

(AB) 1. 尿液最初在何處形成？(A) 腎絲球　(B) 集尿管　(C) 腎盂　(D) 膀胱。（09 專高）

(B) 2. 在尿液形成的過程中，腎小管的功能為何？(A) 過濾與再吸收　(B) 再吸收與分泌　(C) 分泌與過濾　(D) 過濾、再吸收與分泌。（2008 二技）

(D) 3. 依尿液流動方向，下列管道的排序為何？①腎小盞 ②腎大盞 ③腎盂 ④集尿管。(A) ①②③④　(B) ②①③④　(C) ①②④③　(D) ④①②③。（07 專高，11 專普）

(A) 4. 物質經由腎臟排泄至尿液中的量，決定於下列何者？(A) 過濾量＋分泌量－再吸收量　(B) 過濾量＋分泌量＋再吸收量　(C) 過濾量－分泌量＋再吸收量　(D) 過濾量－分泌量－再吸收量。（2010 二技）

(B) 5. 下列何者為尿液的正常成分？(A) 白蛋白　(B) 尿素　(C) 白血球　(D) 紅血球。（2009 專高）

(B) 6. 下列何者屬於尿液的不正常成分？(A) 尿素　(B) 紅血球　(C) 肌酸酐　(D) 尿酸。（2008 專普）

(A) 7. 正常人尿液檢測時，最可能會出現下列何種物質？(A) 氯離子　(B) 紅血球　(C) 葡萄糖　(D) 白蛋白。（2011 專普）

三、膀胱

(一) 一般解剖

1. 膀胱爲一個收集尿液的中空肉質器官，位於骨盆腔內、腹膜下方、恥骨聯合後方，其最大容量約爲 700～800 毫升。
2. 膀胱內側面底部有三個開口：後方爲兩個輸尿管連到膀胱的入口，在下方則是一個膀胱向下連接尿道的開口，其尖端指向前方且表面光滑的三角形區域，稱爲膀胱三角。

(二) 顯微解剖：膀胱壁由內而外主要有三層結構：

1. 黏膜層：其表面爲變（移）形上皮組織，下爲緻密的結締組織；除了膀胱三角外，黏膜層在膀胱內面均呈皺摺狀，以提供膀胱某種程度的伸展與收縮。

2. 肌肉層：由內層的縱肌、中層的環肌和外層的縱肌所構成，合稱迫（逼）尿肌，受自主神經控制以調節排尿。通往尿道的出口處之環狀的肌肉纖維束，稱爲尿道內括約肌；在內括約肌下方的泌尿生殖膈膜處的尿道外側，是由骨骼肌所構成之尿道外括約肌，能有意識的排尿控制。
3. 漿膜層：爲腹膜的一部分，膜上的黏液可減少膀胱與附近器官的摩擦。

(三) 血液分布：依部位的不同而異

1. 膀胱上部的血液是由 2～3 條來自臍動脈分支的膀胱上動脈供給。
2. 膀胱下部和底部：男性是膀胱下動脈及輸精管動脈，女性是膀胱下動脈及陰道動脈
3. 膀胱的靜脈則是先在膀胱的側下方形成靜脈叢，再將血液匯流入髂內靜脈。

(四) 支配膀胱的神經大致可分爲四類：

1. 副交感運動神經纖維：其節前神經纖維主要來自 S2～4，至膀胱壁附近形成神經節；其節後神經纖維則分布至迫尿肌及尿道內括約肌。
2. 感覺神經纖維：含 SNS(L1-2) 及 PSNS(S2-4) ，分別皆傳入脊髓。感覺神經纖維與膀胱的脹縮訊息和痛覺（如膀胱結石時）有關。
3. 交感運動神經纖維：其節前神經纖維來自 T11～12 和 L1～2，並在腹下神經叢形成神經節，節後神經纖維則分布至尿道內括約肌、迫尿肌及血管。
4. 體運動神經纖維：主要來自 L2～4，可經由大腦皮質傳遞衝動，隨意控制尿道外括約肌，以調節排尿。

(五) 排尿的神經控制：指尿液從膀胱受到迫尿肌收縮，外加腹部肌肉的壓力而排出的作用。

⇨ SNS 通常能使尿道內括約肌收縮、迫尿肌鬆弛，讓膀胱儲存尿液→尿液達 200-400 毫升→膀胱壁的牽張接受器會傳遞衝動到薦部脊髓而啟動排尿反射→尿漲的訊息會透過感覺神經纖維傳入脊髓，骨盆神經的副交感纖維則傳回運動訊息，可使迫尿肌收縮而尿道內括約肌放鬆而準備排尿→藉由尿道外括約肌收縮與否來調控排尿（尿漲感覺也會上傳到橋腦的排尿中樞，進而與大腦額葉下方的皮質溝通，以決定是否排尿）→如要排尿，中樞的訊號會透過副交感神經纖維使迫尿肌收縮而尿道內括約肌放鬆，同時尿道外括約肌也放鬆。

（B）1. 下列有關膀胱的敘述，何者錯誤？(A) 屬腹膜後器官　(B) 黏膜層表皮為單層柱狀上皮　(C) 逼尿肌為三層平滑肌所構成 (D) 具有三個開孔與其他泌尿器官相通。（2011 專高）

（A）2. 迫尿肌是：(A) 膀胱壁的肌肉　(B) 泌尿橫膈的肌肉　(C) 輸尿管壁的肌肉 (D) 尿道壁的肌肉。（09 專高，10 專普）

（B）3. 下列何者可由意志力控制？(A) 膀胱壁逼尿肌 (detrusor of bladder wall) (B) 外尿道括約肌 (external urethral sphincter)　(C) 輸尿管縱走肌 (longitudinal muscle of ureter)　(D) 腎盂平滑肌 (smooth muscle of renal pelvis)。（2013 專高）

（A）4. 下列何者收縮最可能引發排尿作用？(A) 逼尿肌 (detrusor)　(B) 外尿道括約肌 (external urethra sphincter)　(C) 內尿道括約肌 (internal urethra sphincter) (D) 輸尿管 (ureter)。（2015 專高）

四、尿道

	長度	走向	開口處	功能
男性尿道	較長	較彎曲	龜頭	排尿通道兼具生殖道功能
女性尿道	較短	較直	陰道前庭	排尿通道

尿道為一肉質管狀器官，是將尿液排出體外的通道。

(一) 男性尿道：男性尿道長約 20 公分，依位置與結構特性大致可區分為三段：

1. 前列腺部尿道：長約 3 公分，射精管開口於此段尿道背側，自膀胱底部垂直通過前列腺、向前彎曲的部分稱之，此處有許多前列腺管的開口，以輸出前列腺之分泌液。
2. 膜部尿道：位於恥骨聯合下方，長約 2 公分，為三段中最短的一段。尿道自前列腺出來進入陰莖前，穿過骨盆膈膜或泌尿生殖膈膜，且被尿道外括約肌包圍的區段稱之，過了尿道括約肌後，尿道變寬，且尿道壁變薄，為最容易受傷的地方。
3. 陰莖部尿道：此段最長，約 15 公分，穿過尿道海綿體→在尿道球腺的開口→最後在龜頭尖端穿出海綿體形成尿道口。尿道球腺與前列腺的分泌液在射精時同時注入尿道中。

4. 血循、淋巴及神經分布：

男性尿道的血液、淋巴及神經分布

	前列腺部	膜部	陰莖部
血液	膀胱下動脈及直腸動脈	陰莖球動脈	尿道動脈及陰莖深動脈、陰莖背動脈的分支
淋巴	髂內淋巴結，部分經髂外淋巴結		腹股溝淋巴結，部分髂外淋巴結
神經	前列腺神經叢	陰莖海綿體神經（源自前列腺神經叢）	

(二) 女性尿道：長約 4 公分，位於陰道前壁與恥骨聯合之間，由膀胱底部向下並略爲前傾穿過骨盆膈膜和尿道括約肌至尿道口。

1. 女性的尿道腺則相當於男性的前列腺。
2. 血液、淋巴及神經分布
   (1) 血液和淋巴分布方面，尿道上、中和下段的血液分別由膀胱下動脈、子宮動脈和陰部內動脈供給；靜脈血液則匯流入膀胱靜脈叢和陰部內靜脈。
   (2) 尿道的淋巴收集至髂內和髂外淋巴結。
   (3) N 方面，尿道上段由膀胱神經叢和子宮頸神經叢支配，下段則是由陰部神經所支配。

(C) 1. 有關男性與女性尿道的敘述，下列何者錯誤？(A) 男性尿道較女性長　(B) 男性尿道兼具生殖道的功能，女性則否　(C) 男性尿道貫穿泌尿生殖橫膈，女性則否　(D) 男性尿道開口於龜頭，女性則開口於陰道前庭。（2009 專高）

(C) 2. 有關男性尿道與女性尿道的敘述，下列何者錯誤？(A) 前者比後者長　(B) 後者走向較前者直　(C) 前者開口於龜頭，後者開口於陰蒂　(D) 前者兼具生殖道功能，後者則無。（2008 專普）

(A) 3. 有關男性尿道與女性尿道的敘述，下列何者錯誤？(A) 皆含尿道　(B) 皆從骨盆腔延伸至會陰部　(C) 皆貫穿泌尿生殖橫膈　(D) 皆含骨骼肌構成的括約肌。（2009 專普）

(C) 4. 下列有關尿道內、外括約肌的敘述，何者正確？(A) 尿道外括約肌位於膜部尿道，屬不隨意肌　(B) 尿道外括約肌位於膀胱頸，屬隨意肌　(C) 尿道內括約肌位於膀胱頸，屬不隨意肌 (D) 尿道內括約肌位於膜部尿道，屬隨意肌。（2014-1 專高）

(D) 5. 男性的三段尿道中，由近端至遠端的順序為何？1. 陰莖段尿道 2. 膜段尿道 3. 前列腺段尿道 (A)123　(B)213　(C)132　(D)321。（2016-2 專高）

(B) 6. 下列何者不開口於前列腺段的尿道？(A) 射精管　(B) 球尿道腺的導管　(C) 前列腺小囊 (prostatic utricle)　(D) 前列腺的導管 (duct of prostate)。（2017-2 專高）

（B）7. 有關排尿，副交感神經興奮會造成下列何種現象？(A) 膀胱逼尿肌與尿道內括約肌皆收縮　(B) 膀胱逼尿肌收縮，尿道內括約肌放鬆　(C) 膀胱逼尿肌與尿道內括約肌皆放鬆 膀胱逼尿肌放鬆，尿道內括約肌收縮。（2020-2 專高）

五、內分泌功能

1. 分泌腎素、前列腺素、激肽。
   ⇨ 如 RAA 系統和激肽 - 緩激肽 - 前列腺素系統來調節血壓。
2. 促紅血球生成素：刺激骨髓造血。
3. 活性 $VitD_3$：調節鈣、磷代謝。
4. 許多內分泌激素分解的場所：如胰島素、胃腸激素等。
5. 腎外激素的標靶器官：如甲狀旁腺素、降鈣素等。

（D）1. 當細胞外液滲透度升高時，下列的生理調節反應何者正確？(A) 腦下腺的滲透度接受器 (osmoreceptor) 活性增加　(B) 腦下腺前葉抗利尿激素 (ADH) 分泌增加　(C)ADH 作用於集尿管使水通透性降低　(D) 集尿管對水的再吸收作用增加。（2013 二技）

（C）2. 醛固酮 (aldosterone) 作用於下列何種腎臟細胞，而影響鈉離子的再吸收與鉀離子的分泌？(A) 網狀細胞 (lacis cells) (B) 間質細胞 (mesangial cells) (C) 主細胞 (principal cells)(D) 近腎絲球細胞 (juxtaglomerular cells)。（2012 專高）

（D）3. 將 5 mL 高張食鹽水 (1% NaCl) 緩緩注入麻醉之大鼠股靜脈，下列何種激素在血液中濃度可能增加？(A) 腎上腺素　(B) 生長激素　(C) 細胞激素　(D) 抗利尿激素。（2015 專高）

（C）4. 下列何種物質可以促使腎臟間質細胞 (mesangial cells) 舒張？(A) 血小板活化因子 (platelet-activating factor)　(B) 血管張力素 II (angiotensin II)　(C) 多巴胺 (dopamine)　(D) 組織胺 (histamine)。（2014-1 專高）

（A）5. 腎臟中的何種酵素可活化維他命 D(vitamin D)？(A)1- 羥化酶 (1-hydroxylase) (B)1, 25- 雙氫氧膽固鈣三醇 (1,25-dihydroxycholecalciferol)　(C) 血管張力素轉化酶 (angiotensin converting enzyme)　(D) 單胺氧化酶 B(monoamine oxidase B)。（2016-2 專高）

（C）6. 紅血球生成素 (EPO) 主要是由何處分泌？(A) 骨髓　(B) 心 (C) 腎　(D) 肺。（2012 專普）

（B）7. 紅血球生成素 (erythropoietin) 是由下列何種器官分泌？(A) 肝臟　(B) 腎臟 (C) 心臟　(D) 骨髓。（2016-1 專高）

（C）8. 有關紅血球生成素 (erythropoietin) 的分泌與作用，下列那些敘述正確？①缺氧時會分泌減少 ②主要在腎臟合成分泌 ③可促進紅血球之生成 ④主要標的器官為紅骨髓 (A) ①②③ (B) ①③④ (C) ②③④ (D) ①②④。

（2021-2 專高）

第十二單元　生殖系統

一、概論

(一) 胚胎時期性別決定

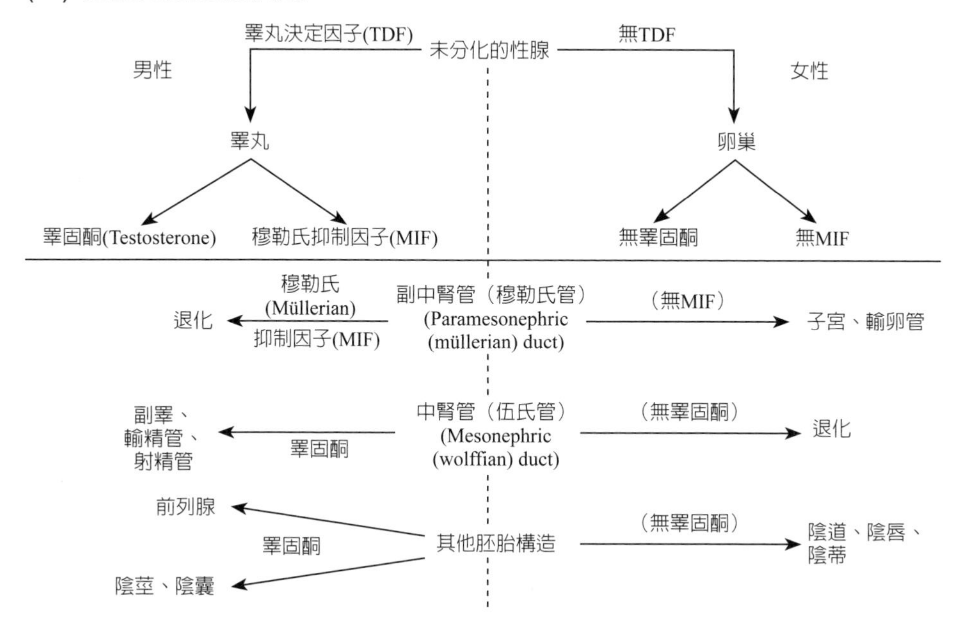

(二) 精子生成

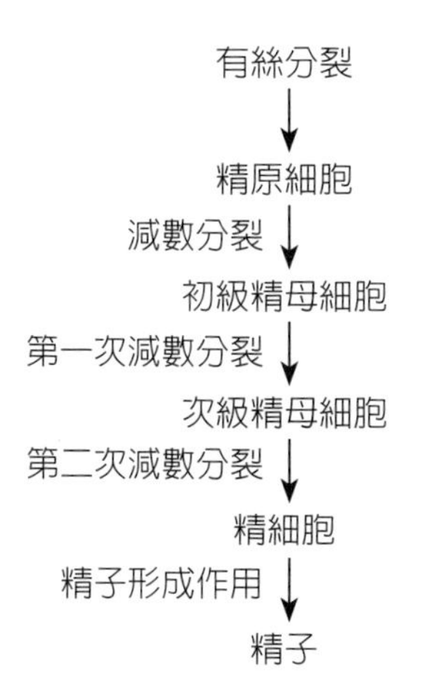

(三) 卵子生成

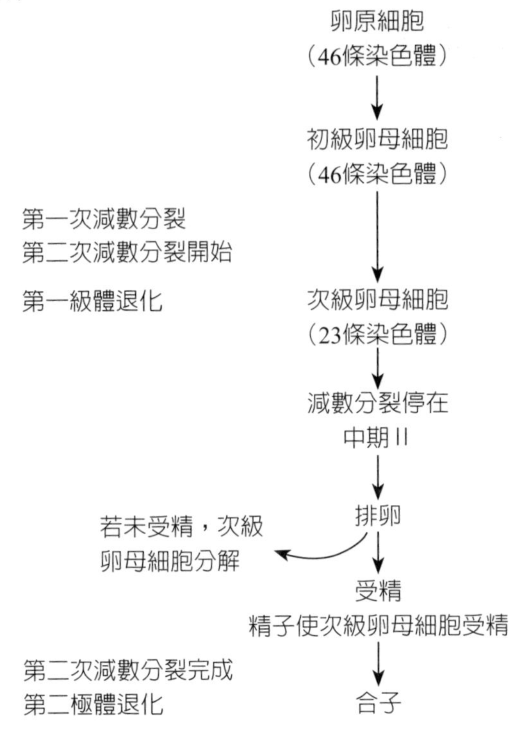
卵原細胞
(46條染色體)
初級卵母細胞
(46條染色體)
第一次減數分裂
第二次減數分裂開始
第一級體退化
次級卵母細胞
(23條染色體)
減數分裂停在
中期II
排卵
若未受精，次級
卵母細胞分解
受精
精子使次級卵母細胞受精
第二次減數分裂完成
第二極體退化
合子

(四) 月經及卵巢週期變化

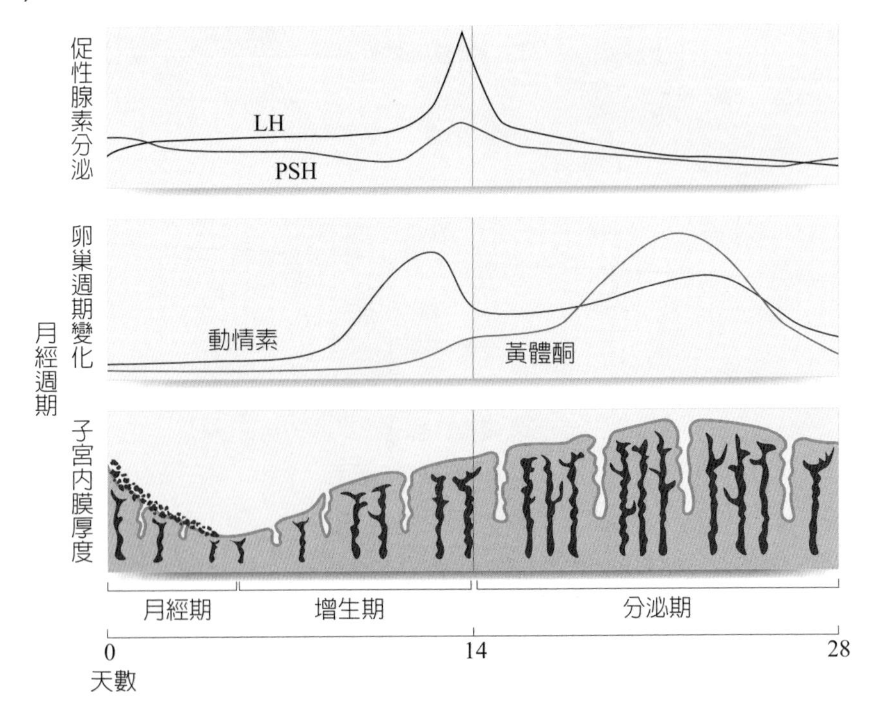
促性腺素分泌
LH
PSH
卵巢週期變化
動情素
黃體酮
月經週期
子宮內膜厚度
月經期
增生期
分泌期
0
14
28
天數

（A）1.　有關性器官分化之敘述，下列何者正確？(A) 沃氏管 A(Wolffian duct) 發育成為男性生殖器官　(B) 墨氏管 (Müllerian duct) 發育成為男性生殖器官　(C)SRY 基因存在於女性 XX 染色體內　(D) 墨氏抑制物 (Müllerian-inhibiting substance) 由卵巢分泌。（2008 專高）

（B）2.　下列何者具有進行減數分裂之能力？(A) 卵原細胞　(B) 初級卵母細胞　(C) 顆粒細胞　(D) 內膜細胞。（2015 專高）

（B）3.　一個初級精母細胞經幾次減數分裂才可生成精子？(A)1　(B)2　(C)3　(D)4。（2011 專普）

（D）4.　何時次級卵母細胞 (secondary oocyte) 會完成第二次減數分裂？(A) 胚胎時期　(B) 出生時　(C) 排卵時　(D) 受精時。（2021-2 專高）

（C）5.　下列何者具有雙套 (diploid) 染色體？(A) 精子　(B) 精細胞　(C) 初級精母細胞　(D) 次級精母細胞。（2018-1 專高）

（D）6.　有關卵巢與睪丸的敘述，下列何者錯誤？(A) 前者位於骨盆腔，後者位於陰囊　(B) 前者可製造動情激素，後者可製造睪固酮　(C) 卵巢動脈與睪丸動脈皆直接源自腹主動脈　(D) 前者是精子形成的位置，後者是卵子形成的位置。（2010 專普）

（A）7.　有關萊狄氏細胞 (Leydig cell) 的敘述，下列何者錯誤？(A) 位於曲細精管的管壁內　(B) 又稱為間質細胞　(C) 分泌睪固酮　(D) 其活性受到腦下垂體的調控。（2012 專高）

（A）8.　男性生殖系統中的萊氏細胞 (Leydig cell)，受下列何者之刺激而分泌睪固酮 (testosterone)？(A) 黃體生成素 (LH)　(B) 濾泡刺激素 (FSH)　(C) 抑制素 (inhibin)　(D) 動情激素 (estrogen)。（2015 二技）

（A）9.　就讀幼稚園的男童，其曲細精管內所含的生殖細胞主要是：(A) 精原細胞　(B) 初級精母細胞　(C) 次級精母細胞　(D) 精細胞。（2015 專高）

（B）10.　一般而言，精子與卵受精的位置是在輸卵管的：(A) 漏斗部 (B) 壺腹部　(C) 峽部　(D) 子宮部。（2010 專普）

（B）11.　受精 (fertilization) 主要發生於何處？(A) 卵巢　(B) 輸卵管　(C) 子宮　(D) 子宮頸。（2010 專高）

（A）12.　下列何者具有產生配子的功能？(A) 睪丸　(B) 輸精管　(C) 陰囊　(D) 前列腺。（2013 專高）

（A）13.　下列何者在胚胎著床 (implantation) 過程會分泌酵素侵蝕子宮壁，使囊胚 (blastocyst) 埋入子宮壁內？(A) 滋養層細胞 (trophoblast)　(B) 子宮內膜 (endometrium)　(C) 卵黃囊 (yolk sac)　(D) 內細胞團 (inner cell mass)。（2014 二技）

二、女姓

(A) 1. 女性會陰部的三個構造，由前往後的排序為何？①陰蒂②外尿道口③陰道口 (A) ①②③ (B) ①③② (C) ②①③ (D) ②③①。 (2020-2 專高)

(C) 2. 下列何者包覆陰蒂 (clitoris)，形成陰蒂的包皮 (prepuce of clitoris)？(A) 陰阜 (mons pubis) (B) 大陰唇 (labia majora) (C) 小陰唇 (labia minora) (D) 陰道前庭 (vaginal vestibule)。 (2021-2 專高)

(C) 3. 18 歲女性外表，沒有月經，性染色體為 XY，其細胞對雄性素不敏感，在此病人所表現的病徵中，下列何者是因為缺乏雄性素接受器所造成？(A) 基因型 (genotype) 為 46, XY (B) 沒有子宮頸和子宮 (C) 睪固酮 (testosterone) 濃度上升 (D) 沒有月經週期。 (2020-2 專高)

(C) 4. 一位生理正常之未孕女性，終其一生大約共排出幾個卵？(A)100 (B)200 (C)400 (D)800。 (2009 專高)

(A) 5. 一個卵原細胞 (oogonium) 經減數分裂可生成幾個成熟卵子 (ovum)？(A)1 (B)2 (C)3 (D)4。 (2010 專普)

(A) 6. 進入青春期，由下列何種激素刺激卵巢濾泡發育，使初級卵母細胞完成第一次減數分裂？(A) 濾泡刺激素 (FSH) (B) 黃體生成素 (LH) (C) 雌激素 (estrogen) (D) 黃體素 (progesterone)。 (2019-2 專高)

(C) 7. 排卵通常發生在 28 天月經週期的第幾天？(A) 第 1 天 (B) 第 3 天 (C) 第 14 天 (D) 第 27 天。 (08 專普)

(D) 8. 排卵主要是由哪一種腦下腺激素所引發？(A) 濾泡促素 (FSH) (B) 黃體素 (progesterone) (C) 睪固酮 (testosterone) (D) 黃體促素 (LH)。 (09 專普)

(D) 9. 卵巢排卵 (ovulation) 時，下列何者不會隨著卵母細胞 (oocyte) 一起排出？(A) 透明層 (zona pellucida) (B) 第一個極體 (first polar body) (C) 放射冠細胞 (corona rediata cell) (D) 內鞘細胞 (theca interna cell)。 (2019-1 專高)

(D) 10. 次級卵母細胞於何時完成第二次減數分裂？(A) 出生 (B) 青春期 (C) 排卵 (D) 受精。 (2017-1 專高)

(C) 11. 受精卵發育成為下列何者時，最適合著床於子宮壁？(A) 接合子 (zygote)(B) 次級卵母細胞 (secondary oocyte) (C) 囊胚 (blastocyst) (D) 桑葚體 (morula)。 (2012 二技)

(D) 12. 濾泡位於卵巢的：(A) 生殖上皮 (B) 白質 (C) 髓質 (D) 皮質。 (2010 專高)

(C) 13. 卵細胞的第二次減數分裂 (meiosis) 於何時完成？(A) 濾泡期 (B) 排卵時 (C) 受精時 (D) 胚胎著床後。 (2011 二技)

(C) 14. 下列何者為即將排卵的成熟濾泡？(A) 原發濾泡 (primordial follicle) (B) 初級濾泡 (primary follicle) (C) 葛氏濾泡 (Graafian follicle) (D) 黃體 (corpus luteum)。 (2009 專普)

(D) 15. 下列何者是由數層濾泡細胞及有液體之濾泡腔組成，其內並包含一個初級卵母細胞？(A) 原始濾泡 (primordial follicle)　(B) 葛氏濾泡 (Graafian follicle)　(C) 初級濾泡 (primary follicle)　(D) 次級濾泡 (secondary follicle)。
(2020-1 專高)

(C) 16. 成熟的卵巢濾泡 (Graafian follicle) 中所含的生殖細胞是：(A) 卵原細胞　(B) 初級卵母細胞　(C) 次級卵母細胞　(D) 卵子。　(2010 專高)

(A) 17. 國小一年級的女童，其卵巢中的濾泡是：(A) 原始濾泡 (primordial follicle)　(B) 初級濾泡 (primary follicle)　(C) 次級濾泡 (secondary follicle)　(D) 葛拉夫濾泡 (Graafian follicle)。　(2011 專高)

(D) 18. 下列有關男女生殖系統之敘述，何者錯誤？(A)FSH 可促進卵巢濾泡的成熟　(B)LH 可促進排卵　(C)Sertoli cells 會形成血－睪丸障蔽 (blood-testis barrier)(D) 曲細精管內可見到許多 Leydig cells。　(2017-2 專高)

(D) 19. 女性月經週期中，排卵後體溫會微幅上升，主要是因何種類固醇引起？(A) 黃體促素 (LH)　(B) 濾泡促素 (FSH)　(C) 動情素 (estrogen)　(D) 助孕素 (progesterone)。　(07 專普)(2011 專高)

(B) 20. 下列哪一個類固醇激素生合成路徑中的酵素，決定了女性而非男性第二性徵的發育？(A) 膽固醇碳鏈裂解酶 (cholesterol desmolase)　(B) 芳香環轉化酶 (aromatase)　(C)5α 還原酶（5α-reductase)　(D) 醛固酮合成酶 (aldosterone synthetase)。　(2019-1 專高)

(B) 21. 下列有關月經週期之描述，何者正確？(A) 黃體素之分泌主要發生於子宮內膜增生期　(B) 子宮內膜增生期發生於濾泡生長期　(C) 子宮內膜分泌期發生於濾泡生長期　(D) 月經出現於濾泡分化成為黃體之時。　(2013 專高)

(C) 22. 於月經週期中，何時期黃體素之分泌達最高值？(A) 月經期　(B) 增值期　(C) 分泌期　(D) 缺血期。　(2018-2 專高)

(B) 23. 月經週期的高濃度黃體促素 (LH) 主要是因何種類固醇所引起？(A) 助孕素 (progesterone)　(B) 動情素 (estrogen)　(C) 雄性素 (androgen)　(D) 皮質醇 (cortisol)。　(2015 專高)

(A) 24. 在女性月經週期的濾泡期，下列何者之關係為正回饋？(A) 動情激素 (estrogen) 與黃體生成素 (LH)　(B) 濾泡刺激素 (FSH) 與黃體生成素 (LH)　(C) 黃體素 (progesterone) 與濾泡刺激素 (FSH)　(D) 動情激素 (estrogen) 與黃體素 (progesterone)。　(2015 二技)

(D) 25. 月經週期中，哪一個時期的助孕酮 (progesterone) 血中濃度最高？(A) 月經期 (menstrual phase)　(B) 濾泡期 (follicular phase)　(C) 增殖期 (proliferative phase)　(D) 分泌期 (secretory phase)。　(2014 二技)

(D) 26. 女性月經週期中，雌二醇 (estradiol) 的作用為何？(A) 減少子宮收縮力　(B) 增加子宮頸黏液黏稠度　(C) 升高基礎體溫 (D) 刺激子宮內膜生長。
(2008 二技)

(A) 27. 女性週期 (menstrual cycle) 排卵前黃體促素的高峰 (LH surge)，主要受到

哪一種類固醇的影響？(A) 動情素 (estrogen)　(B) 黃體素 (progesterone)　(C) 雄性素 (androgen)(D) 皮質醇 (cortisol)。（2013 專高）

(D) 28. 月經期 (menstrual phase) 的發生主要是何種激素減少？(A) 胰島素 (insulin) 及動情素 (estrogen)　(B) 動情素及甲狀腺素 (thyroxine)　(C) 甲狀腺素及黃體素 (progesterone)(D) 黃體素及動情素。（2009 專普）

(D) 29. 有關卵巢的構造，下列敘述何者正確？(A) 卵巢濾泡主要存在於髓質　(B) 皮質主要含有血管、神經及淋巴管　(C) 白膜 (tunica albuginea) 負責產生濾泡　(D) 原發濾泡 (primordial follicles) 在胎兒時就存在。（2013 二技）

(B) 30. 在濾泡期 (follicular phase)，主要的卵巢激素為：(A) 胰島素 (insulin)　(B) 動情素 (estrogen)　(C) 黃體促素 (LH)　(D) 濾泡促素 (FSH)。（2008 專普）

(A) 31. 下列何者促進動情素分泌？(A) 濾泡刺激素　(B) 黃體素　(C) 鬆弛素　(D) 前列腺素。（2011 專普）

(D) 32. 一般而言，黃體酮 (progesterone) 哪一段時期的濃度較高？(A) 經期 (menstruation)　(B) 濾泡期 (follicular phase)　(C) 增殖期 (proliferative phase)　(D) 分泌期 (secretory phase)。（2010 專高）

(B) 33. 黃體 (corpus luteum) 的生成主要受何種激素影響？(A) 濾泡促素 (FSH)　(B) 黃體促素 (LH)　(C) 甲促素 (TSH)　(D) 生長激素 (growth hormone)。（2010 專高）

(D) 34. 下列有關黃體素之分泌，何者正確？(A) 排卵前由黃體分泌 (B) 排卵後由濾泡顆粒層分泌　(C) 胎盤生成前由滋養細胞分泌　(D) 胎盤生成後由胎盤分泌。（2015 專高）

(B) 35. 懷孕後，黃體 (corpus luteum) 最長約可存在幾日？(A)10　(B)90　(C)180　(D)270。（2012 專高）

(A) 36. 下列何者是引發排卵前黃體刺激素 (LH) 分泌高峰之主因？(A) 雌激素增加引發之正回饋　(B) 黃體素增加引發之正回饋　(C) 雌激素下降引發之負回饋　(D) 黃體素下降引發之負回饋。（2012 專高）

(D) 37. 在排卵後一天，與排卵日相比，下列何種激素在血中的濃度不會下降？(A) 濾泡刺激素 (FSH)　(B) 黃體生成素 (LH)　(C) 動情激素 (estrogen)　(D) 黃體激素 (progesterone)。（2020-1 專高）

(B) 38. 黃體促素的高峰 (LH surge) 一般約發生於女性週期的哪一段時間？(A) 排卵前 72 小時　(B) 排卵前 16 小時　(C) 排卵後 24 小時　(D) 排卵後 72 小時。（2010 專高）

(B) 39. 有關人類絨毛膜性腺促素 (hCG) 的敘述，下列何者錯誤？(A) 其作用類似黃體生成素 (LH)　(B) 由母體卵巢所分泌　(C) 可維持母體黃體的分泌　(D) 懷孕三個月後濃度下降。（2008 二技）

(C) 40. 有關輸卵管的敘述，下列何者錯誤？(A) 漏斗部開口於骨盆腔　(B) 壺腹部是輸卵管最長的部分　(C) 峽部是精子與卵受精的位置　(D) 子宮部開口於子宮腔。（2013 專高）

(A) 41. 有關子宮的敘述，下列何者錯誤？(A) 表面無腹膜包覆　(B) 肌肉層是子宮壁中最厚的一層　(C) 內膜層是受精卵著床的位置　(D) 內膜的功能層在月經期時會崩解，基底層則保留。（2011 專高）

(D) 42. 下列有關影響懷孕時子宮收縮之陳述，何者正確？(A) 於妊娠後期，前列腺素有效抑制子宮自發性收縮　(B) 於妊娠前期，催產素有效增加子宮自發性收縮　(C) 於分娩前期，前列腺素引發子宮收縮，發動分娩　(D) 於分娩後期，催產素加速子宮收縮使其回復正常大小。（2016-2 專高）

(C) 43. 下列何者增加未懷孕子宮收縮力？(A) 腎上腺素　(B) 泌乳激素　(C) 乙醯膽鹼　(D) 生長激素。（2015 專高）

(C) 44. 下列有關子宮的敘述，何者錯誤？(A) 子宮的正常姿勢為前屈和前傾　(B) 直腸子宮陷凹為骨盆腔之最低點　(C) 月經時，子宮內膜的基底層會脫落而排出體外　(D) 子宮圓韌帶起始於子宮上外側角，終止於大陰唇。（2013 專高）

(A) 45. 下列子宮的韌帶中，何者主要由腹膜構成？(A) 闊韌帶 (broad ligament)　(B) 子宮圓韌帶 (round ligament of uterus)　(C) 卵巢韌帶 (ovarian ligament)　(D) 主韌帶 (cardinal ligament)。（2014-1 專高）

(D) 46. 女性子宮 (uterus) 有許多支持韌帶，哪一種韌帶會連結至大陰唇 (labia majora) 皮下？(A) 子宮薦韌帶 (uterosacral ligament)　(B) 子宮主韌帶 (cardinal ligament of uterus)　(C) 子宮闊韌帶 (broad ligament of uterus)　(D) 子宮圓韌帶 (round ligament of uterus)。（2014 二技）

(D) 47. 子宮上部的圓頂狀構造為何？(A) 峽部 (isthmus)　(B) 子宮體 (body)　(C) 子宮頸 (cervix)　(D) 子宮底 (fundus)。（2011 二技）

(D) 48. 下列何種構造與維持子宮正常位置並防止子宮脫垂 (prolapse of uterus) 無關？(A) 樞紐韌帶 (cardinal ligaments)　(B) 圓韌帶 (round ligaments)　(C) 薦韌帶 (uterosacral ligaments)　(D) 懸韌帶 (suspensory ligaments)。（2009 二技）

(D) 49. 下列有關陰道 (vagina) 結構的敘述，何者正確？(A) 前壁較長　(B) 前穹窿較深　(C) 肌肉層是環走的平滑肌　(D) 黏膜具豐富肝醣。（2012 二技）

(D) 50. 有關女陰 (vulva)，下列何者是陰莖的同源構造？(A) 大陰唇 (labia majora)　(B) 小陰唇 (labia minora)　(C) 陰阜 (mons pubis)　(D) 陰蒂 (clitoris)。（2008 二技）

(A) 51. 下列哪些類固醇可抑制乳汁分泌？(A) 動情素 (estrogen) 及助孕素 (progesterone)　(B) 助孕素及甲狀腺素 (thyroxine)　(C) 甲狀腺素及雄性素 (androgen)　(D) 雄性素及動情素。（2009 專高）

(A) 52. 青春期前，卵子發生停留在哪一階段？(A) 第一次減數分裂前期　(B) 第一次減數分裂中期　(C) 第二次減數分裂前期　(D) 第二次減數分裂中期。（2012 專高）

(A) 53. 一般懷孕過程中，下列何者可抑制泌乳素 (prolactin) 的乳汁生成作用？(A) 雌激素 (estrogen)　(B) 催產素 (oxytocin)　(C) 促性腺激素釋放素 (GnRH)　(D) 人類絨毛膜促性腺激素 (hCG)。（2013 二技）

(C) 54. 臨床上常用的驗孕劑是檢測下列何種荷爾蒙？(A) 動情素 (estrogen) (B) 助孕酮 (progesterone) (C) 人類絨毛性腺促素 (human chorionic gonadotropin) (D) 黃體促素 (lutei-nizing hormone)。 （2012 二技）

(B) 55. 人類絨毛性腺促素 (hCG) 與下列何者之生理作用及化學組成相似？(A) 胰島素 (insulin) (B) 黃體生成素 (LH) (C) 腎上腺皮質刺激素 (ACTH) (D) 抗利尿素 (ADH)。 （2020-1 專高）

(B) 56. 餵食母乳可抑制排卵乃自然避孕法，這是經由下列何者所致？(A) 鬆弛素 (relaxin) (B) 泌乳素 (prolactin) (C) 催產素 (oxytocin) (D) 前列腺素 (prostaglandin)。 （2014-1 專高）

(D) 57. 下列何種原因抑制懷孕時乳汁的製造？(A) 泌乳素 (prolactin) 濃度過低，不足以刺激乳腺 (B) 人類胎盤泌乳素 (human placental lactogen) 過低 (C) 多巴胺 (dopamin) 抑制腦下腺合成泌乳素 (D) 雌激素 (estrogen) 與黃體素 (progesterone) 濃度高。 （2019-2 專高）

(B) 58. 嬰兒吮乳主要經由刺激母體何種激素促進乳汁合成及分泌？(A) 動情素 (estrogen) 及泌乳素 (prolactin) (B) 泌乳素及催產素 (oxytocin) (C) 催產素及黃體酮 (progesterone) (D) 動情素及黃體酮。 （2010 專高）

(C) 59. 女性因更年期而停經時，下列何種激素的分泌量會上升？(A) 抑制素 (inhibin) (B) 雌激素 (estrogen) (C) 濾泡刺激激素 (FSH) (D) 黃體素 (progesterone)。 （2010 二技）

三、男性

(B) 1. 男性生殖系統構造中，何者具有肉膜肌 (dartos muscle)？(A) 陰莖 (penis) (B) 陰囊 (scrotum) (C) 副睪 (epididymis) (D) 精索 (spermatic cord)。 （2019-2 專高）

(C) 2. 正常精子生成 (spermatogenesis) 之全部過程，至少約需幾日完成？(A) 10～20 (B)30～40 (C)60～70 (D)100～200。 （2017-2 專高）

(B) 3. 下列男性生殖系統，何者具有靜纖毛 (stereocilia) 構造，以及儲存精子的功能？(A) 睪丸 (testis) (B) 副睪 (epididymis) (C) 精囊 (seminal vesicle) (D) 前列腺 (prostate gland)。 （2021-2 專高）

(C) 4. 有關男性生殖系統的構造及功能，下列敘述何者正確？(A) 副睪是精子產生處 (B) 尿道球腺分泌具潤滑作用的酸性黏液 (C) 前列腺分泌的精液可增加精子活動力 (D) 睪丸賽氏細胞 (Sertoli cells) 能分泌睪固酮。 （2008 二技）

(D) 5. 有關男性附屬性腺（前列腺、精囊、球尿道腺）的敘述，下列何者正確？(A) 皆位於骨盆腔 (B) 皆為成對腺體 (C) 其導管皆直接開口於尿道 (D) 其分泌物皆參與形成精液。 （2008 專普）

(C) 6. 男性睪丸中，何種細胞主要負責分泌雄性激素 (androgen)？(A) 精原母細

胞 (spermatogonia)　(B) 支持細胞 (sustentocyte；Sertoli cell)　(C) 間質細胞 (interstitial cell；Leydig cell)　(D) 精細胞 (spermatid)。　(2018-2 專高)

(D) 7. 有關睪丸賽托利氏細胞 (Sertoli cells) 的敘述，下列何者錯誤？(A) 可分泌抑制素進而抑制 FSH 分泌　(B) 具有緊密連接並且構成血－睪丸障壁　(C) 可維持精子生成作用 (spermatogenesis)　(D) 可受黃體生成素 (LH) 調節而分泌睪固酮。　(2010 二技)

(A) 8. 下列何者含有血睪丸障壁 (blood-testis barrier)？(A) 曲細精管　(B) 輸精管　(C) 儲精管　(D) 射精管。　(2018-1 專高)

(D) 9. 由曲細精管 (seminiferous tubule) 產生的精子主要貯存於：(A) 副睪 (epididymis) 及貯精囊 (seminal vesicle)　(B) 貯精囊及前列腺 (prostate gland)　(C) 前列腺及輸精管 (vas deferens)　(D) 輸精管及副睪。　(2010 專普)

(B) 10. 精子產生後在下列何處成熟，而獲得運動能力？(A) 睪丸　(B) 副睪　(C) 貯精囊　(D) 輸精管。　(2019-1 專高)

(C) 11. 下列何者是男性陰囊的同源構造？(A) 陰阜　(B) 前庭　(C) 大陰唇　(D) 小陰唇。　(2012 專普)

(B) 12. 有關精囊的敘述，下列何者錯誤？(A) 左、右各一　(B) 主要的功能為儲存精子　(C) 位於膀胱的後面　(D) 位於輸精管壺腹的外側。　(2013 專高)

(A) 13. 有關前列腺的敘述，下列何者錯誤？(A) 位於直腸後面　(B) 位於膀胱下方　(C) 貼於泌尿生殖橫膈之上　(D) 精囊位於其上後方。　(2011 專普)

(A) 14. 有關副睪的敘述，下列何者錯誤？(A) 緊貼於睪丸的上端與腹側　(B) 頭部與睪丸連通　(C) 尾部與輸精管連通　(D) 是精子成熟的位置。　(2011 專高)

(B) 15. 下列何者直接與副睪相連？(A) 睪丸網　(B) 輸精管　(C) 射精管　(D) 直小管。　(2019-1 專高)

(D) 16. 下列何者是男性尿道球腺 (bulbourethral gland) 的同源構造？(A) 陰蒂 (clitoris)　(B) 小陰唇 (labia minora)　(C) 大陰唇 (labia majora)　(D) 前庭大腺 (greater vestibular gland)。　(2010 二技)

(C) 17. 輸精管壺腹 (ampulla) 位在膀胱的：(A) 上表面　(B) 外側面　(C) 後下面　(D) 頂尖部。　(2009 專高)

(C) 18. 有關陰莖的敘述，下列何者正確？(A) 由一塊陰莖海綿體與兩塊尿道海綿體所構成　(B) 陰莖海綿體位於陰莖腹側，尿道海綿體位於背側　(C) 尿道海綿體遠端膨大形成龜頭　(D) 陰莖海綿體近端膨大形成陰莖球。　(2008 專高)

(C) 19. 下列哪一條動脈的分支會造成男性陰莖海綿體充血勃起？(A) 生殖腺動脈 (gonadal artery)　(B) 閉孔動脈 (obturator artery)　(C) 髂內動脈 (internal iliac artery)　(D) 髂外動脈 (external iliac artery)。　(2020-1 專高)

(C) 20. 有關陰莖勃起的敘述，下列何者錯誤？(A) 青春期前陰莖也會勃起　(B) 主要是陰莖動脈舒張引起　(C) 交感神經衝動引起　(D) 副交感神經衝動引起。　(2011 專普)

(A) 21. 下列何種狀況有助於治療男性勃起 (erection) 障礙？(A) 高濃度的 cGMP (B) 高活性的 G protein (C) 低濃度的 NO (D) 低活性的 G protein。 (2018-2 專高)

(C) 22. 下列何者是輸精管的壺腹與精囊 (seminal vesicle) 近端相會合的構造？(A) 輸尿管 (ureter) (B) 腹股溝管 (inguinal canal) (C) 射精管 (ejaculatory duct) (D) 曲細精管 (seminiferous tubule)。 (2011 二技)

(D) 23. 精子頭部的尖體 (acrosome) 功能為何？(A) 帶有遺傳物質 (B) 可擺動幫助精子前進 (C) 可產生精子移動所需的 ATP (D) 可釋放酵素分解卵細胞外的透明層。 (2011 二技)

(B) 24. 精子之遺傳物質 DNA 主要位於何處？(A) 尖體 (acrosome) (B) 頭部 (head) (C) 中段 (midpiece) (D) 尾部 (tail)。 (2008 專普)

(C) 25. 下列何者為精子生成 (spermatogenesis) 的部位？(A) 輸精管 (ductus deferens) (B) 副睪 (epididymis) (C) 曲細精管 (seminiferous tubules) (D) 精囊 (seminal vesicles)。 (07 專高，09 二技)

(A) 26. 隱睪症 (cryptorchidism) 可能會造成不孕的原因為何？(A) 腹腔內溫度較高，使得精子的發育受到影響 (B) 腹腔內溫度較高，使得精囊不能合成足夠的精液 (C) 前列腺過度肥大，使得精液的分泌過多 (D) 尿道球腺發育不良，使得精液的分泌過少。 (2014 二技)

(B) 27. 下列何者的分泌物占精液體積的最高百分比？(A) 副睪 (B) 精囊 (C) 前列腺 (D) 尿道球腺。 (2014-1 專高)

(C) 28. 精子 (spermatozoa) 的構造中，哪個部位的粒線體含量最多？(A) 尖體 (acrosome) (B) 頭部 (head) (C) 中節 (midpiece) (D) 尾部 (tail)。 (2013 二技)

(B) 29. 成熟精子的尖體 (acrosome) 位於下列哪一個部位？(A) 鞭毛 (flagellum) (B) 頭部 (head) (C) 中節 (middle piece) (D) 尾部 (tail)。 (2015 二技)

(C) 30. 精子生成的過程中，第二次減數分裂發生於哪一個過程？(A) 精母細胞 (spermatogonia) →初級精母細胞 (primary spermatocyte) (B) 初級精母細胞→次級精母細胞 (secondary spermatocyte) (C) 次級精母細胞→精細胞 (spermatid) (D) 精細胞→精子 (spermatozoa)。 (2009 專高)

(D) 31. 於雄性生殖細胞中，何者具單套 23 條不成對之染色體？(A) 精原細胞 (B) 初級精母細胞 (C) 次級精母細胞 (D) 精細胞。 (2016-1 專高)

(C) 32. 提供精子運動能量的粒線體主要位於何處？(A) 尖體 (acrosome) (B) 頭部 (head) (C) 中段 (midpiece) (D) 尾部 (tail)。 (2008 專普)

(B) 33. 下列何種因素最可能造成男性不孕？(A) 精液的 pH 值為 7.5 (B) 血液含有精子的抗體 (C) 每毫升精液約含一億個精子 (D) 射精後 3 小時的精子活動力約為 70%。 (2013 二技)

(A) 34. 射精管穿過何種構造而將精子送到尿道？(A) 前列腺 (B) 泌尿生殖膈 (C) 尿道海綿體 (D) 陰莖海綿體。 (2012 專普)

(D) 35. 有關射精管的敘述，下列何者正確？(A) 由輸精管與副睪管會合而成 (B) 射精管開口於陰莖尿道 (C) 射精管開口於膜部尿道 (D) 射精管穿過前列腺。
(2015 專高)

(C) 36. 依精子輸送方向，下列男性生殖道的排序為何？①輸精管②副睪管③射精管。(A) ①②③ (B) ①③② (C) ②①③ (D) ②③①。 (2012 專高)

(B) 37. 通過腹股溝管的男性生殖道是：(A) 副睪管 (B) 輸精管 (C) 輸出小管 (D) 射精管。 (2009 專普)

(C) 38. 下列何者不通過腹股溝管？(A) 睪丸動脈 (B) 輸精管 (C) 輸卵管 (D) 子宮圓韌帶。 (2008 專高)

(D) 39. 尿道球腺開口於下列何處？(A) 膜部尿道 (B) 球部尿道 (C) 前列腺尿道 (D) 陰莖部尿道。 (2015 專高)

(B) 40. 男性陰莖的龜頭 (glans penis) 是由下列何者延伸膨大而形成？(A) 陰莖海綿體 (corpora cavernosa) (B) 尿道海綿體 (corpus spongiosum) (C) 陰莖包皮 (prepuce of penis) (D) 陰莖腳 (crus of penis)。 (2014 二技)

(A) 41. 下列何者是睪固酮之作用？(A) 抑制黃體刺激素於腦下垂體前葉之分泌 (B) 促進濾泡刺激素於腦下垂體前葉之分泌 (C) 抑制黃體刺激素於下視丘之分泌 (D) 促進濾泡刺激素於下視丘之分泌。 (2011 專高)

(D) 42. 下列何者是手術移除睪丸後產生的現象？(A) 減少濾泡刺激素之分泌 (B) 提高精子之生產與製造 (C) 降低前列腺素之生成 (D) 增加黃體刺激素之製造。 (2014-1 專高)

(A) 43. 男性心血管疾病發生率高於非更年期女性，主要是下列何種因素導致此現象？(A) 雄性素增加血漿 LDL，降低 HDL (B) 雌性素增加血漿 LDL，降低 HDL (C) 雄性素增加男性紅血球數目 (D) 雌性素增加女性對鈣離子的吸收
(2020-2 專高)

第十三單元 特殊的感覺

綜論：感覺接受器可分成下列五種

(一) 機械性接受器 (mechanoreceptor)

1. 觸覺接受器
   (1) 游離神經末梢 (free nerve ending)：痛覺
   (2) 梅克爾氏盤 (Merkel's disc)：持續壓覺
   (3) 洛弗尼氏神經末梢 (Ruffini's ending)：皮膚伸展
   (4) 梅斯納氏小體 (Meissner's corpuscles)：慢速振動
   (5) 克勞塞氏小體 (Krause's corpuscles)：冷覺
2. 深層組織感覺接受器
   (1) 游離神經末梢 (free nerve ending)：痛覺、輕觸
   (2) 洛弗尼氏神經末梢 (Ruffini's ending)：皮膚伸展
   (3) 巴氏小體 (Pacinian corpuscles)：壓覺
   (4) 高基氏肌腱 (Golgi tendon organs)：偵測肌肉，縮短肌肉張力
   (5) 肌梭 (muscle spindle)：偵測肌肉相對長度
3. 聽覺接受器：耳蝸內的柯氏器 (organ of Corti)── 聽覺
4. 平衡覺：前庭器官 ── 平衡
5. 壓力接受器：動脈血壓敏感
   (1) 頸動脈竇
   (2) 主動脈弓（竇）

(二) 溫覺接受器 (thermoreceptor)

1. 冷覺：游離神經末梢 (free nerve ending)
2. 熱覺：游離神經末梢 (free nerve ending)

(三) 光接受器 (photoreceptor)：視覺有 2 個感光細胞

1. 桿細胞 (rod cell)：對光敏感，在視網膜周圍，不具彩色視覺
2. 錐細胞 (cone cell)：對光不敏感，在中央小凹，具有彩色視覺

(四) 傷害接受器 (nociceptor)：游離神經末梢 (free nerve ending)

(五) 化學接受器 (chemoreceptor)

1. 味覺：味蕾內特化之上皮細胞
2. 嗅覺：嗅覺黏膜上的嗅覺神經元
3. 動脈血氧含量：主動脈體與頸動脈體的化學接受器
4. 血漿滲透壓：下視丘的上視核與旁視核內的滲透壓接受器
5. 血中二氧化碳含量
   (1) 周邊接受器：主動脈體與頸動脈體的化學接受器
   (2) 中樞接受器：延腦內的化學接受器

一、眼

(B) 1. 視覺最敏銳的地方是：(A) 視盤 (B) 黃斑 (C) 虹膜 (D) 瞳孔。 (2011 專高)

(A) 2. 下列何種特殊感覺產生的接受器電位主要為過極化作用？(A) 視覺 (B) 聽覺 (C) 嗅覺 (D) 味覺。 (2014-1 專高)

(D) 3. 大部分視徑之神經纖維終止於何處？(A) 視覺皮質 (B) 下視丘 (C) 上丘 (D) 外側膝狀體。 (2009 專高)

(C) 4. 一般所謂的「眼睛顏色」是由何處黑色素的量所決定？(A) 脈絡膜 (B) 視網膜 (C) 虹膜 (D) 結膜。 (2015 專高)

(D) 5. 影像之形成是在眼球何處？(A) 結膜 (B) 角膜 (C) 脈絡膜 (D) 視網膜。 (2010 專高)

(D) 6. 維生素 A 是眼睛何種構造之重要成分？(A) 玻璃體 (B) 脈絡膜 (C) 水晶體 (D) 視網膜。 (2008 專普)

(A) 7. 下列何者為看近物時眼睛的調適反應？(A) 副交感神經活性增加 (B) 虹膜放射狀肌收縮 (C) 睫狀肌舒張 (D) 水晶體變扁平。 (2011 二技)

(A) 8. 下列何者是眺望遠處時眼睛產生調節焦距的作用機轉？(A) 交感神經興奮，睫狀肌鬆弛 (B) 懸韌帶鬆弛，水晶體變薄 (C) 懸韌帶拉緊，水晶體變厚 (D) 副交感神經興奮，睫狀肌收縮。 (2013 專高)

(B) 9. 眼睛之何種構造負責調節焦距之功能？(A) 脈絡膜 (B) 水晶體 (C) 玻璃體 (D) 視網膜。 (2009 專普)

(CD) 10. 眼睛之何種構造負責調節光線進入之多寡？(A) 黃斑 (B) 角膜 (C) 瞳孔 (D) 虹膜。 (2010 專普)

(A) 11. 光線通過下列何種眼球構造時，不會產生折射作用？(A) 瞳孔 (B) 水晶體 (C) 角膜 (D) 房水。 (2011 專普)

(B) 12. 眼睛的水樣液 (aquemous humor) 是由何構造分泌？(A) 角膜 (cornea) (B) 睫狀突 (ciliary processes) (C) 晶狀體 (lens) (D) 視網膜 (retina)。 (2019-1 專高)

(D) 13. 下列何者是黃斑中央小凹為視覺最敏銳之處的原因？(A) 含有最多的網膜素　(B) 含有最多的視桿細胞　(C) 含有最多的視紫素　(D) 含有最多的視錐細胞。(2012 專普)

(C) 14. 下列何種視覺功能變化，是由於眼球外在肌收縮協調產生問題？(A) 散光　(B) 近視　(C) 斜視　(D) 遠視。(2011 專普)

(C) 15. 若腦下垂體腫瘤壓迫到視交叉，會造成何種視野異常？(A) 右眼全盲　(B) 左眼全盲　(C) 兩眼顳側偏盲　(D) 兩眼同側偏盲。(2011 專高)

(A) 16. 下列何者是由於水晶體硬化，而導致焦距調節功能變化？(A) 老花眼　(B) 近視眼　(C) 遠視眼　(D) 散光。(2009 專普)

(A) 17. 與錐細胞 (cone cell) 相比，下列何者為桿細胞 (rod cell) 之特徵？(A) 視覺敏銳度 (visual acuity) 較低　(B) 可提供色彩視覺　(C) 在中央小凹 (central fovea) 分布最多　(D) 感光色素含光視質 (photopsin)。(2009 二技)

(C) 18. 青光眼是由於眼球何處異常而造成眼壓過高？(A) 視網膜　(B) 水晶體　(C) 前腔　(D) 玻璃體。(2009 專高)

(A) 19. 下列何種是視覺感光色素的重要成分？(A) 維生素 A　(B) 維生素 B_{12}　(C) 維生素 C　(D) 維生素 D。(2009 專高)

(C) 20. 有關視覺調適 (accommodation) 之敘述，下列何者正確？(A) 睫狀肌 (ciliary muscle) 位在晶狀體 (lens) 與懸韌帶 (zonular fiber) 中間　(B) 看近物時，睫狀肌受到交感神經 (sympathetic nerve) 興奮的刺激而收縮　(C) 看近物時，懸韌帶 (zonular fiber) 放鬆使得晶狀體呈現肥厚 (thickened) 之圓形狀　(D) 睫狀肌收縮，使得瞳孔 (pupil) 縮小。(2012 二技)

(A) 21. 眼睛之何種構造類似相機底片，具有感光功能？(A) 視網膜　(B) 玻璃體　(C) 水晶體　(D) 脈絡膜。(2012 專普)

(B) 22. 下列有關視覺相關疾病的敘述，何者正確？(A) 散光是水晶體 (lens) 失去透明度且變得混濁所造成的病徵　(B) 青光眼是眼房水大量蓄積，致使眼內壓上升所造成的病徵　(C) 白內障是眼角膜 (corona) 或水晶體的表面不平滑所造成的病徵 (D) 遠視是眼球前後徑太長，致使影像落在視網膜前所造成的病徵。(2015 二技)

(D) 23. 下列何者為視網膜中，視覺主要傳導路徑的正確順序？(A) 神經節細胞→雙極細胞→桿細胞與錐細胞　(B) 雙極細胞→神經節細胞→桿細胞與錐細胞　(C) 桿細胞與錐細胞→神經節細胞→雙極細胞桿細胞與錐細胞→雙極細胞→神經節細胞。(2017-2 專高)

(B) 24. 關於視覺路徑，物體影像經水晶體投射至視網膜時，其影像與原物體方位相比較，下列敘述何者正確？(A) 影像方位與原物體相同　(B) 影像呈現上下顛倒且左右相反　(C) 影像呈現上下顛倒，但左右與原物體相同　(D) 影像呈現左右相反，但上下與原物體相同。(2021-2 專高)

二、耳

(C) 1. 大腦主要的聽覺皮質位於下列哪一腦葉？(A) 額葉 (frontal lobe) (B) 頂葉 (parietal lobe) (C) 顳葉 (temporal lobe) (D) 枕葉 (occipital lobe)。 (2010 二技)

(C) 2. 我們聽到的聲音最後是傳送到大腦何處？(A) 枕葉 (B) 額葉 (C) 顳葉 (D) 頂葉。 (2008 專高)。

(A) 3. 下列何者屬於聽覺系統？(A) 耳蝸 (B) 半規管 (C) 橢圓囊 (D) 球狀囊。

(B) 4. 下列何者與聽覺反射有關？(A) 上丘 (B) 下丘 (C) 耳蝸神經核 (D) 紅核。 (2011 專普)

(C) 5. 下列何者與聽覺的傳導無關？(A) 毛細胞 (B) 耳蝸神經 (C) 外側膝狀核 (D) 內側膝狀核。 (2011 專高)

(B) 6. 下列何者不屬於維持平衡的前庭系統？(A) 半規管 (B) 耳蝸 (C) 橢圓囊 (D) 球狀囊。 (2012 專普)

(D) 7. 動態平衡感受器「嵴」(crista) 位於內耳的：(A) 球囊 (B) 橢圓囊 (C) 耳蝸管 (D) 半規管。 (2016-1 專高)

(C) 8. 下列何種部位具有平衡感覺接受器？(A) 鼓膜 (B) 耳蝸 (C) 半規管 (D) 外耳。 (2010 專高)

(D) 9. 下列何者為聽覺接受器？(A) 高爾基氏肌腱器 (Golgi tendon organ) (B) 路氏小體 (Ruffini corpuscle) (C) 梅斯納氏小體 (Meissner's corpuscle) (D) 柯蒂氏器 (Corti's organ)。 (2008 二技)

(B) 10. 聲音強度最常用的單位是：(A) 赫茲 (B) 分貝 (C) 毫巴 (D) 伏特。 (2010 專普)

(C) 11. 人類辨別高低頻率聲音的機制，下列敘述何者正確？(A) 由內耳聽小骨的位移不同而決定 (B) 由耳蝸內毛細胞彎曲的程度而決定 (C) 接近耳蝸基部的毛細胞主要負責接收高頻的聲音 (D) 接近耳蝸頂部的毛細胞主要負責接收高頻的聲音。 (2013 二技)

(B) 12. 人體聽覺系統中的內耳毛細胞受到刺激時會去極化而興奮起來，這主要是由於下列何種離子流入所引起？(A) Na^{+} (B) K^{+} (C) Ca^{++} (D) Mg^{++}。 (2013 專高)

(C) 13. 中耳位於顳骨 (temporal bone) 的哪一區？(A) 鱗部 (squamous part) (B) 鼓部 (tympanic part) (C) 岩樣部 (petrous part) (D) 乳突部 (mastoid part)。 (2010 專高)

(C) 14. 聲音在中耳的傳導方式是何種傳導？(A) 空氣傳導 (B) 液體傳導 (C) 機械傳導 (D) 電位傳導。 (2008 專普)

(D) 15. 下列何者附著於鐙骨 (stapes) 的基底部？(A) 球囊 (saccule) (B) 橢圓囊 (utricle) (C) 圓窗 (round window) (D) 卵圓窗 (oval window)。 (2010 二技)

(C) 16. 耳咽管 (auditory tube) 是鼻咽與下列何處相通的構造？(A) 耳蝸　(B) 外耳　(C) 中耳　(D) 內耳。 (2010 二技)

(B) 17. 耳咽管連通下列那兩個部位，以平衡鼓膜內外氣壓？(A) 鼻咽、內耳　(B) 鼻咽、中耳　(C) 口咽、內耳　(D) 口咽、中耳。 (2016-1 專高)

(A) 18. 分隔外耳道與中耳之構造是：(A) 鼓膜　(B) 卵圓窗　(C) 前庭　(D) 耳蝸。 (2010 專普)

三、味覺——舌頭

(D) 1. 有關舌頭的敘述，下列何者錯誤？(A) 味蕾也存在於舌頭以外的區域　(B) 舌上的每個舌乳頭未必皆有味蕾　(C) 舌下神經並不支配所有舌外在肌　(D) 舌下神經並不支配所有舌內在肌。 (2016-2 專高)

(D) 2. 單一的舌乳頭 (papilla) 中，下列何者含有較多的味蕾 (taste buds)？(A) 葉狀乳頭 (foliate papilla)　(B) 蕈狀乳頭 (fungiform papilla)　(C) 絲狀乳頭 (filiform papilla)　(D) 輪廓乳頭 (circumvallate papilla)。 (2010 二技)

(B) 3. 下列舌頭表面的突起，何者不含味蕾？(A) 輪狀乳頭　(B) 絲狀乳頭　(C) 蕈狀乳頭　(D) 葉狀乳頭。 (2012 專普)

(A) 4. 舌頭表面的何種乳頭會角質化，嚴重時會出現舌苔的現象？(A) 絲狀乳頭　(B) 蕈狀乳頭　(C) 輪廓狀乳頭　(D) 葉狀乳頭。 (2018-2 專高)

(B) 5. 舌頭表面的哪一種乳頭分布廣泛，且具有味蕾？(A) 絲狀乳頭　(B) 蕈狀乳頭　(C) 輪廓狀乳頭　(D) 葉狀乳頭。 (2017-1 專高)

(C) 6. 下列何者不屬於人類舌頭的四種味蕾之一？(A) 酸　(B) 甜　(C) 辣　(D) 鹹。 (10 專高，11 專普)

(C) 7. 下列有關蕈狀乳頭 (fungiform papilla) 的敘述，何者正確？(A) 舌乳頭中體積最小　(B) 舌乳頭中數目最多　(C) 含有味蕾　(D) 分布在舌根。 (2012 專普)

(B) 8. 有關絲狀乳頭的敘述，下列何者錯誤？(A) 分布在舌前 2/3　(B) 大多數都含有味蕾　(C) 舌乳頭中數目最多　(D) 舌乳頭中體積最小。 (2013 專高)

(B) 9. 舌苔形成的主因，是下列何種舌乳頭 (papillae of tongue) 角質化過於旺盛所引起？(A) 蕈狀乳頭 (fungiform papillae) (B) 絲狀乳頭 (filiform papillae) (C) 輪狀乳頭 (circumvallate papillae)　(D) 葉狀乳頭 (foliate papillae)。 (2014 二技)

四、嗅覺

(B) 1. 嗅覺皮質大部分位於大腦何處？(A) 枕葉　(B) 顳葉　(C)A 頂葉　(D) 腦島。 (2010 專高)

（C）2. 下列何種感覺訊息不經由視丘傳送至大腦？(A) 視覺 (B) 溫覺 (C) 嗅覺 (D) 平衡覺。（2011 專普）

（A）3. 下列有關嗅覺之性質，何者錯誤？(A) 人體有四種基本嗅覺 (B) 嗅覺之適應性非常快 (C) 嗅覺只有在吸氣時才能產生 (D) 嗅球內沒有嗅覺接受器。（2008 專高）

（A）4. 有關嗅覺的敘述，下列何者錯誤？(A) 需經過視丘傳到大腦皮質 (B) 具有快適應作用 (C) 嗅覺細胞為一種雙極神經元 (D) 嗅覺細胞含有氣味分子結合蛋白。（2011 專普）

五、痛覺

（D）1. 下列何者不屬於特殊感覺？(A) 嗅覺 (B) 視覺 (C) 聽覺 (D) 痛覺。（2009 專普）

第十四單元 體液、電解質及酸－鹼動力學

一、體液

(D) 1. 下列何者不是體液主要的緩衝系統 (buffer system)？(A) 碳酸－重碳酸鹽緩衝系統 (B) 磷酸鹽緩衝系統 (C) 蛋白質緩衝系統 (D) 腎素－血管張力素系統。（2008 專普）

(A) 2. 下列何者是人體細胞外液最重要的緩衝系統？(A) 重碳酸根 (B) 蛋白質 (C) 磷酸根 (D) 血紅素。（2020-1 專高）

(D) 3. 下列何者對血液酸鹼值不具有緩衝能力 (buffering capacity) 的作用？(A) 血紅素 (hemoglobin) (B) 血漿蛋白質 (plasma protein) (C) 磷酸鹽 (phosphate) (D) 肌酸酐 (creatinine)。（2012 二技）

(C) 4. 有關電解質的敘述，下列何者錯誤？(A) 部分電解質為體內必要之礦物質，為細胞新陳代謝所需要 (B) 在身體各區間控制水的滲透度 (C) 電解質包括葡萄糖、尿素、肌酸等物質 (D) 維持正常細胞活動之酸鹼平衡。（2012 專普）

(C) 5. 人體組織間液 (interstitial fluid) 最主要的緩衝劑為何？(A) 蛋白質 (B) 磷酸根 (HPO_4^{2-}) (C) 重碳酸氫根 (HCO_3^-) (D) 血紅素。（2010 專高）

(D) 6. 一個62公斤重的人，細胞內液(intracellular fluid)有多少公升？(A)10.2 (B)12.4 (C)20.8 (D)24.8。（2010 專普）

(C) 7. 一位 65 公斤重的人，其細胞內液(intracellular fluid)有多少公斤？(A)13 (B)20 (C)26 (D)39。（2018-1 專高）

(A) 8. 一位 70 公斤重的人，其細胞外液(extracellular fluid)有多少公斤？(A)14 (B)28 (C)35 (D)42。（2012 專高）

(C) 9. 一般細胞內含量最多的單價陽離子為：(A)Na^+ (B)Rb^+ (C)K^+ (D)choline。（2010 專普）

(B) 10. 下列有關鉀離子的敘述，何者正確？(A) 細胞外液的濃度比細胞內液高 (B) 細胞外液正常的濃度約為 3.5～5.0 mEq/L (C) 各段腎小管對鉀離子皆以分泌為主 (D) 血鉀濃度上升時可抑制醛固酮 (aldosterone) 的分泌。（2013 二技）

(B) 11. 在一般情況下，下列哪種離子，在細胞外液中的濃度遠低於在細胞內液中的濃度？(A) 鈉離子 (B) 鉀離子 (C) 氯離子 (D) 鈣離子。（2010 專普）

(D) 12. 下列陰離子中，何者在細胞外液中之含量最高？(A)SO_4^{2-} (B)PO_4^{3-} (C)HCO_3^- (D)Cl^-。（2010 專高）

(A) 13. 正常情況下，腎小管管腔內的氫離子可與下列何種物質結合而排泄到尿液

中？(A) 磷酸氫根離子 (HPO_4^{2-}) (B) 碳酸 (H_2CO_3) (C) 蛋白質 (protein) (D) 銨離子 (NH_4^+)。 (2008 二技)

(B) 14. 有關水分攝取的調節，下列敘述何者錯誤？(A) 脫水增加血液的滲透壓，刺激下視丘造成口渴 (B) 水分的攝入量不受口渴的調節 (C) 脫水會使唾液分泌減少 (D) 口渴時，抗利尿激素增加。 (2009 專普)

二、酸鹼平衡

(一) 酸鹼平衡

1. 肺：呼吸作用 (PaO_2)
2. 腎：排泄作用 (HCO_3)
3. 緩衝系統：$NaHCO_3$, H_2CO_3, HPO_4^{2-}, $H_2PO_4^-$ 及蛋白質及 Hb

(二) 動脈血氧分析 (ABG) 數值

1. pH：7.35～7.45
2. PCO_2：35～45 mmHg
3. PO_2：80～100 mmHg
4. HCO_3^-：22～26 mmHg
5. O_2 飽合度 (SaO_2)：95～100%
6. BE 鹼基：±2

(D) 1. 下列與維持人體酸鹼平衡最無關的作用為何？(A) 呼吸作用 (B) 尿液形成作用 (C) 體內緩衝系統 (buffer system) (D) 血糖恆定作用。 (2008 專普)

(A) 2. 正常人動脈血中之酸鹼值約為多少？(A)7.4 (B)7.3 (C)7.2 (D)7.1。 (2008 專高)

(D) 3. 有關血液酸鹼平衡之敘述，下列何者錯誤？(A) 正常動脈血漿 pH 值 7.4 (B) 動脈血漿 pH 值低於 7.4 會造成酸中毒 (C) 動脈血漿 pH 值高於 7.4 會造成鹼中毒 (D) 靜脈血漿 pH 值高於 7.4。 (2010 專普)

(B) 4. 因過度焦慮引起過度換氣，會造成下列何種情形？(A) 呼吸性酸中毒 (B) 呼吸性鹼中毒 (C) 代謝性酸中毒 (D) 代謝性鹼中毒。 (2008 專普)

(A) 5. 因呼吸道阻塞引起肺換氣量減少，會造成下列何種情形？(A) 呼吸性酸中毒 (B) 呼吸性鹼中毒 (C) 代謝性酸中毒 (D) 代謝性鹼中毒。 (2009 專普)

(D) 6. 當動脈血中之 pH = 7.55、[HCO_3^-] = 44 mEq/L、PCO_2 = 55 mmHg 時，最可能

之情況為何？(A) 呼吸性酸中毒　(B) 呼吸性鹼中毒　(C) 代謝性酸中毒　(D) 代謝性鹼中毒。（2009 專高）

（A）7. 當鹼中毒發生時，腎臟會減少何種離子的再吸收？(A)HCO_3^- (B)Na^+　(C)K^+　(D)Cl^-。（2009 專普）

（C）8. 有關代謝性鹼中毒 (metabolic alkalosis) 的敘述，下列何者正確？(A) 動脈血 pH 值低於正常值　(B) 可刺激周邊化學接受器　(C) 可藉由降低通氣量而代償　(D) 可由動脈血氧分壓降低所致。（2010 二技）

（A）9. 下列何種情況最可能導致代謝性鹼中毒 (metabolic alkalosis)？(A) 嚴重嘔吐 (vomiting)　(B) 嚴重腹瀉 (diarrhea)　(C) 長期便秘 (constipation)　(D) 肥胖 (obesity)。（2018-2 專高）

（D）10. 當血液 pH 值由 7.4 降為 7.2 時，可引起的生理反應為何？(A) 腎小管對 H^+ 分泌減少　(B) 血紅素與氧解離曲線左移　(C) 腎小管對 HCO_3^- 再吸收減少　(D) 化學接受器興奮引起換氣量增加。（11 二技）

（C）11. 當代謝性酸中毒發生時，下列何者為身體最早發生的代償性反應？(A)H^+↑　(B)HCO_3^-↑　(C)CO_2 分壓↓　(D)O_2 分壓↓。（15 二技）

（A）12. 由於腎臟無法排除氫離子所引發的酸鹼失衡屬於：(A) 代謝性酸中毒 (metabolic acidosis)　(B) 代謝性鹼中毒 (metabolic alkalosis)　(C) 呼吸性酸中毒 (res-piratory acidosis)　(D) 呼吸性鹼中毒 (respiratory alkalosis)。（15 專高）

國家圖書館出版品預行編目資料

高分達陣解剖生理學衝刺／唐善美編著. -- 初版. -- 臺北市：五南圖書出版股份有限公司, 2022.03
面； 公分
ISBN 978-626-317-614-0（平裝）

1.CS：人體解剖學 2.CST：人體生理學

397 111001539

5J0D

高分達陣解剖生理學衝刺

作　　者— 唐善美（175.8）
發 行 人— 楊榮川
總 經 理— 楊士清
總 編 輯— 楊秀麗
副總編輯— 王俐文
責任編輯— 金明芬
封面設計— 王麗娟
出 版 者— 五南圖書出版股份有限公司
地　　址：106台北市大安區和平東路二段339號4樓
電　　話：(02)2705-5066　　傳　　真：(02)2706-6100
網　　址：https://www.wunan.com.tw
電子郵件：wunan@wunan.com.tw
劃撥帳號：01068953
戶　　名：五南圖書出版股份有限公司

法律顧問　林勝安律師事務所　林勝安律師

出版日期　2022年 3 月初版一刷
定　　價　新臺幣400元

經典永恆·名著常在

五十週年的獻禮——經典名著文庫

五南，五十年了，半個世紀，人生旅程的一大半，走過來了。
思索著，邁向百年的未來歷程，能為知識界、文化學術界作些什麼？
在速食文化的生態下，有什麼值得讓人雋永品味的？

歷代經典‧當今名著，經過時間的洗禮，千錘百鍊，流傳至今，光芒耀人；
不僅使我們能領悟前人的智慧，同時也增深加廣我們思考的深度與視野。
我們決心投入巨資，有計畫的系統梳選，成立「經典名著文庫」，
希望收入古今中外思想性的、充滿睿智與獨見的經典、名著。
這是一項理想性的、永續性的巨大出版工程。
不在意讀者的眾寡，只考慮它的學術價值，力求完整展現先哲思想的軌跡；
為知識界開啟一片智慧之窗，營造一座百花綻放的世界文明公園，
任君遨遊、取菁吸蜜、嘉惠學子！